JN135227

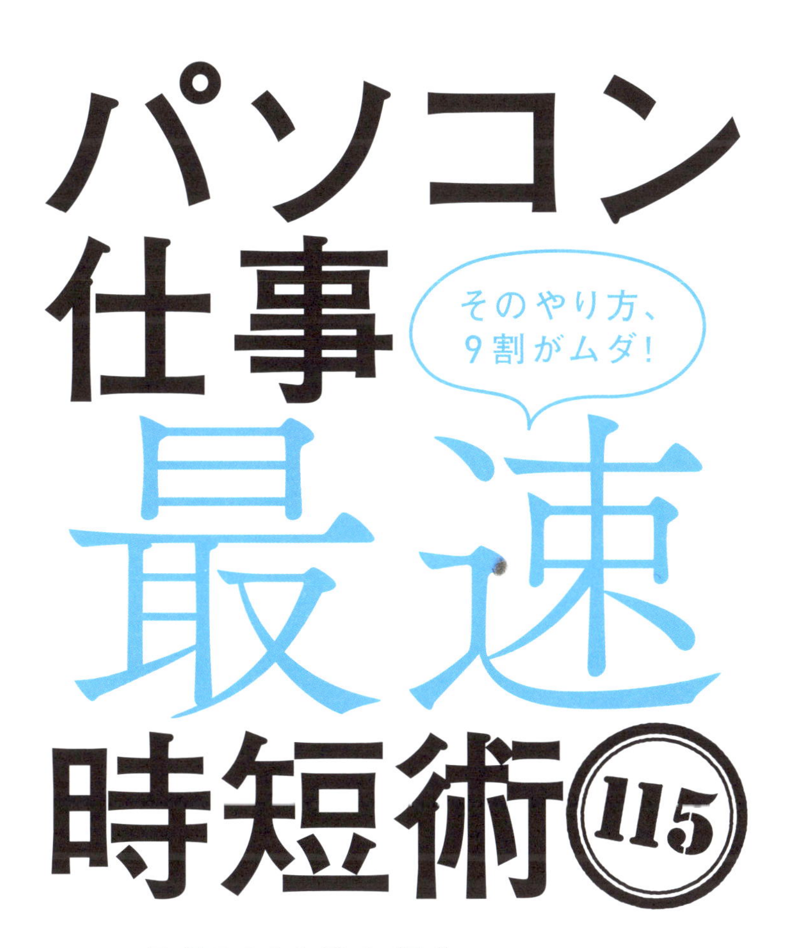

日経PC21総力編集

日経BP社

- 本書はウィンドウズ10とエクセル2013/2016、ワード2013/2016に対応しています。
- 本書の解説画面はウィンドウズ10とエクセル2016、ワード2016を使用しています。パソコンの画面サイズや、エクセル、ワードのウインドウサイズによりリボン表示などが変わることがあります。またウィンドウズ10、エクセル、ワード、その他のアプリのアップデートによって表示が変わることがあります。
- 本書は日経PC21本誌2017年2月号～2018年7月号、および日経PC21 2017年5月号付録「パソコン瞬間ワザ大全集」、日経PC21 2015年5月号付録「Word即効テク大事典」、2018年2月発行「エクセルかんたん操作大事典」の記事を素材として、再構成したものです。

はじめに

パソコンが仕事に欠かせない道具になってから、相当の年数が経過しました。その一方で、いまだにパソコンの使い方に「上手下手」があるのも事実です。パソコン操作の下手な人は、正しい使い方を知らずに、遠回りな操作を繰り返した結果、「そのやり方の9割がムダ」ということすらあります。

ほんのわずかなコツさえつかんでしまえばパソコン操作はずっと楽になります。これまで長時間かけて作成していた書類があっという間に完成することもあります。事は書類作成にとどまりません。パソコンは、過去に作成したデータを使い回したり、ウェブからの情報収集、メールによる連絡などなど、仕事のあらゆる場面で役立ちます。その一つひとつの作業が効率化できれば、業務全体のスピードが驚くほどアップします。

普段からパソコンを使いこなしていても、自己流でマスターしたという方は多いものです。昔ながらのやり方でも仕事はできますが、日々進化しているパソコンの新機能を使えば圧倒的に楽に、手早く片付けられる作業もあります。本書は業務に直結したパソコンの機能を中心に平易に解説しました。普段の作業の5分に1回は本書が解説した機能が役に立つものと自負しています。また、要所要所で根本の仕組みも併せて解説しています。これは決して回り道ではなく、パソコンの真の実力を身に付けるための王道です。

本書は「デスクトップ整理」「ファイルの操作・検索」「ウェブの検索・表示」「メール」「エクセル」「ワード」の6章構成です。それぞれビジネスに直結した題材を用意しました。そのため、効率的にパソコンの仕事時短術を学べます。本書ではパソコン画面など数多くの図版を用いています。急ぐ方はささっと目で追うだけで作業の要点を理解できるように努めました。画面の注目すべき部分は特に明示して、解説を加えています。細かな作業部分はマル付き数字で手順を間違えないように配慮しています。さらに本文を読むと、より深いノウハウや関連した情報を得られます。

本のとじ方にも工夫しました。机の上に置いてページが180度開きます。本書を見ながらパソコンを操作するときに、とても便利です。

ぜひ本書をお手元に置いて、パソコンのスキルを上げて、ビジネスの効率化を目指してください。

日経PC21

Contents ●目次

Part6 ワード——イライラ解消! スイスイ入力の設定術

索引

デスクトップの整理で作業効率アップ

文／石坂 勇三、岡野 幸治、田代 祥吾、内藤 由美、服部 雅幸、森本 篤徳

Desktop File Web Mail Excel Word

仕事が速い人の“作業机”とは

- アイコンの置き場所にはルールがある
- タスクバーの機能を知り、最適な設定に変える
- スタートメニューから無駄を排除する
- フォルダーの操作にはショートカットを活用する

パソコンのデスクトップは、ファイルを操作したり、アプリの画面を開いたりするときに必ず使うもの。その整理の上手下手が作業効率を大きく左右します。フォルダーやファイルのアイコンは、迷わず見つけられるよう工夫しましょう。

アプリでファイルをデスクトップ上に保存すると、左上から順にアイコンが表示されます。そこで、あらかじめその部分を空けておけば新規の文書ファイルを見つけやすくなります。

スタートメニューやタスクバーの整理も同様に大切。また効率化の切り札になるのが「ショートカット」と「ショートカットキー」です。

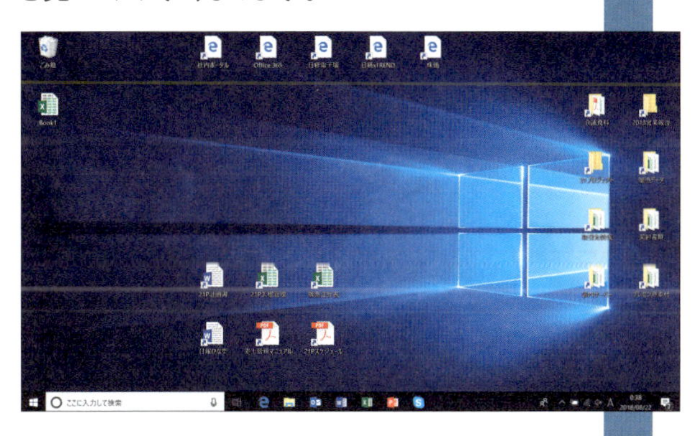

Section 001

まずは机の上の整理 アイコンは場所を決める

朝、出社して自分の席に着いたとき、机の上が物でいっぱいになっていたらどうだろう。必要な文書や道具を探し出すこともできず、作業をする場所もない。そんな状態では、仕事に取りかかることもできず、時間のロスを招くばかりだ。

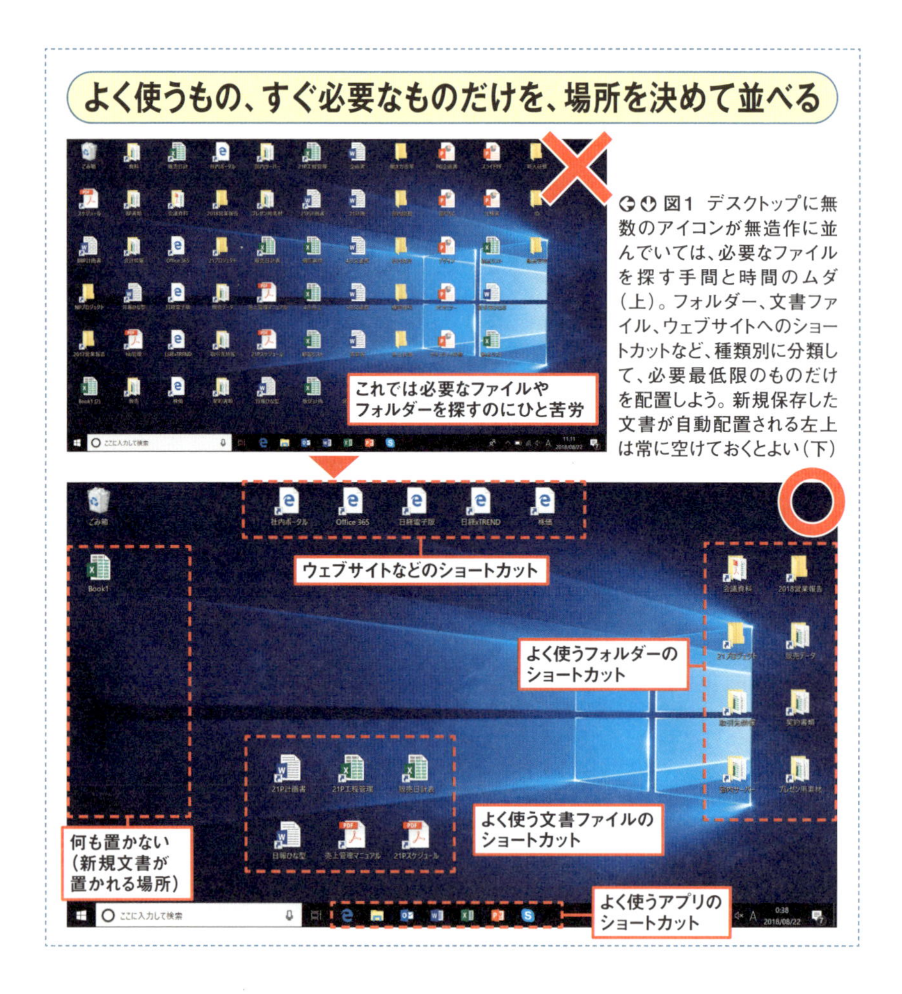

図1 デスクトップに無数のアイコンが無造作に並んでいては、必要なファイルを探す手間と時間のムダ（上）。フォルダー、文書ファイル、ウェブサイトへのショートカットなど、種類別に分類して、必要最低限のものだけを配置しよう。新規保存した文書が自動配置される左上は常に空けておくとよい（下）

仕事の道具がパソコンになっても同じである。パソコンを起動して真っ先に表示される「デスクトップ」画面は、文字通り、自分の“机”のようなもの。ここが散らかっていては、時短はほど遠い。パソコン仕事を効率化したければ、まずデスクトップの整理から始めよう。

お勧めは、よく使うフォルダーや文書ファイルの「ショートカット」を作成し、種類別にまとめて配置する方法（**図1**）。ショートカットとは、パソコン内の深い場所にあるフォルダーやファイルを一発で呼び出せる、“近道”のようなアイコン。ウェブサイトのショートカットも作成できる。それぞれ、置き場所を決めておくのがポイントだ。

その際、表示設定には注意しよう。「アイコンの自動整列」がオンになっていると、自由な場所にアイコンを置けない。アイコンを動かしても画面の左端に戻ってしまう場合は、右クリックメニューを開いて「表示」→「アイコンの自動整列」を選択し、設定をオフにしよう（**図2**、**図3**）。チェックマークが外れていればオフの状態だ。

●自動整列は必ず“オフ”にする

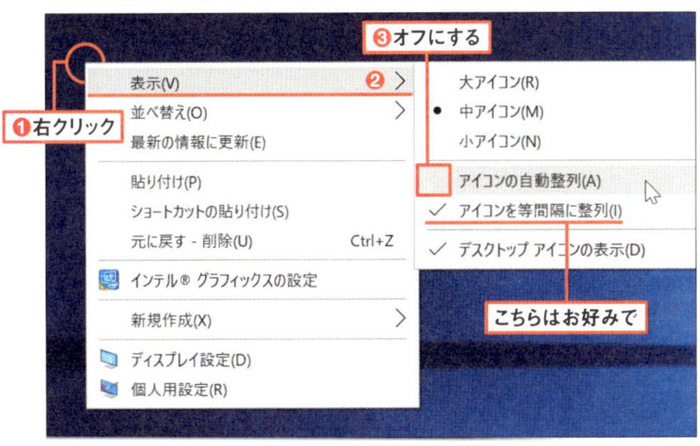

図2 デスクトップの何もないところを右クリックして「表示」を開き「アイコンの自動整列」を確認（❶❷）。チェックが付いていたら、選択してオフにする（❸）。その下にある「アイコンを等間隔に整列」は好みでオンまたはオフにしよう。ウィンドウズ7でも同様だ

図3 自動整列がオンの状態だと、アイコンは左上から順に詰めて表示される。オフにすることで、自分の好きな場所にアイコンを配置でき、分類整理がしやすい。「アイコンを等間隔に整列」をオフにすると間隔も自由になる

フォルダーやファイルのショートカットの作り方は簡単。フォルダーやファイルをマウスの右ボタンでドラッグし、開くメニューで「ショートカットをここに作成」を選べばよい（**図4**）。標準では「○○ - ショートカット」と名前が付くが、名前は自由に変えられる（**図5**）。ショートカットアイコンは当該項目の場所を記載したファイルで、ダブルクリックすると本体が開く。だが本体そのものではないので、不要になったら削除してかまわない。

ウェブサイトのショートカットを作る手順は、ウェブ閲覧に使用しているブラウザーによって異なる。ウィンドウズ10の標準ブラウザー「エッジ」を使っている場合、作成にひと手間かかる（**図6～図8**）。グーグルの「クローム」では、ドラッグ操作でショートカットを作れる（**図9**）。

必要なショートカットをデスクトップの決まった場所に並べておけば、書類やウェブサイトを探す手間や時間が省け、すぐに作業を開始できる。スタートが速いことは、時短を進めるうえで重要なポイントだ。

なお、アプリを起動するためのショートカットをデスクトップに作ることもできるが、アプリのショートカットは、画面下部にある「タスクバー」に並べるほうがずっと機能的だ。次項で、そのやり方を見ていこう。

●右ボタンでドラッグし、ショートカットを作成

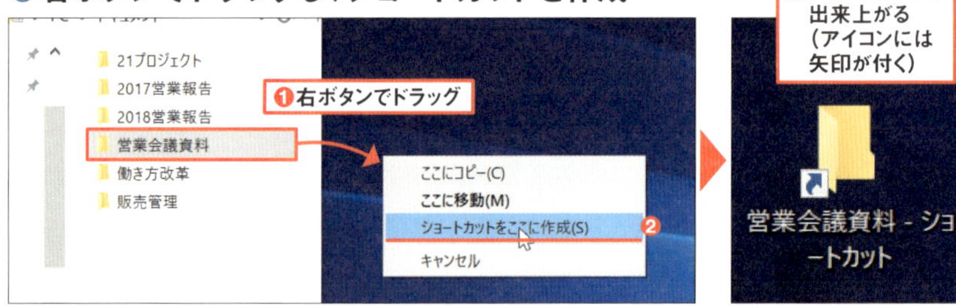

図4 目的のフォルダーを右ボタンでデスクトップにドラッグ（❶）。マウスボタンを離したときに開くメニューから「ショートカットをここに作成」を選ぶ（❷）。ワードやエクセルのファイル、PDFなども同様の手順でショートカットを作れる（❸）

●ショートカットの名前をシンプルに変更

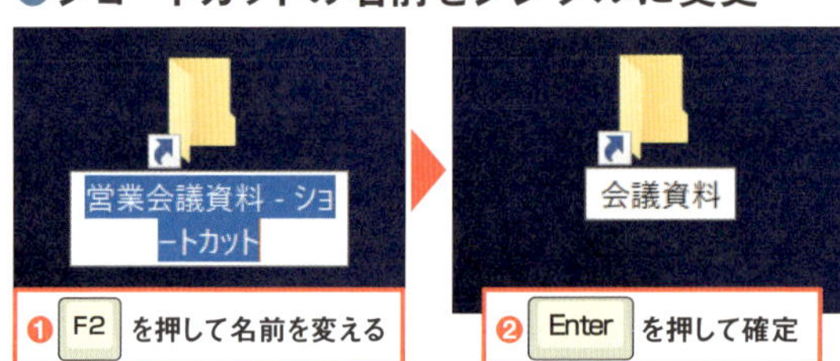

図5 アイコンを選択して「F2」キーを押すと名前を変更できる（❶）。変更したら「Enter」キーで確定する（❷）。本体とまったく違う名前にしても問題はない

●エッジでウェブサイトのショートカットを作る

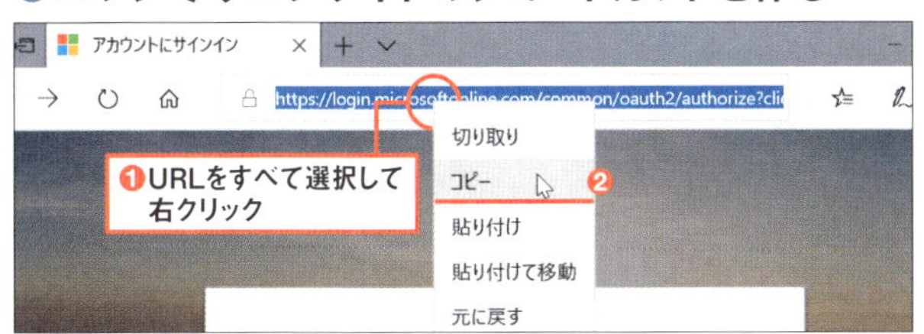

⊖図6　エッジでウェブサイトを開くショートカットを作るには、アドレスバーでURLをすべて選択（❶）。その文字列を右クリックし、開くメニューで「コピー」を選ぶ（❷）

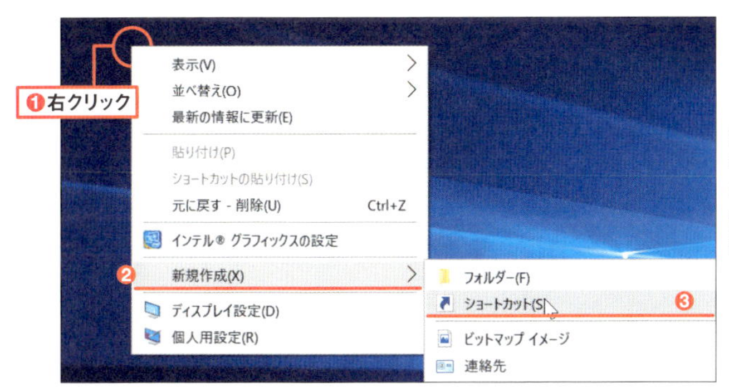

⊖図7　デスクトップの何もない場所で右クリックし（❶）、開くメニューで「新規作成」→「ショートカット」を選ぶ（❷❸）

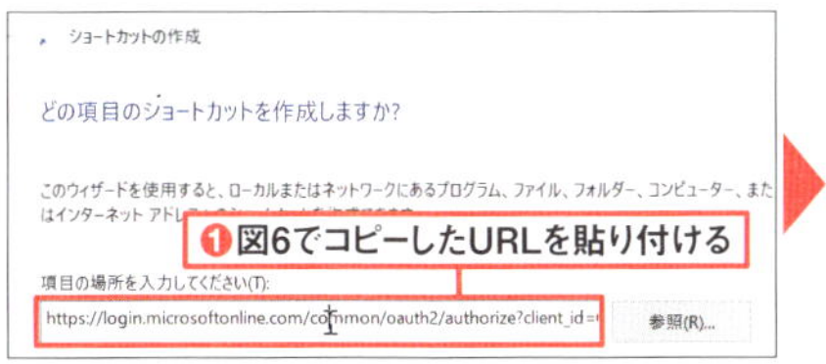

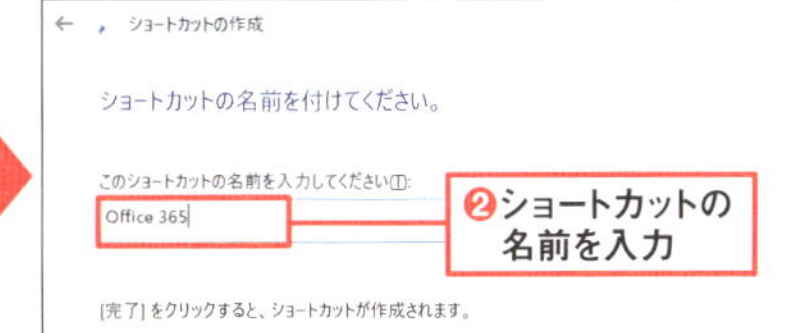

⊕⊖図8　「項目の場所を入力してください」の欄で右クリックし、「貼り付け」を選んで図6でコピーしたURLを貼り付ける（❶）。画面下部の「次へ」ボタンを押し、開く画面でショートカットの名前を入力する（❷）。「完了」ボタンを押すと、サイトへのショートカットが出来上がる（❸）

●クロームはドラッグでOK

⊖図9　グーグルの「クローム」や、「インターネットエクスプローラー」では、アドレスバーの左側の部分をデスクトップにドラッグするだけで、表示中のサイトへのショートカットが作れる

シンプルかつ機能的なタスクバーに大変身

デスクトップを整理したら、次に取りかかりたいのがタスクバーだ（**図1**）。やり方はウィンドウズ10でも7でもほぼ同じ。10特有のアクションセンターも整理しよう。

タスクバーのメリットはワンクリックでアプリを起動できること。エクセルなど、よく使うアプリをタスクバーに登録しておくと作業効率が上がる（**図2**）。文書ファイル（対

図1 よく使うアプリをタスクバーに登録し、逆に不要なものは消そう（上）。タスクバーの右側にある通知領域のアイコンや、アクションセンターの下部に並ぶクイックアクションのタイルも、自分好みに整理すると使い勝手が上がる（下）

応形式に限る)をアプリアイコンに「Shift」+ドラッグして開けるのもタスクバーのメリットだ(**図3**)。この芸当はスタート画面ではできない(デスクトップに置いたアプリアイコンなら可能)。テキストファイルをエクセルで開いたり、HTMLやVBスクリプトを「メモ帳」で開いたりしたいときに重宝する。

タスクバーはアプリの特等席

以上のように、タスクバーはいわばアプリの特等席。不要なアイコンを消去して、よく使うアプリを整理して並べよう(**図4、図5**)。

●タスクバーにアプリを登録する

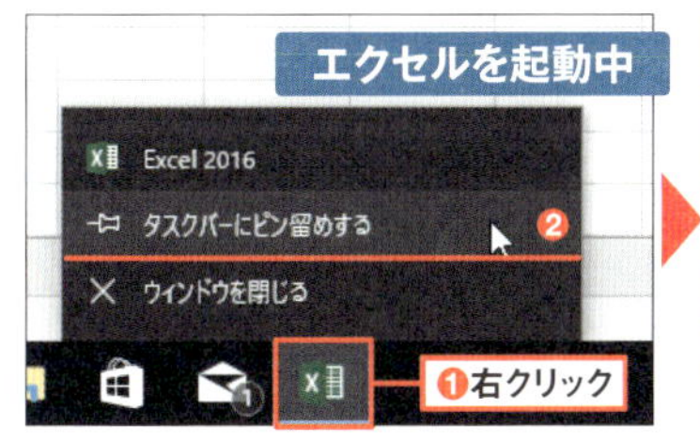

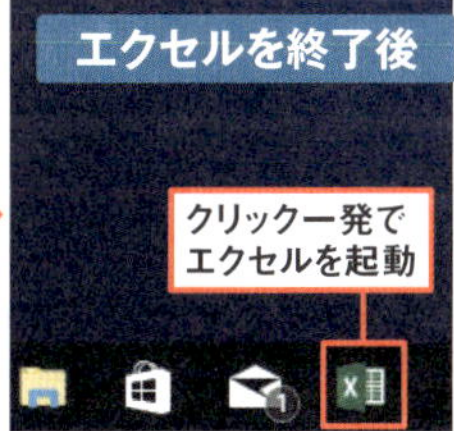

図2 登録したいアプリ(ここではエクセル)を起動したら、タスクバーのアイコンを右クリックして「タスクバーにピン留めする」を選ぶ(❶❷)。エクセルを終了してもアイコンが残り、クリック一発でエクセルを起動できる。ウィンドウズ7でも同様

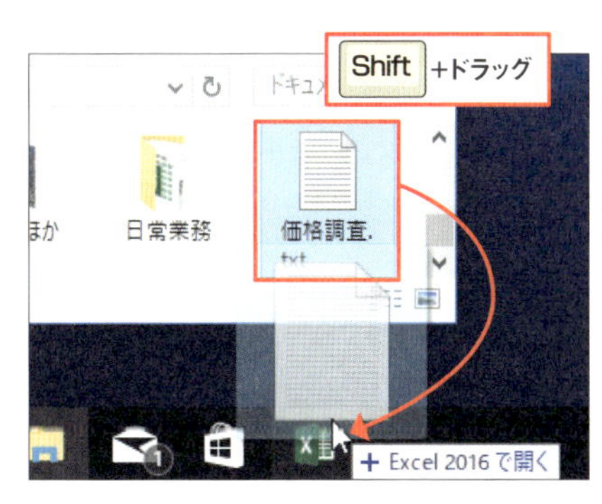

図3 文書ファイルを「Shift」+ドラッグして開けるのもタスクバーのメリット。例えば「Shift」キーを押しながらテキストファイルをエクセルのアイコンにドラッグすると、エクセルで開ける。写真を「ペイント」で開いたり、HTMLファイルを「メモ帳」で開いたりすることも可能

図4 登録を解除するときは、アイコンを右クリックして「タスクバーからピン留めを外す」を選ぶ(❶❷)

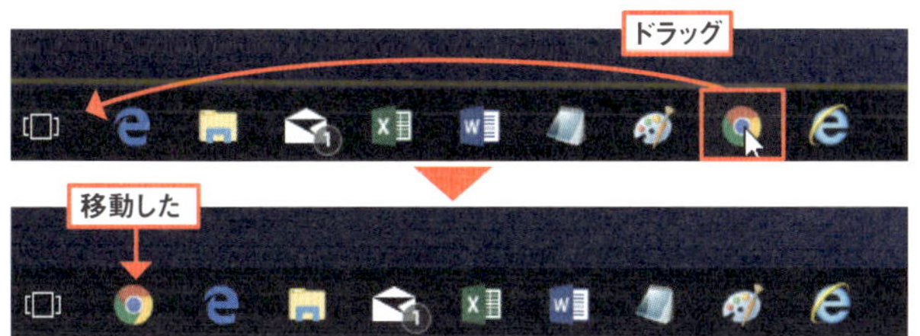

図5 アプリのアイコンはドラッグで場所を移動できる

フォルダーはタスクバーには直接登録できない。よく使うものは、エクスプローラーのジャンプリストに登録しておこう（**図6～図8**）。右クリックして選ぶだけの2クリックで開けるので、作業効率がぐっと上がる。NAS（ファイルサーバー）のフォルダーなども、ここに登録しておくとよい。

ジャンプリストは「Windows」+「Alt」+数字キー（タスクバーの左から1、2、3…と数える）を押しても開ける。開いたら上下の矢印キーで項目を選び、「Enter」キーを押して開く。キーボードだけで目的のフォルダーをサクッと開く方法としては、これと14ページで述べたデスクトップのショートカットがイチオシだ。

クロームのジャンプリストにはウェブページを登録できる（**図9**）。辞書や地図など「何かの仕事をしながらよく参照するページ」はここに登録するのがお勧めだ。クロームを起動してブックマークから選ぶよりも素早い。

●よく使うフォルダーはジャンプリストに

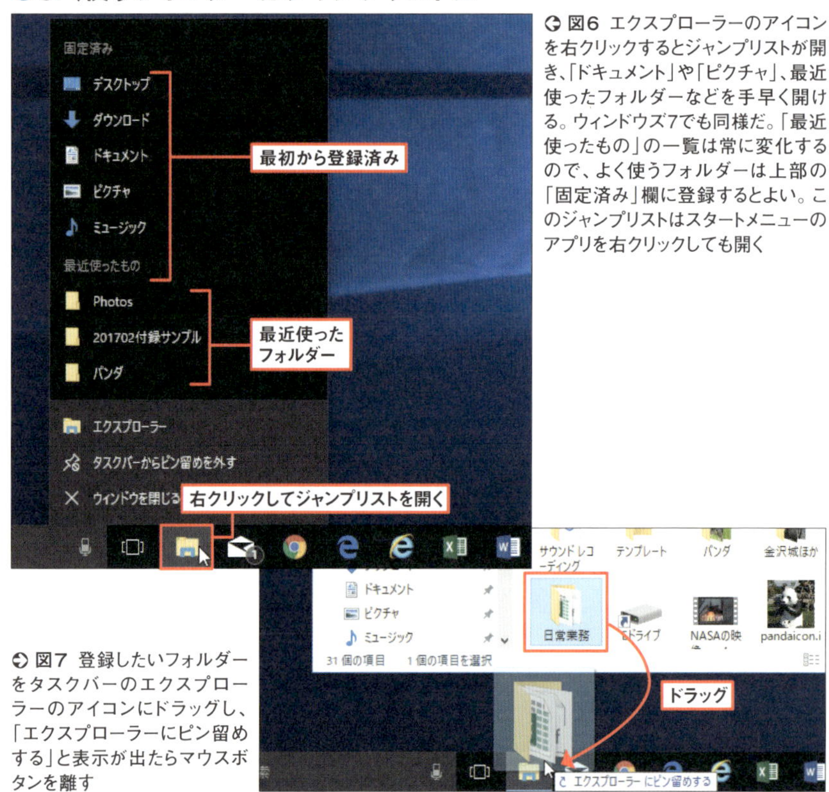

図6 エクスプローラーのアイコンを右クリックするとジャンプリストが開き、「ドキュメント」や「ピクチャ」、最近使ったフォルダーなどを手早く開ける。ウィンドウズ7でも同様だ。「最近使ったもの」の一覧は常に変化するので、よく使うフォルダーは上部の「固定済み」欄に登録するとよい。このジャンプリストはスタートメニューのアプリを右クリックしても開く

図7 登録したいフォルダーをタスクバーのエクスプローラーのアイコンにドラッグし、「エクスプローラーにピン留めする」と表示が出たらマウスボタンを離す

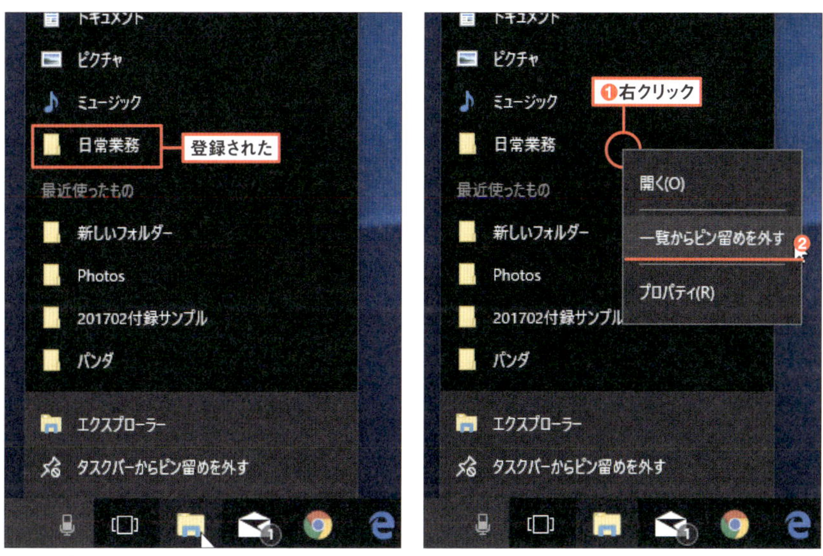

図8 「ミュージック」の下に登録された（左）。登録を解除するときは、右クリックして「一覧からピン留めを外す」を選ぶ（❶❷）

●クロームはウェブページを登録できる

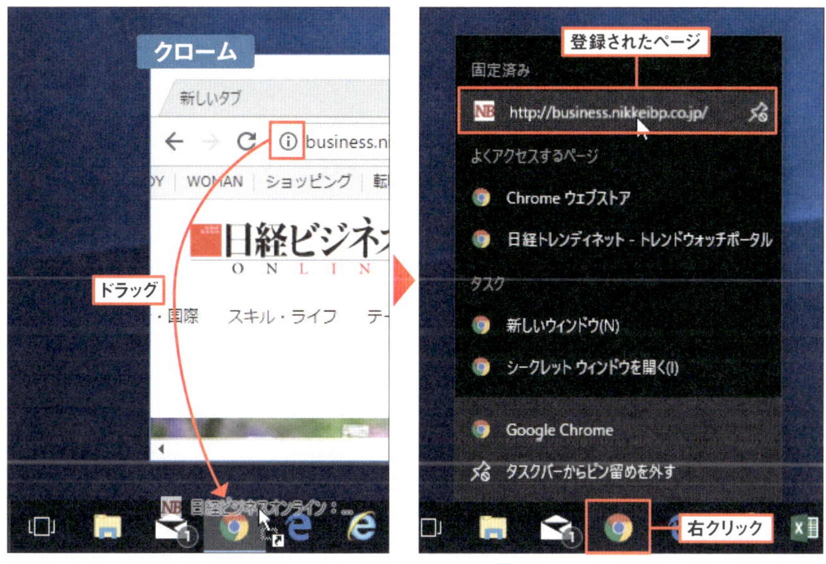

図9 クロームはジャンプリストにウェブページを登録できる。登録したいページを開いたら、アドレスバーの左端にあるアイコンをタスクバーのクロームのアイコンにドラッグする。エッジでは不可。インターネットエクスプローラーでは、ウェブページ自体がアイコンとしてタスクバーに登録される

タスクビューを消してもキー操作で呼び出せる

ウィンドウズ10のタスクバーの左側ではコルタナの検索窓が結構なスペースを取っている。不要ならアイコンだけにしよう（**図10**）。右隣にあるタスクビューのボタンも消すことが可能だ。

設定はタスクバーの右クリックメニューで行える（**図11**）。このメニューでは手書き機能の「ウィンドウズインク」やタッチキーボードのアイコンなどもオンオフできる。

コルタナをアイコンだけにしても、クリックすれば検索窓が現れるので支障はない（**図12**）。また、タスクビューを開くときは「Windows」+「Tab」キーを押せばよい（**図13**）。タッチパネルならスライド操作でも開ける。

●コルタナをアイコンだけにする

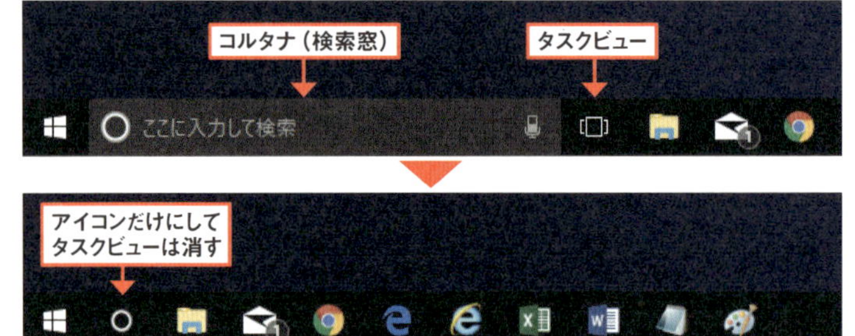

図10　コルタナをアイコンだけにすると、タスクバーがすっきりする。タスクビューのアイコンも消してしまおう

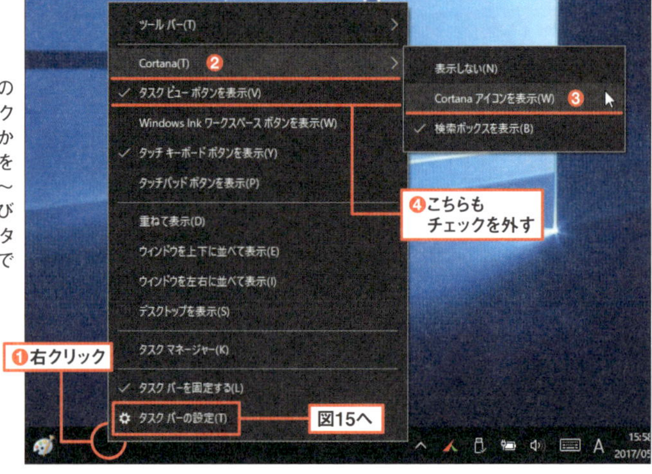

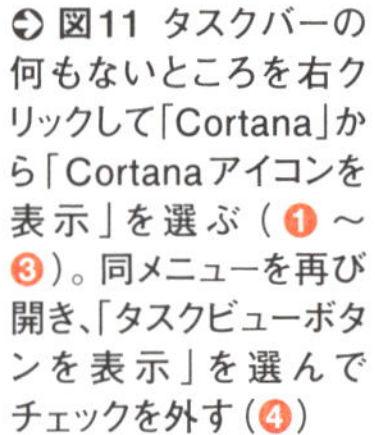
図11　タスクバーの何もないところを右クリックして「Cortana」から「Cortanaアイコンを表示」を選ぶ（❶～❸）。同メニューを再び開き、「タスクビューボタンを表示」を選んでチェックを外す（❹）

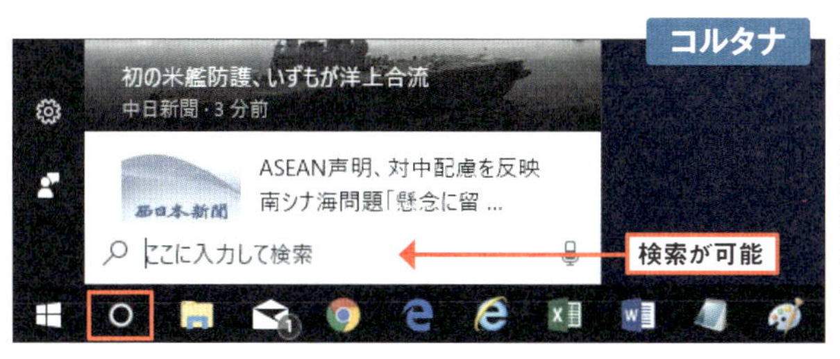

図12 コルタナのアイコンをクリックすると、検索窓付きのコルタナ画面が開く。また、図11の❸で「表示しない」を選ぶとコルタナのアイコンも消えるが、スタートメニューを開いて何かキーをタイプすると検索窓が開く

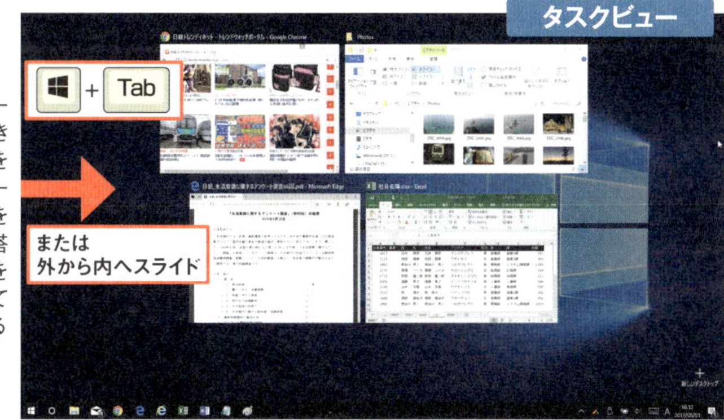

図13 タスクビューのボタンを消したときは、「Windows」キーを押しながら「Tab」キーを押してタスクビューを開こう。タッチパネル搭載機では画面左端を外から内へスライドしてもタスクビューを開ける

通知領域のアイコンを整理しよう

次にタスクバーの右側にある通知領域のアイコンを整理しよう（次ページ**図14**）。意味不明なものを消して、必要なアイコンだけを並べたほうが使いやすい。

図11のメニューで「タスクバーの設定」を選ぶと、タスクバーの設定画面を一発で開ける。そこにある「システムアイコンのオン／オフの切り替え」を押すと、時計や音量、ネットワーク、アクションセンターなどウィンドウズ標準アイコンの表示・非表示を個別に切り替えられる（**図15左下**）。オフにすると、通知領域からアイコンが消えて、矢印ボタン（隠れているインジケーターを表示します）のメニューにも現れない。

完全に消せない機能はメニューに隠す方法も

図15上で「タスクバーに表示するアイコンを選択してください」を押すと、アイコンを通知領域に直接表示するかどうかを設定する画面が開く（**図15右下**）。オフにするとアイコンが通知領域から消えて矢印ボタンのメニューに入る。つまり、完全に消すわけではない。ここではプリンター管理ソフトやフリーソフトなどのアイコンも設定対象になる。

●通知領域のアイコンを整理する

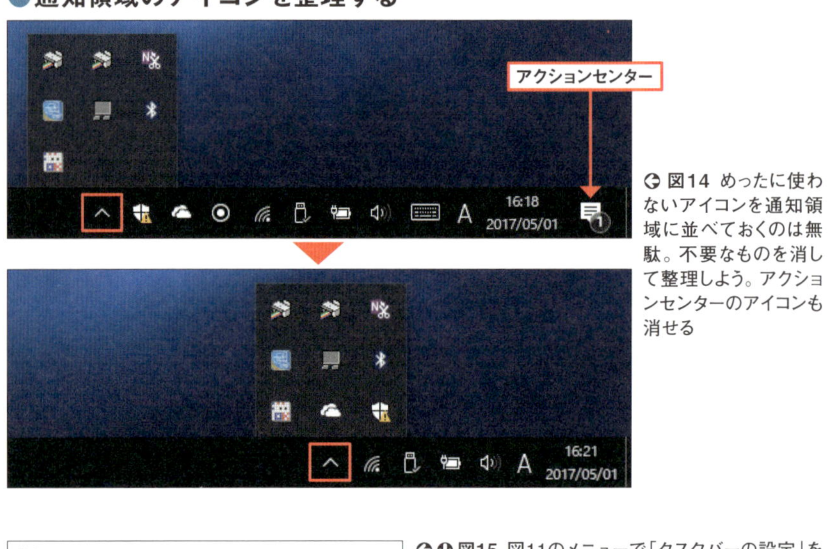

↻ 図14　めったに使わないアイコンを通知領域に並べておくのは無駄。不要なものを消して整理しよう。アクションセンターのアイコンも消せる

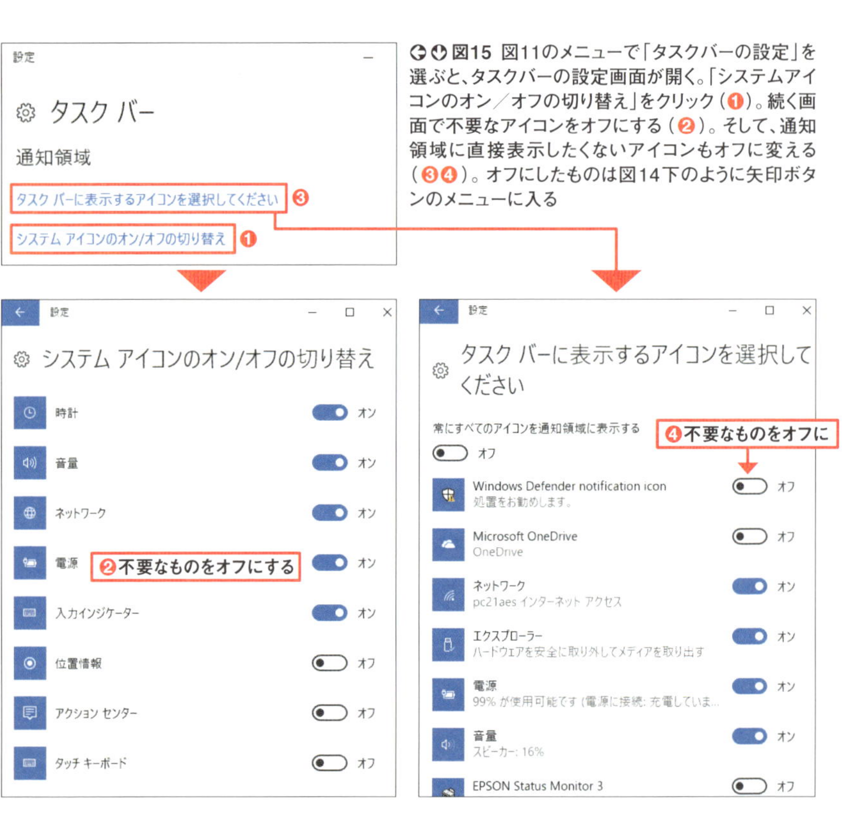

↻↓ 図15　図11のメニューで「タスクバーの設定」を選ぶと、タスクバーの設定画面が開く。「システムアイコンのオン／オフの切り替え」をクリック（❶）。続く画面で不要なアイコンをオフにする（❷）。そして、通知領域に直接表示したくないアイコンもオフに変える（❸❹）。オフにしたものは図14下のように矢印ボタンのメニューに入る

アクションセンターのタイルも整理しよう

アクションセンターの下側にあるタイル（クイックアクション）も整理しよう（**図16**）。「VPN」などは、ほとんどの人には無用の長物のはずだ。設定画面を開き、普段よく使うものだけを残してほかをオフにする（**図17**）。

●不要なクイックアクションを消す

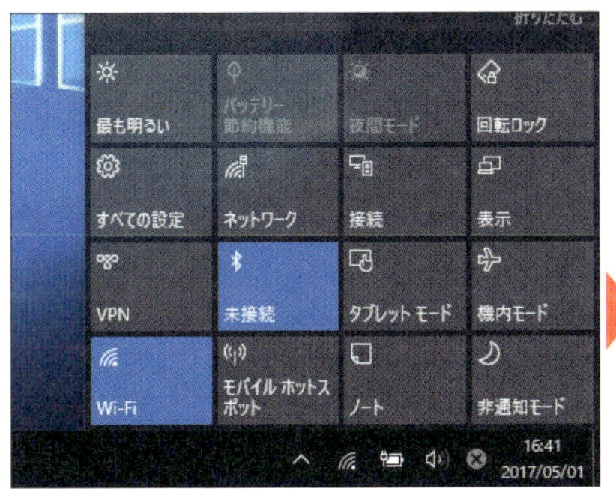

⇦⇨図16 アクションセンターの下側にあるタイル（クイックアクション）には、何に使うか不明なものも多い（左）。不要なタイルを消去してすっきりさせよう（右）

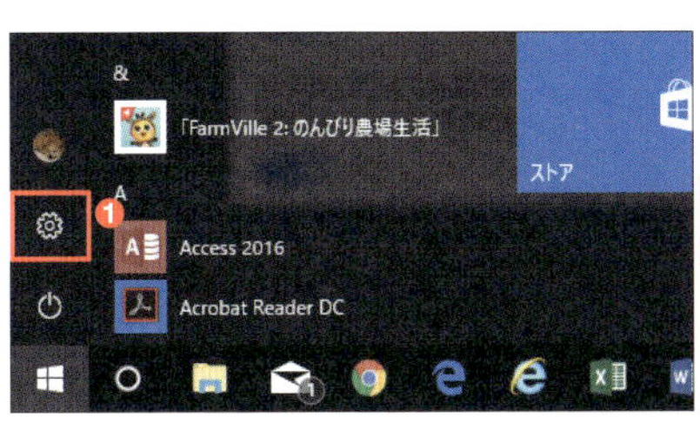

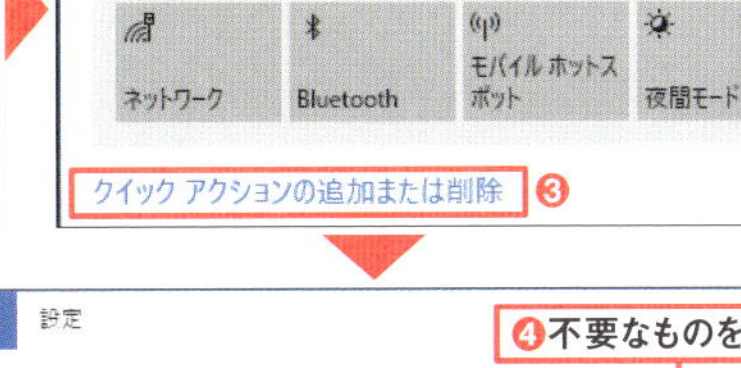

⇧⇨図17 スタートメニューから「設定」を開き（❶）、「システム」の「通知とアクション」を開く（❷）。「クイックアクションの追加または削除」をクリックし（❸）、不要なクイックアクションをオフにする（❹）

スタートメニューを すっきり! かつ便利に!

スタートメニューはいわば“ウィンドウズ10の顔”。アプリ起動の起点となる最重要のメニューだが、いまひとつ使いづらいと感じてはいないだろうか。

恐らくそれは、初期設定のまま使っているせいだ。一度も使ったことがなく、将来も使うことはきっとないであろうアプリのタイルがこれでもかと並んでおり、自分が使

図1 スタートボタンを押すと出てくるスタートメニュー。ウィンドウズ10で最もよく使うメニューなのだが、初期設定のままだと使いづらい。アプリを起動するタイルがたくさん並んでいるが、不要なものばかり。そこでタイルを取捨選択して整理しよう。そのうえで自分が見やすく使いやすいように、タイルの大きさや配置を変えていく

いたいエクセルは左側にあるアプリ一覧の奥底。これで便利に使えというのは無理な話だ。

このスタートメニューを何とかしないと、ウィンドウズ10は永久に使いづらいまま。だが、不要なタイルを消し、よく使うアプリやフォルダーなどをタイル登録して整理すれば、スタートメニューは強力な武器になる（**図1**）。

不要なタイルはいったんフォルダーにひとまとめ

まずは不要なタイルを整理していこう。タイルは右クリックして「スタートからピン留めを外す」を選んで削除できる。だが、今回はクリエーターズアップデートから搭載された「タイルフォルダー」を使ってみよう。めったに使わないタイルをフォルダーにまとめられる。

あるタイルをほかのタイルに重ねるようにドラッグすると、タイルフォルダーが作られる（**図2**）。ドラッグ先のタイルが少し膨らんだときにマウスボタンを離すのがコツだ。膨らまない状態で離すと、単なる移動になる。

作成直後のタイルフォルダーは「∧」の絵柄となり、その下にドラッグ元とドラッグ先のタイルが並ぶ（次ページ**図3**）。これがフォルダーを開いた状態だ。「∧」のタイルをクリックすると下にあったタイルが消え、タイルフォルダーにそれらのアイコンが表示される。

同様の操作でゲーム関連のタイルを、タイルフォルダーにまとめてみた（**図4**）。計8つのタイルをしまえたので、スタートメニューがすっきりした。

●不要なタイルはフォルダーにひとまとめ

図2 スタートメニューのタイルは、タイルフォルダーにまとめることができる。いずれかのタイルをドラッグして一緒にまとめたいタイルに重ね、ドラッグ先のタイルが少し大きくなったらマウスボタンを離す（❶❷）

⬅ 図3 ドラッグ先のタイルの絵柄が「∧」に変わる。これがタイルフォルダーだ。クリックすると、すぐ下にフォルダー内のタイルが並んで表示される(上)。再びタイルフォルダーをクリックするとそれらが消え、タイルフォルダーに小さくアイコン表示される(❶❷)

●タイルフォルダーを使えばすっきりする

⬅⬇図4 タイルフォルダーにはタイルをドラッグして追加できる。ここではゲーム関係のタイルをまとめてみた(❶)。これでスタートメニューの空きスペースをだいぶ広げられた(❷)

コンパネやフォルダーなどよく開くものを「ピン留め」

続いて、よく使うものをスタートメニューにタイル登録していこう。これを10では「ピン留めする」という。エクセルなどは、スタートメニューの左側にあるアプリ一覧で右クリックして「スタートにピン留めする」を選べばよい。これは基本中の基本なので、活用している人も多いだろう。

ぜひ登録しておきたいのがコントロールパネル。クリエーターズアップデート以降の10ではスタートメニューの右クリックではコントロールパネルを開けなくなった。検索窓に「control」と入力すればいいのだが、よく使うならスタートメニューにタイル登録したほうが断然便利だ（**図5**）。

エッジを使うと、ウェブページもタイル登録できる（次ページ**図6**）。ニュースや辞典など、よく使うサイトを登録しておくと簡単に開ける。

エクスプローラーではフォルダーのタイル登録も可能だ（**図7**）。スタートメニューのアプリ一覧に登録されないフリーソフトも、エクスプローラーからタイル登録できる（**図8**）。

よく使うアプリやフォルダー、ウェブページの登録先としては、ほかにタスクバー（16ページ）とデスクトップ（12ページ）もある。それぞれ一長一短があるので、上手に使い分けたい。

「設定」画面では、各項目をそれぞれ個別にタイル登録できる。例えばブルートゥースの設定画面をよく開くなら、そのものずばりを登録しておくとよい（**図9**）。「設定」画面の「ホーム」からたどっていく手間を省ける。

●必要なタイルをどんどん追加していこう!

図5 クリエーターズアップデート以降の10ではコントロールパネルをスタートボタンの右クリックから開けなくなった。タイルとして登録してしまおう。コルタナで検索したら、右クリックして「スタートにピン留めする」を選ぶ（❶～❸）。スタートメニュー左側の一覧にあるアプリも同様にして登録できる

●ウェブページやフォルダーもタイル登録できる

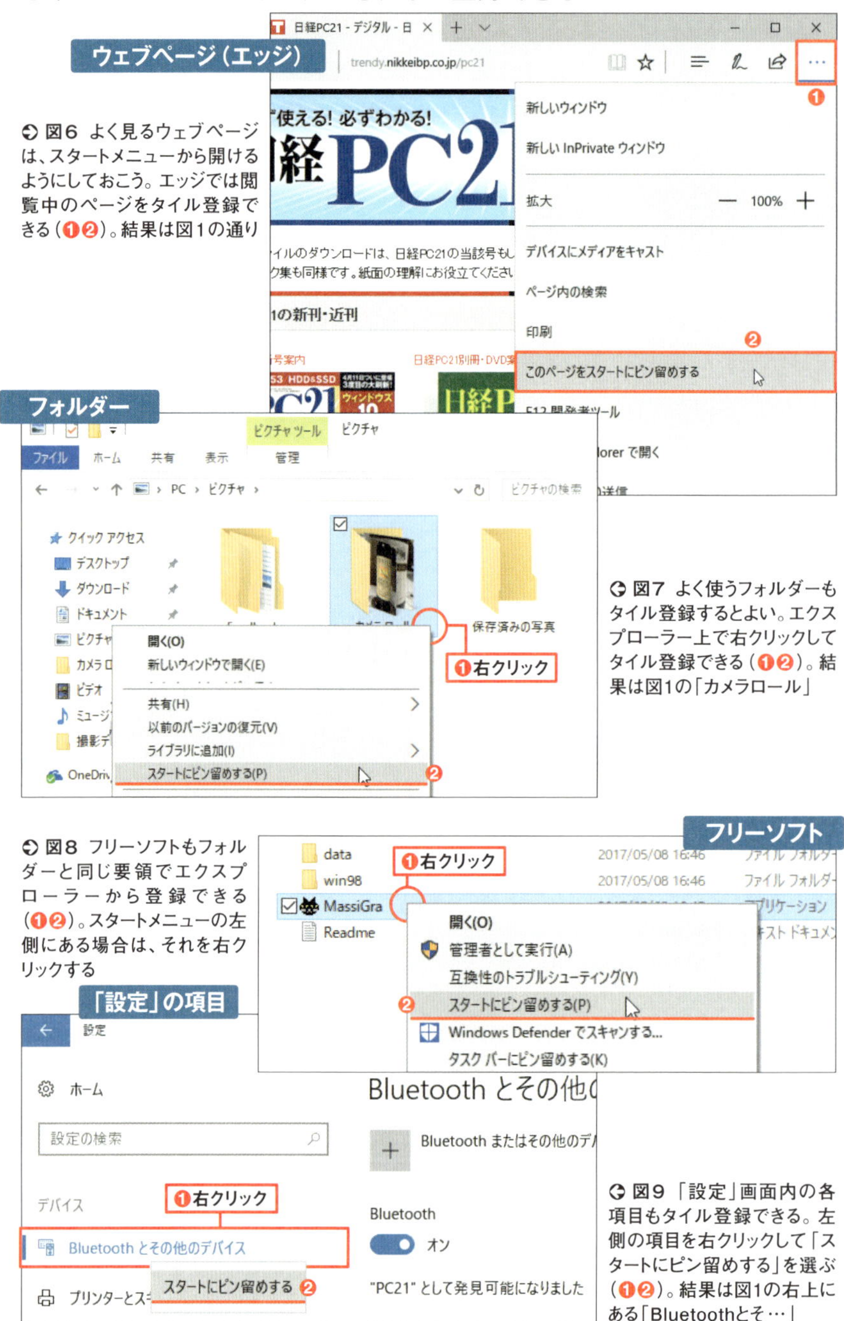

➲ 図6　よく見るウェブページは、スタートメニューから開けるようにしておこう。エッジでは閲覧中のページをタイル登録できる（❶❷）。結果は図1の通り

➲ 図7　よく使うフォルダーもタイル登録するとよい。エクスプローラー上で右クリックしてタイル登録できる（❶❷）。結果は図1の「カメラロール」

➲ 図8　フリーソフトもフォルダーと同じ要領でエクスプローラーから登録できる（❶❷）。スタートメニューの左側にある場合は、それを右クリックする

➲ 図9　「設定」画面内の各項目もタイル登録できる。左側の項目を右クリックして「スタートにピン留めする」を選ぶ（❶❷）。結果は図1の右上にある「Bluetoothとそ…」

大きなタイルに最新情報を表示、グループ化して整理する

続いてタイルの大きさを調整しよう。小、中、横長、大の4種類から選べ、標準は中だ。小は縦横が中の半分の大きさで、横長は中を横に2つ並べたサイズ。大は横長を縦に2つ並べた大きさだ。アプリの種類によっては限られたサイズしか選べない場合もある。

ここでポイントとなるのは「ライブタイル」機能（**図10**）。これは、新着メールや最新ニュース、直近の予定などをタイル上に表示する機能のこと。スタートメニューを開くだけで最新情報をチェックできるというわけだ。

「カレンダー」や「メール」では、タイルを大きくすればそれだけ表示できる情報量が増える（**図11**）。一方、ライブタイルに非対応のアプリは中か小のサイズでよいだろう。エクセルや使い慣れたフリーソフトなどは小さなアイコンでも見分けがつくので、小にしてたくさん並べる手もある。なお、ライブタイルが煩わしい場合は機能をオフにしよう（次ページ**図12**）。ライブタイルのオンオフはアプリごとに設定できる。

●タイルを大きくして最新情報を表示

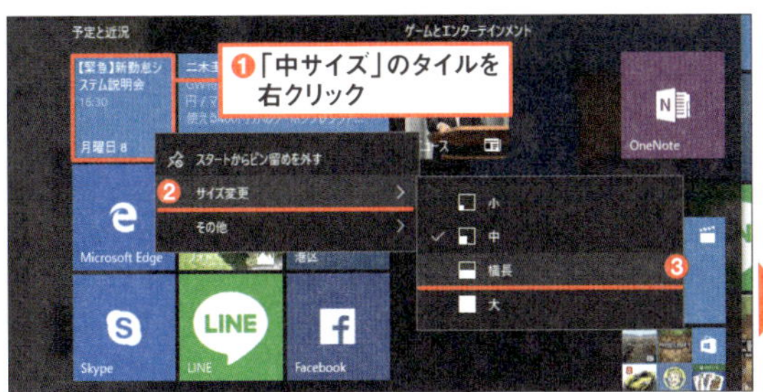

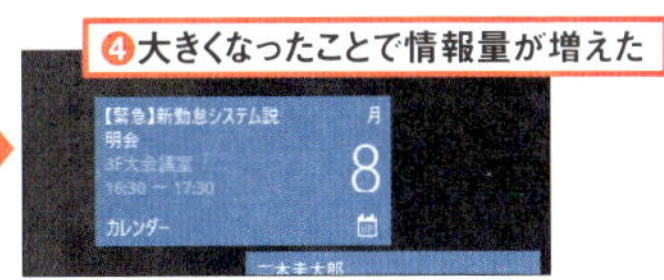

◀▼ **図10** 「ライブタイル」と呼ばれる機能に対応したタイルでは、そのアプリが扱う情報を常にタイル上に表示しておける。サイズを大きくすれば、表示する情報を増やせる（❶～❹）

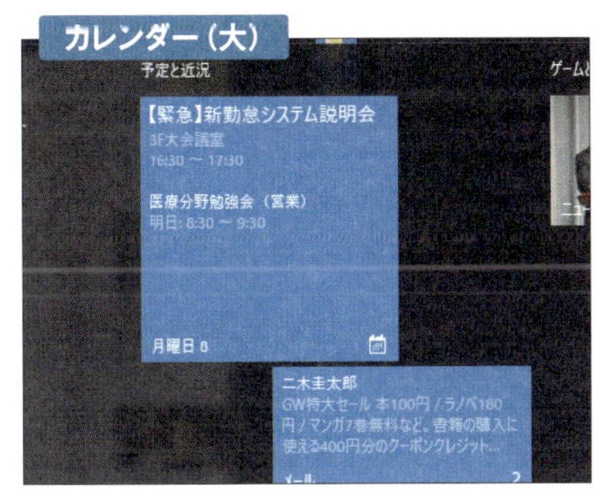

◀ **図11** 図10で「横長」にした「カレンダー」を「大」に変えると、表示できる予定の数が増えた（左）。ほかにも「フォト」で写真をスライドショー表示したり、「LINE」の最新メッセージを表示したりできる（右）

タイルの追加と削除、フォルダー化、サイズ変更が終わったら、用途や重要度、使用頻度などを基準にグループ化しよう。例えば「メール」や「カレンダー」、毎日見るニュースサイトなどは1カ所にまとまっていると使いやすい。

タイルはドラッグして並べ替えられる。その際、帯が現れた場所にドラッグすると、新しいグループを作ることが可能だ（**図13、図14**）。ほかのタイルとの間に隙間ができて見分けやすくなる。

●ライブタイルは不要？ それならオフに設定

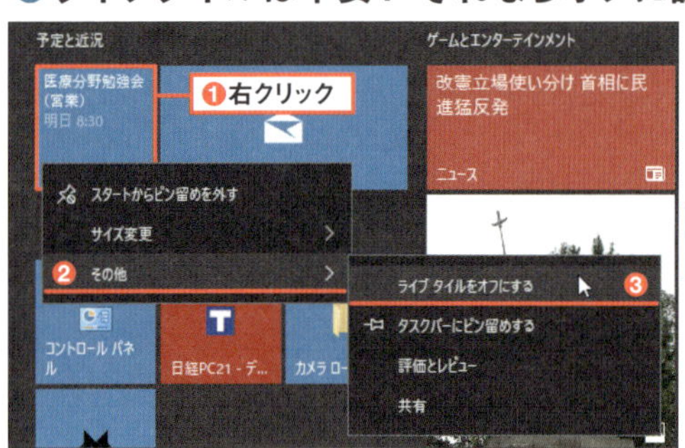

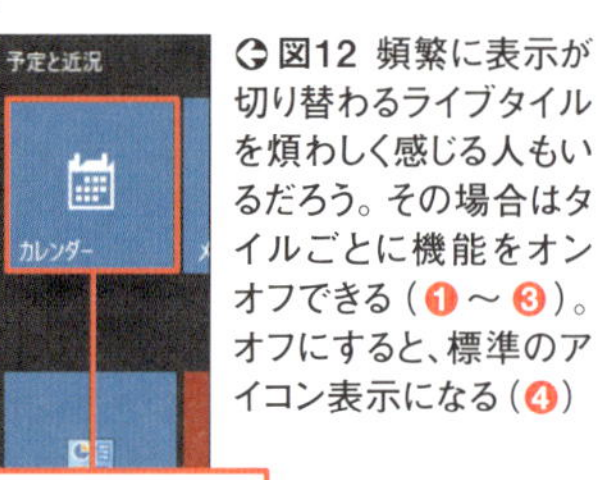

◐図12 頻繁に表示が切り替わるライブタイルを煩わしく感じる人もいるだろう。その場合はタイルごとに機能をオンオフできる（❶～❸）。オフにすると、標準のアイコン表示になる（❹）

●用途別にタイルをグループ化して整理

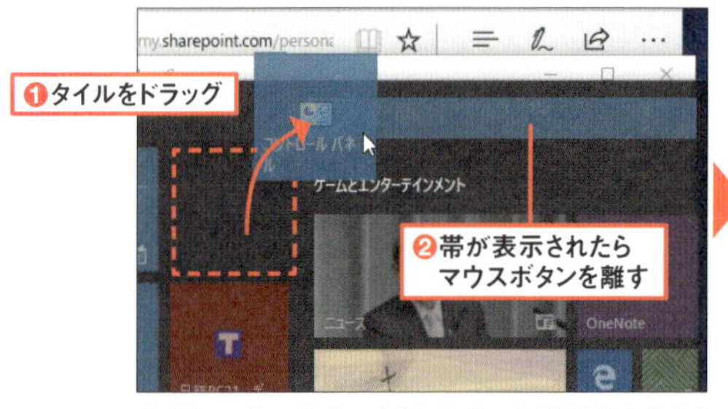

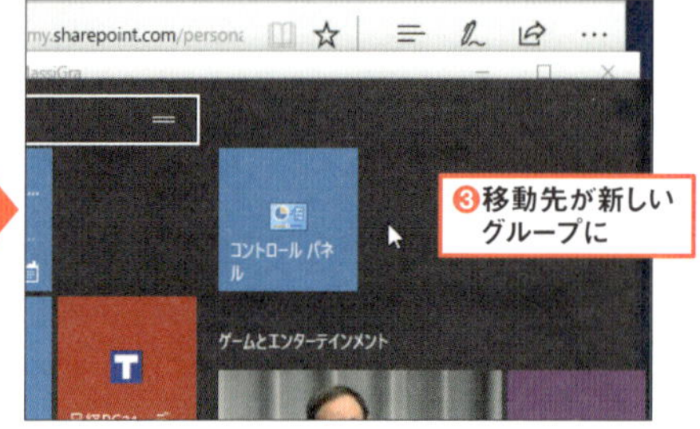

◐図13 使いやすいようにタイルの配置を変えよう。ここでは、よく使うものを右上にまとめて並べたい。タイルはドラッグして動かせるが、帯が現れたところでマウスボタンを離すと新しいグループを作れる（❶～❸）

◐図14 よく使うタイル3つをまとめて並べた。図13の❷❸で新しいグループになるようにしたため、周囲のタイルとの間隔が空いて区切りがわかりやすくなっている

グループ名を付けてよりわかりやすく

タイルのグループには適切な名前を付けるとよい。エクスプローラーでファイル名を変更するときと同じ感覚でグループ名を編集できる（**図15**）。

グループ名の部分をドラッグすると、グループ全体を移動できる（**図16**）。使いやすい配置を試行錯誤して探そう。

●「必ずチェック!」などとグループ名を付ける

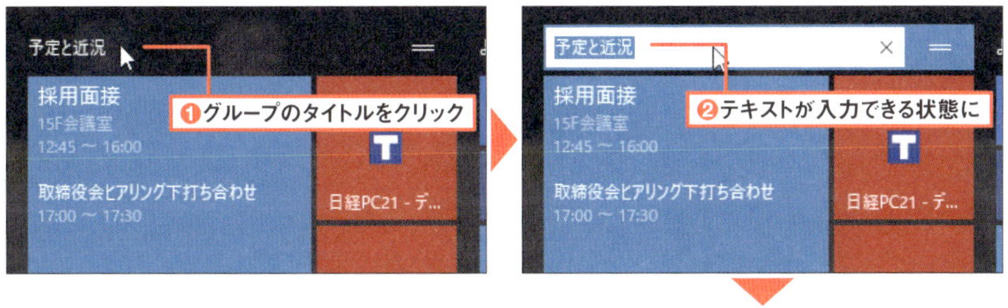

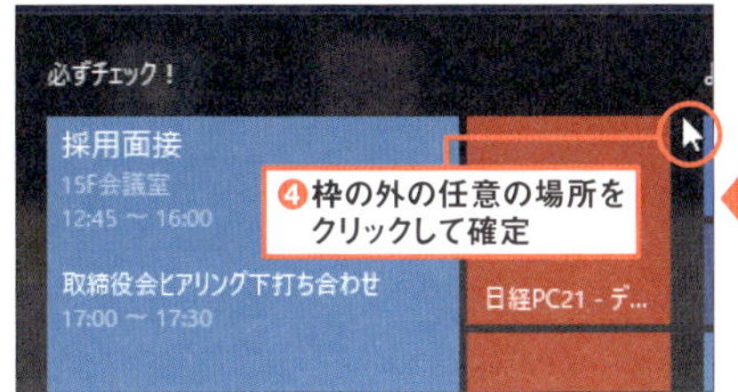

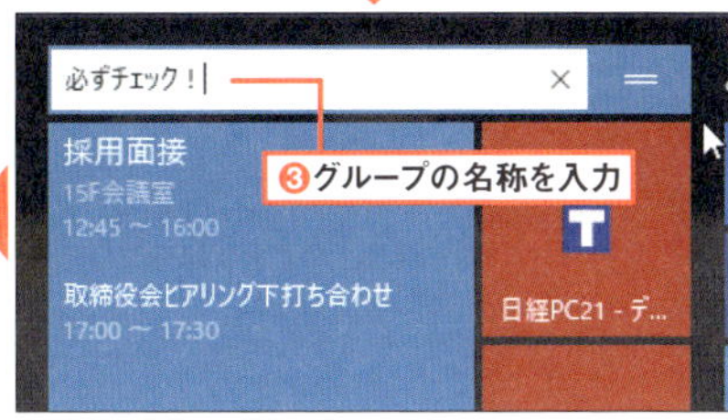

図15 標準ではあらかじめ2つのグループが作られている。エクスプローラーでファイル名を変更するときの要領でタイトル部分をクリックすれば、グループ名を変えられる（❶～❹）。新しいグループに名前を付けるときも同様だ

●グループごとにまとめて配置を変更

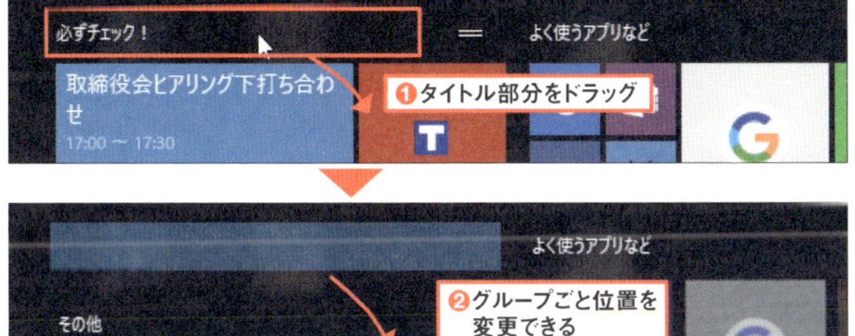

図16 グループのタイトル部分をドラッグすると、グループ全体を移動できる（❶❷）

超便利! フォルダーはショートカットで使え

「ドキュメント」→「営業日報」→「2017年」→「3月」→「1課」といった深いフォルダー階層でファイルを管理しているが、普段使うのは当該年月の「1課」だけ——。そんな人は、目的のフォルダーまで何層も階層をたどるのが、はなはだ面倒ではないだろうか。

図1 ショートカットアイコンはフォルダーなどの場所を記録したリンクのようなファイル。ダブルクリックするとリンク先のフォルダーやファイル、アプリ、ウェブページなどを開ける。深い階層にあるフォルダーのショートカットをデスクトップに作っておくと、瞬時に開けて便利だ

そこでぜひ覚えてほしいのが、フォルダーのショートカットだ。ショートカット（ショートカットアイコン）とはフォルダーなどの場所（リンク先）を記録したファイルで、ダブルクリックするとリンク先を一発で開ける（**図1**）。つまり、よく使うフォルダーのショートカットをデスクトップに置いておけば、どんなに深い階層にあろうと一発でアクセスできるのだ。

ファイルをドラッグして移動やコピーができるのもメリット（**図2**）。また、デスクトップに置いたショートカットには起動キーを割り当てられ、アイコンがウインドウに隠れていてもキー操作一発で開ける（**図3**）。

●ファイルを入れたり、一発で開くキーを割り当てたりできる

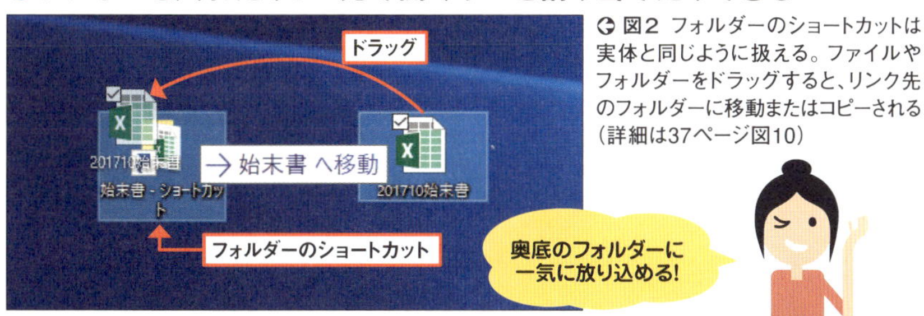

図2 フォルダーのショートカットは実体と同じように扱える。ファイルやフォルダーをドラッグすると、リンク先のフォルダーに移動またはコピーされる（詳細は37ページ図10）

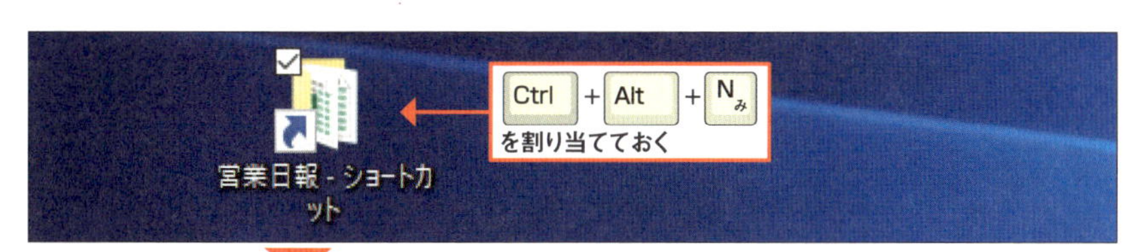

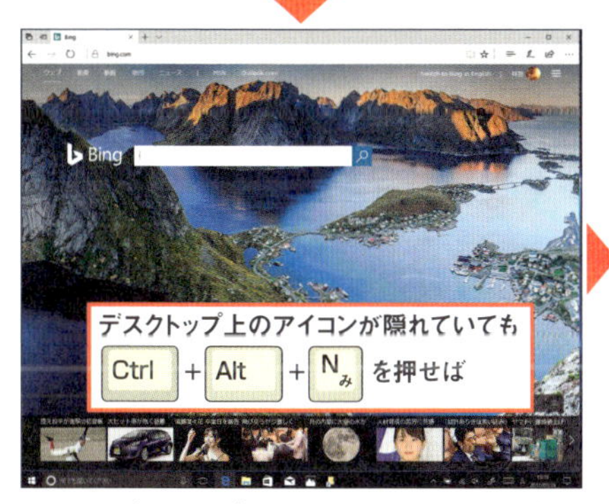

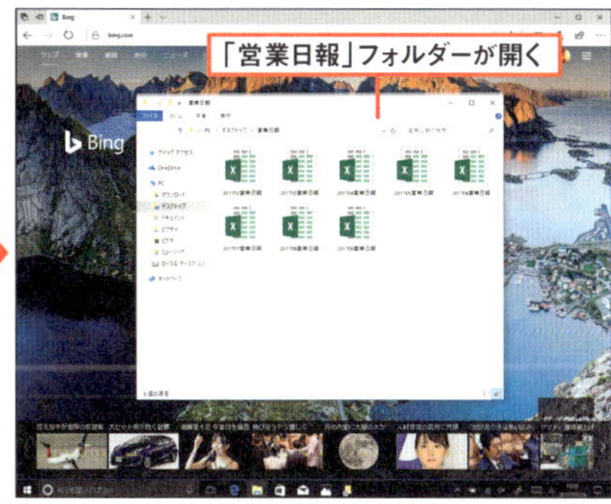

図3 デスクトップに置いたショートカットには起動キーを割り当てられる。アイコンが隠れていても当該キーを押せば一発で開けるので便利だ。キーは「Ctrl」+「Alt」+「任意の英字」などが割り当てられるので、ここでは「日報」の頭文字「N」にした（設定方法は39ページ図15、図16）

ショートカットは右クリックで簡単に作成

ショートカットは、右クリックメニューから簡単に作成できる（**図4**）。置き場所は問わないので、デスクトップやドキュメントなど、自分が使いやすい場所に置いておこう（**図5**）。同じリンク先（フォルダー）のショートカットを複数作ってもかまわない。また、名前は自由に変更でき、変更してもリンク先には影響を及ぼさない（**図6**）。冒頭の例なら「1課」ではなく、「2017年3月営業日報」といった名前に変えておくとわかりやすいだろう。

ショートカットは場所を保存しただけのファイルなので、削除してもリンク先（フォルダー）は影響を受けない（**図7**）。

●ショートカットを作成する

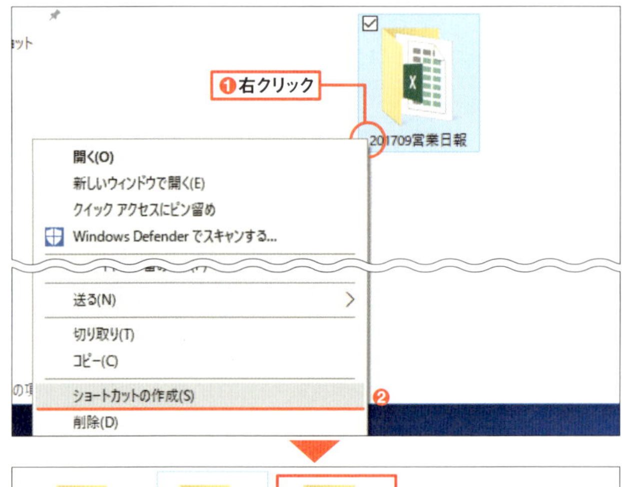

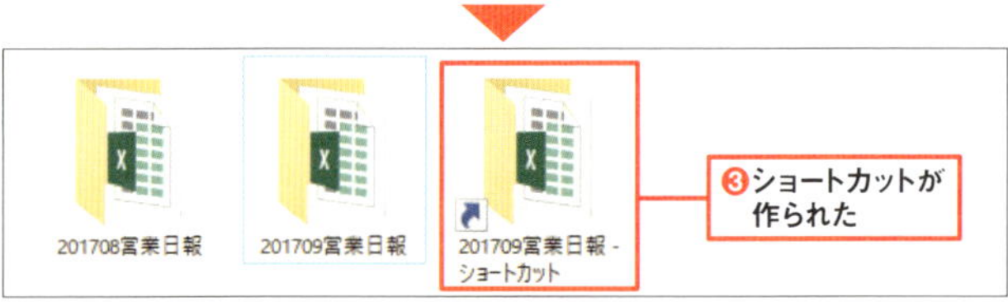

図4 ショートカットを作成したいフォルダーを右クリックして「ショートカットの作成」を選ぶ（❶❷）。フォルダーと同じ階層にショートカットが作成される（❸）。フォルダーをデスクトップなどにマウスの右ボタンでドラッグして「ショートカットをここに作成」を選んでもよい

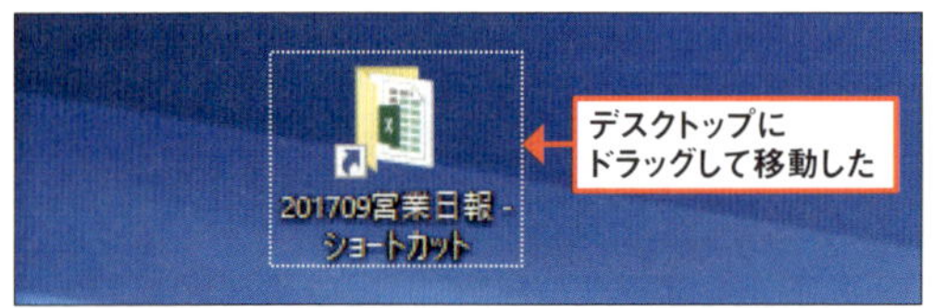

図5 ショートカットはどこに置いてもかまわない。ドラッグしてデスクトップに配置すると便利

●ショートカットの名前は自由に変更できる

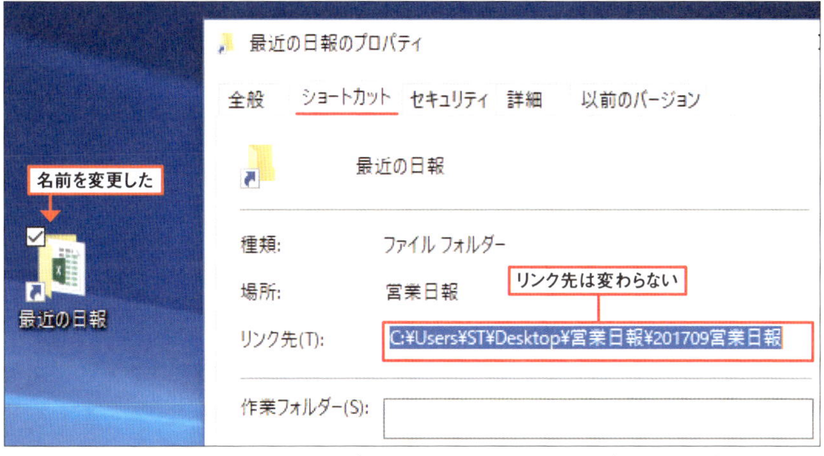

図6 ショートカットの名前は通常のフォルダーと同様に変更できる（14ページ図5参照）。変更してもリンク先のフォルダーには影響しない。ショートカットを右クリックして「プロパティ」を選ぶか、クリックして「Alt」+「Enter」キーを押すと、「プロパティ」画面の「ショートカット」タブでリンク先を確認できる

●不要になったらごみ箱へ

図7 ショートカットが不要になったら、ごみ箱に入れて削除してもリンク先に影響はない。ごみ箱を空にしても問題ない

リンク先を動かすと自動追跡

では、リンク先を移動したらどうなるだろうか？ 驚くべきことに、自動で追跡してくれるのだ（次ページ**図8**）。リンク先のフォルダーを移動したり名前を変えたりすると、ショートカットのリンク先が自動的に更新され、それまで通りに動作する（ダブルクリックで本体が開く）。ただし、リンク先を削除するとショートカットは無効になる（**図9**）。

●これは驚き! リンク先を移動しても“追跡”する

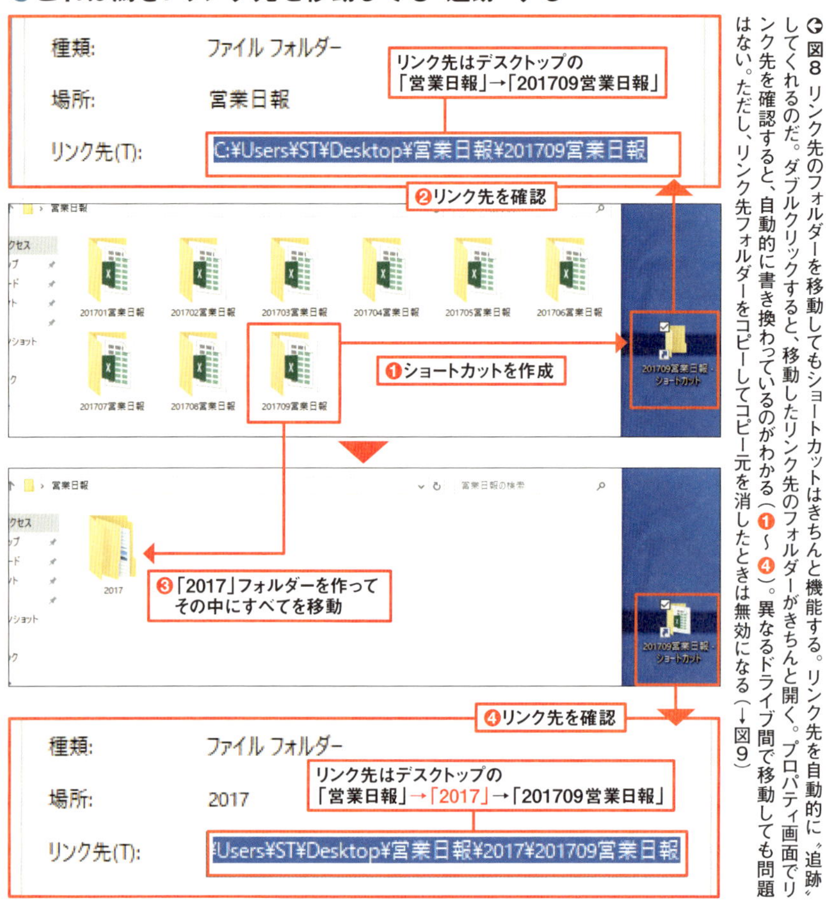

◐図8 リンク先のフォルダーを移動してもショートカットはきちんと機能する。リンク先を自動的に“追跡”してくれるのだ。ダブルクリックすると、移動したリンク先のフォルダーがきちんと開く。プロパティ画面でリンク先を確認すると、自動的に書き換わっているのがわかる(❶～❹)。異なるドライブ間で移動しても問題はない。ただし、リンク先フォルダーをコピーしてコピー元を消したときは無効になる(→図9)

●リンク先を削除すると無効になる

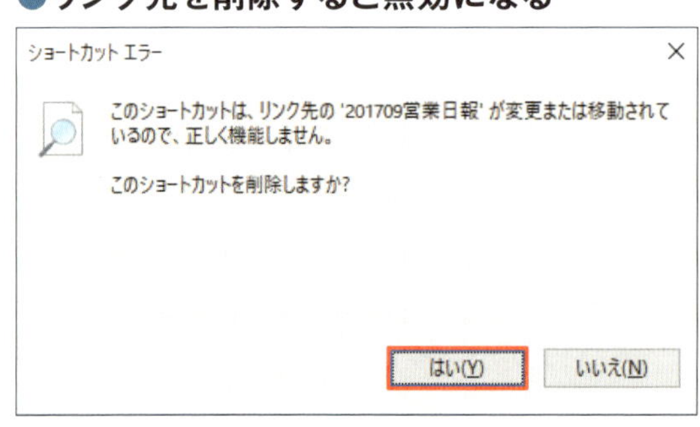

◐図9 リンク先のフォルダーを削除するとショートカットは無効になる。開くとこのようなエラーが表示されるので、「はい」を押して削除しよう

ショートカット内へのコピー、ショートカット自体のコピーは？

図10は、図2で紹介した移動・コピーを検証した画面だ。フォルダーのショートカットにファイルなどをドラッグすると、リンク先に保存される。半面、注意したいのがショートカットのコピー。これは、ショートカット自身が複製されるだけで、リンク先のフォルダーは影響を受けない（**図11**）。リンク先のフォルダーをバックアップする際は、本体をコピーする必要がある。

●深い階層のフォルダーにファイルを放り込める

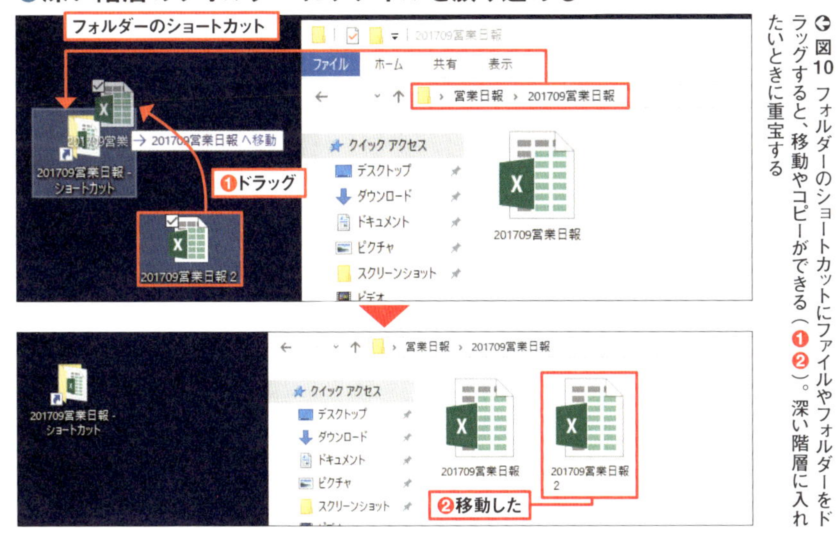

図10 フォルダーのショートカットにファイルやフォルダーをドラッグすると、移動やコピーができる（❶❷）。深い階層に入れたいときに重宝する

●コピーしてもバックアップにはならない

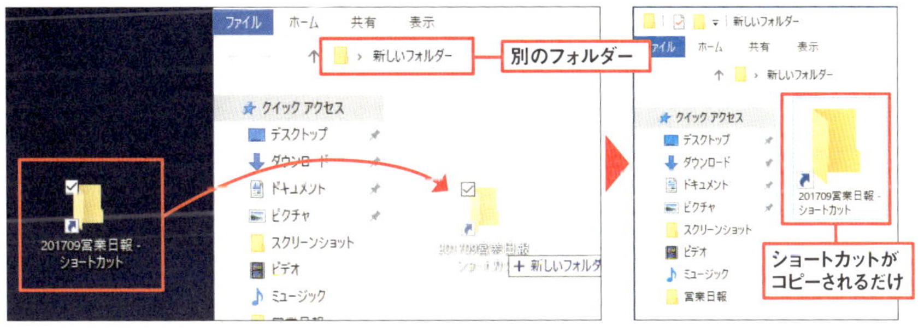

図11 フォルダーのショートカットを別のフォルダーやUSBメモリーなどにコピーしても、ショートカットがそのままコピーされるだけで、本体（リンク先）のコピーにはならない。バックアップを取るときには注意したい

ほかにもショートカットはいろいろ作れる

ファイルのショートカットも右クリックメニューから作成できる（**図12**）。ダブルクリックすると、リンク先のファイルが関連付けされたアプリで開く。また、USBメモリーや外付けHDD、NAS（ファイルサーバー）などのショートカットを作ることも可能だ（**図13**）。ドライブそのものではなく、中にあるフォルダーのショートカットを作ってもよい。

フリーソフトなどをインストールした際、デスクトップには通常、ショートカットアイコ

●ファイルのショートカットも作れる

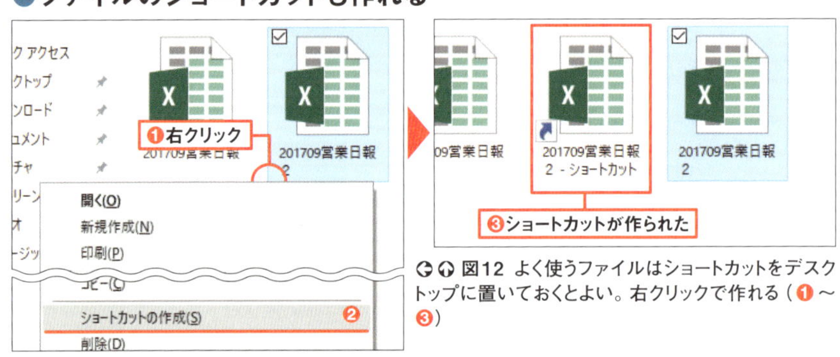

←↑ 図12 よく使うファイルはショートカットをデスクトップに置いておくとよい。右クリックで作れる（❶～❸）

●USBメモリーや外付けHDDもOK

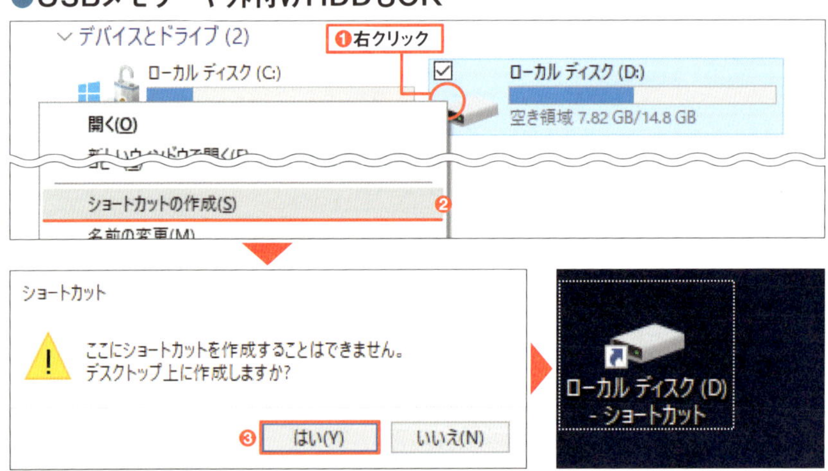

↑図13 ドライブを右クリックして「ショートカットの作成」を選ぶ（❶❷）。ドライブの場合は警告が出るので、「はい」を押してデスクトップ上に作成する（❸）。ドライブを取り外した状態でショートカットをダブルクリックすると図9のエラー画面が出るので、「いいえ」を押してドライブをパソコンに接続すればよい

ンが作られる。このショートカットは自分でも作成可能だ。スタートメニューからアイコンをドラッグするだけでよい（**図14**）。スタートメニューにないフリーソフトなども、プログラム本体を右クリックしてショートカットを作れる。

デスクトップに置いたショートカットには、起動キー（ショートカットキー）を割り当てられる。プロパティ画面を開き、「ショートカット」タブでキーを割り当てれば設定は完了（**図15、図16**）。図3のようにほかのウインドウでデスクトップ上のアイコンが隠れていても、キー操作一発で当該ショートカットが開くので、作業効率が上がる。

●アプリのショートカットで楽々起動

図14 スタートメニューの一覧やタイルにあるアプリをデスクトップなどにドラッグするとショートカットを作成できる。ダブルクリックするとリンク先のアプリが起動する。ショートカットを削除してもアプリはアンインストールされないので注意しよう

●起動キーを割り当てる

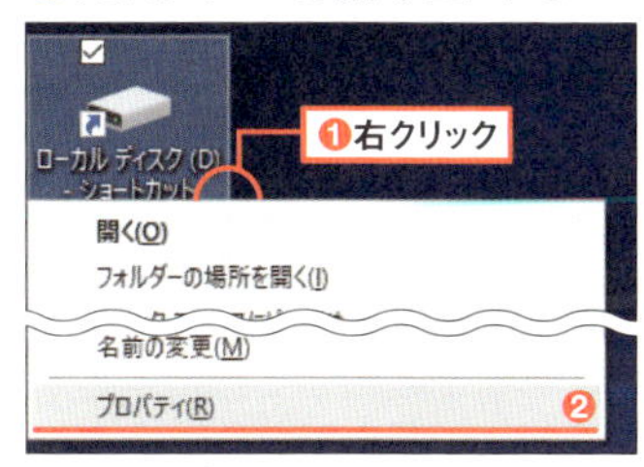

図15 デスクトップに置いたショートカットアイコンには起動キー（ショートカットキー）を割り当てられる。アイコンを右クリックして「プロパティ」を選ぶ（❶❷）。フォルダーなどの本体には割り当てられないので注意しよう

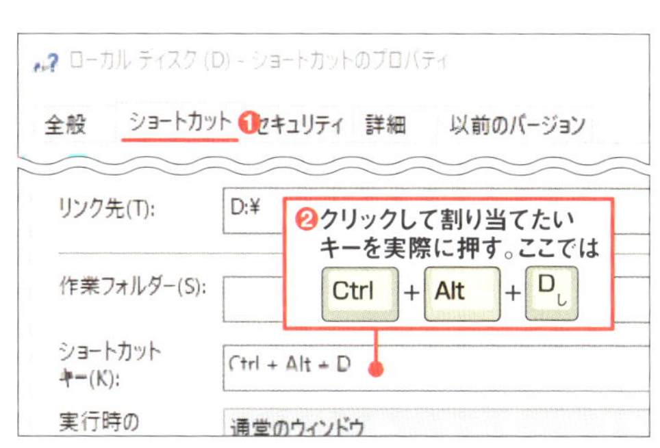

図16 「ショートカット」タブを開き、「ショートカットキー」欄をクリックして、割り当てたいキーを実際に押す（❶❷）。「Ctrl」+「Alt」+英字キー、もしくは「Ctrl」+「Shift」+英字キーが割り当て可能。図のようにキーが入力されたら、画面下部の「OK」を押せば完了だ

ショートカットキーで素早く切り替え

企画書を書いている最中に届いたメールは至急の問い合わせだった。関連するエクセルのファイルやPDFを次々とチェックしていたら、パソコンのデスクトップに開いたウインドウが増えてしまい、切り替えに戸惑って作業の効率が悪くなってしまった。忙しいときに限ってこんな事態に陥る。なんとか解決する手段はないものだろうか。

ウィンドウズは同時に複数のアプリを起動して切り替えながら使えるのが強みだ。何かの作業中に別の仕事を割り込ませることもできる。ただ、デスクトップ上のウインドウが増えすぎると、どのウインドウが何の作業をしているものかがわかりにくくなってしまう。効率良くウインドウを切り替える方法を探っていこう（**図1**）。

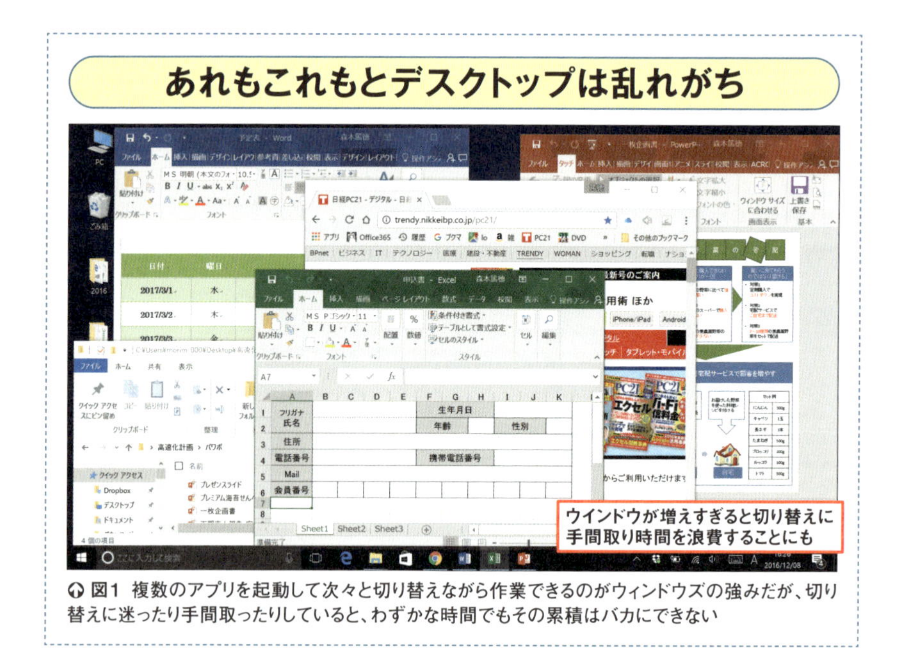

図1 複数のアプリを起動して次々と切り替えながら作業できるのがウィンドウズの強みだが、切り替えに迷ったり手間取ったりしていると、わずかな時間でもその累積はバカにできない

パソコンの画面が十分に大きくてウインドウがあまり重ならない状態で使えるのなら、直接ウインドウをクリックするのがいちばん簡単な切り替え方法だ。しかし現実には複数のウインドウが重なって直接クリックすることができない場面が多い。もちろんタスクバーをクリックして切り替えることはできるが、ショートカットキーで素早くウインドウを切り替えるテクニックを使いこなそう。

「Alt」+「Tab」キーで開いているウインドウの一覧が表示される（**図2**）。「Alt」キーを押したまま「Tab」キーを押すことでどのウインドウに切り替えるか選択できる。「Windows」+「Tab」キーでも一覧画面が表示されるが、こちらでは表示したいウインドウをクリックまたはタップすることで切り替える（**図3**）。画面の小さなパソコンで作業しているときは各ウインドウを全画面表示にして、ショートカットキーで切り替えながら作業すると効率が良い。

●ショートカットキーがわかりやすい

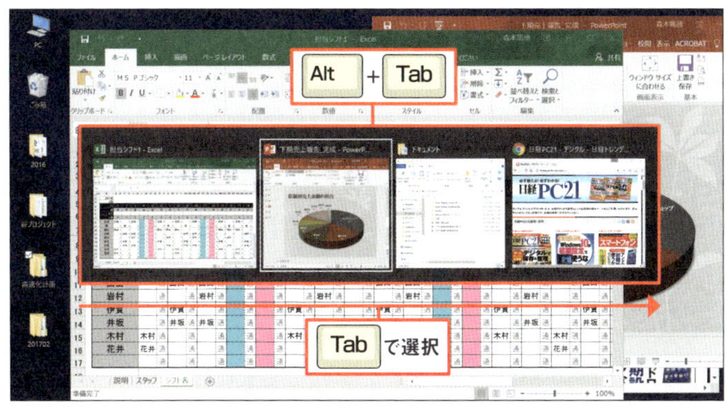

図2 「Alt」+「Tab」キーで開いているウインドウの一覧が表示される。「Alt」キーを押したまま「Tab」キーを押すことで、どのウインドウに切り替えるか選択できる

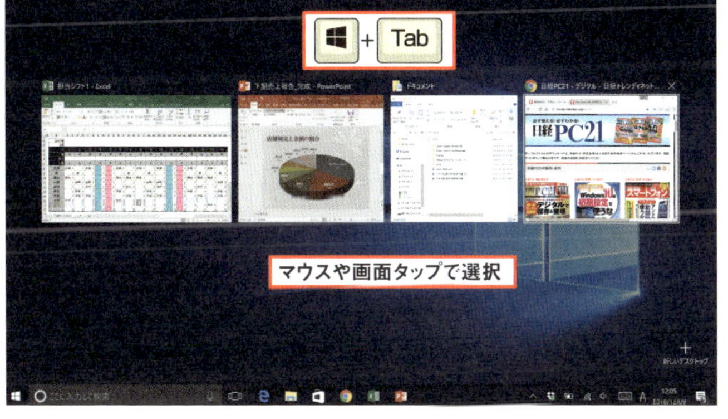

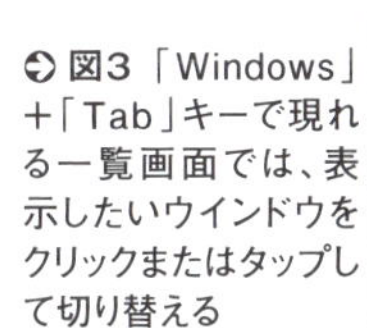

図3 「Windows」+「Tab」キーで現れる一覧画面では、表示したいウインドウをクリックまたはタップして切り替える

キーボード操作でウインドウのサイズを調整

スナップ機能でウインドウをきっちり2分の1や4分の1に

ウィンドウズ10が備える「スナップ」機能で、ウインドウの大きさをきっちり画面の2分の1や4分の1に整えることができるショートカットキーも使いこなそう（**図1、図2**）。

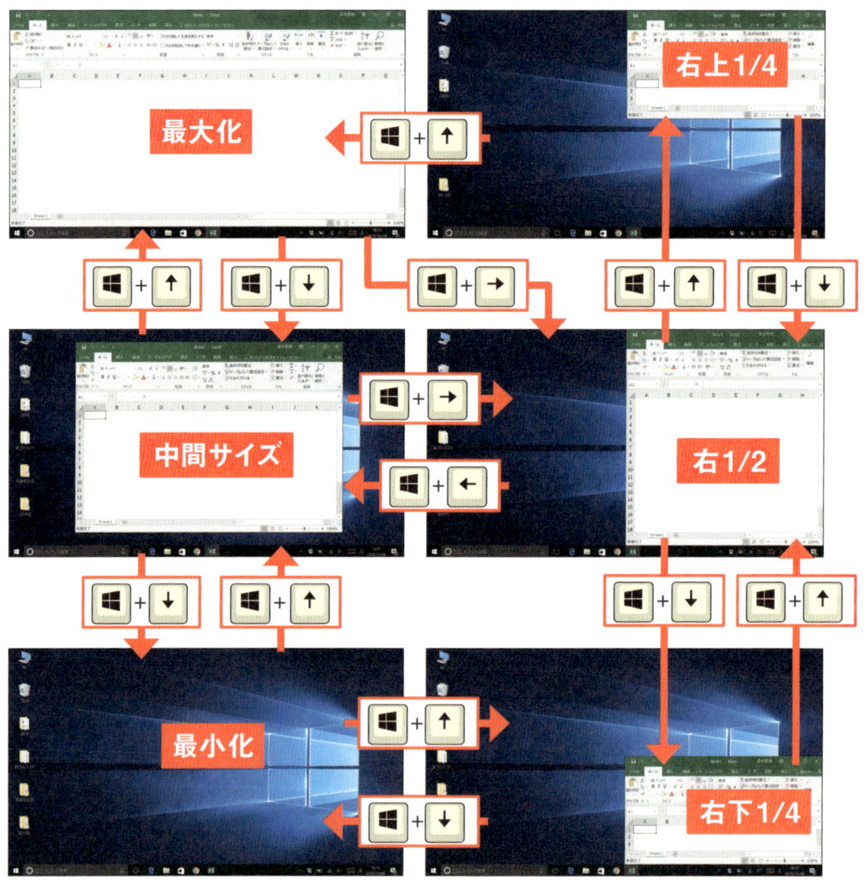

図1 ウィンドウズ10が備える「スナップ」機能ではショートカットキーでウインドウのサイズをきっちり画面の2分の1や4分の1などに整えることができる

デスクトップの無駄なスペースをなくして有効に使える。「Windows」キーと矢印キーを組み合わせて使う。作業中のウインドウの大きさを即座に変更できる。

例えば2つのウインドウを切り替えながら使うときは、2分の1サイズに整えて、画面の左右に配置すれば作業しやすい。大きな画面のパソコンを使う場合は、ウインドウを4分の1サイズに整えて上下左右に配置してもよい。ウインドウを重ねずに全体を見渡しながら作業することができる。最大化した状態から中間サイズに切り替えれば、デスクトップに配置したショートカットアイコンを活用できる。

ウィンドウズ7ではショートカットキーでウインドウを4分の1サイズにする機能はないが、全画面や左右2分の1サイズに整えることはできる。

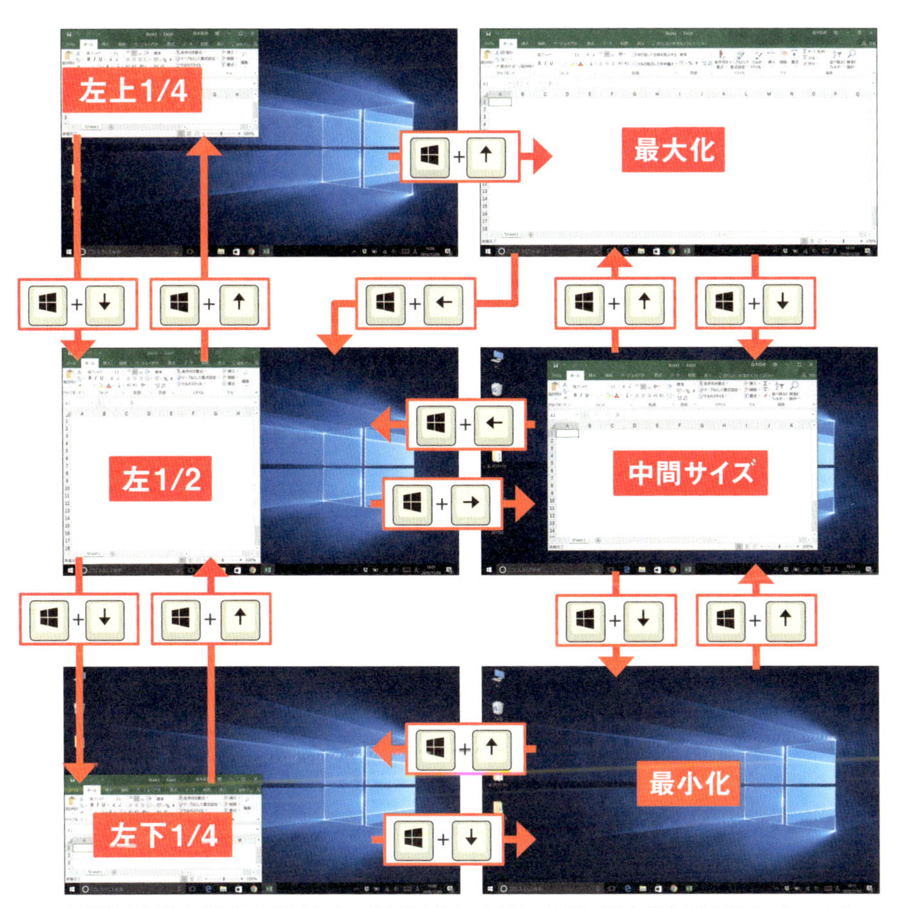

図2 図1は右側2分の1や4分の1に配置するキーを示し、こちらでは左側を示している。ショートカットキーの法則は基本的に同じだ。「Windows」キーと、ウインドウを配置したい方向の矢印キーを使う

仮想デスクトップで素早く業務を切り替え

複数の業務を並行で行いたいなら仮想デスクトップが強い味方

1台のパソコンで1つの業務だけに専念できれば楽だが、現実には企画書を書きながら報告書を読んでメールもチェックする…などという作業が発生する。それらのウインドウを1つのデスクトップ上に開いてしまうと混乱の原因になる。

●仮想デスクトップで素早く業務を切り替え

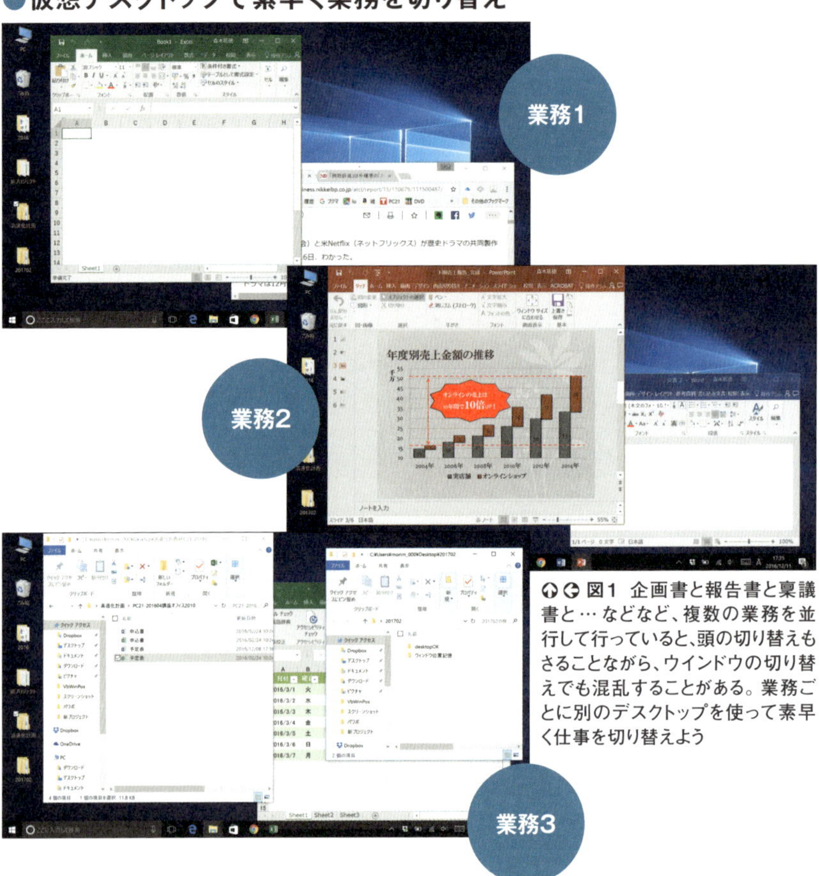

図1 企画書と報告書と稟議書と…などなど、複数の業務を並行して行っていると、頭の切り替えもさることながら、ウインドウの切り替えでも混乱することがある。業務ごとに別のデスクトップを使って素早く仕事を切り替えよう

ウィンドウズ10が備える仮想デスクトップ機能を活用してスムーズに作業を進めよう（**図1**）。企画書を書いているとき、それに関連した資料やウェブページは同じデスクトップ上で開けばよい。ところが、まったく関係のない、人事の書類を作成する必要に迫られたら、「Ctrl」+「Windows」+「D」キーを押して、別のデスクトップを作成しよう（**図2**）。

デスクトップ上のフォルダーやファイルなどのアイコンはそのままで、ウインドウのないデスクトップが現れる。ここで新たにアプリなどを起動して別の作業をすればよい。

デスクトップを切り替えるのも簡単だ。「タスクビュー」ボタンまたは「Windows」+「Tab」キーで表示されるデスクトップの一覧から切り替えられる（次ページ**図3**）。「Ctrl」+「Windows」キーとカーソルキーを組み合わせて直接デスクトップを切り替えることもできる（**図4**）。

●別の業務は別のデスクトップで

図2 複数の業務を並行して処理する場合はそれぞれ別のデスクトップで作業しよう。「Ctrl」+「Windows」+「D」キーを押すと新たなデスクトップが開くので、そこで別業務のアプリを開いて作業する

●デスクトップ一覧から選択

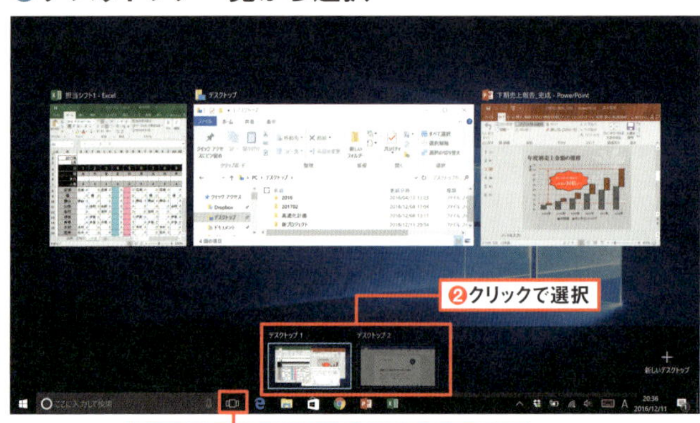

⮈ 図3 ツールバーの検索窓の横にある「タスクビュー」ボタン、または「Windows」+「Tab」キーでデスクトップの一覧が現れるので、切り替えたいデスクトップをクリックで選択する（❶❷）

●ショートカットキーで切り替える

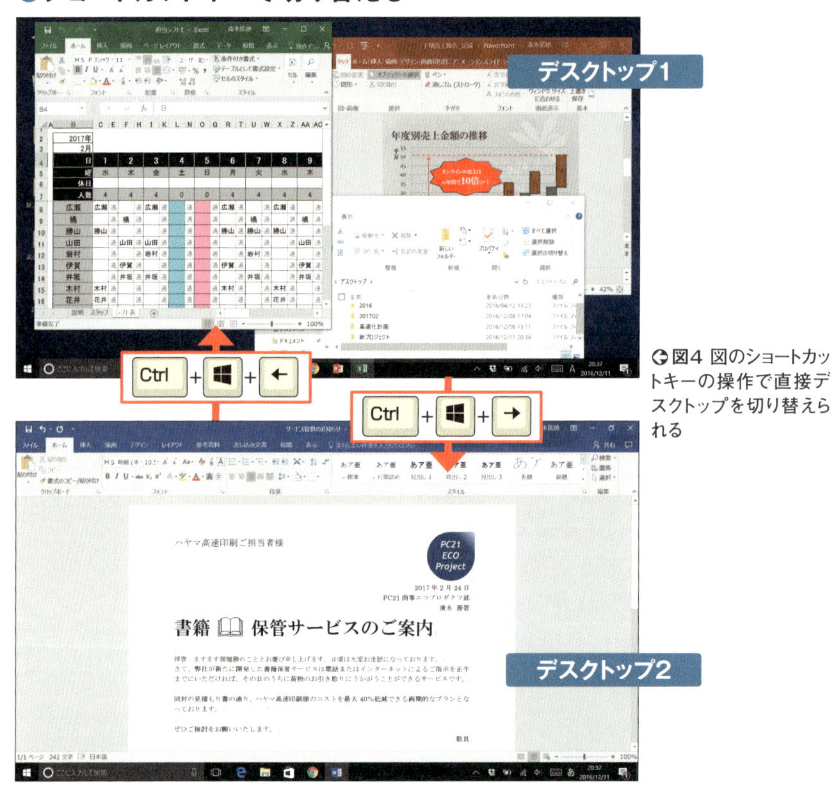

⮈ 図4 図のショートカットキーの操作で直接デスクトップを切り替えられる

開きすぎたウインドウは別デスクトップに移動も

1つのデスクトップでウインドウを開きすぎた場合は、後から仮想デスクトップを作成してウインドウを移動することも可能だ（図5、図6）。

1つのデスクトップ上で作業が完了して、ウインドウを閉じたらデスクトップを削除すればよい。なお、ウインドウが開いたままのデスクトップを削除しても、ウインドウは別のデスクトップに移動するだけで勝手に閉じてしまうことはない。

●作業途中にデスクトップを分けることも

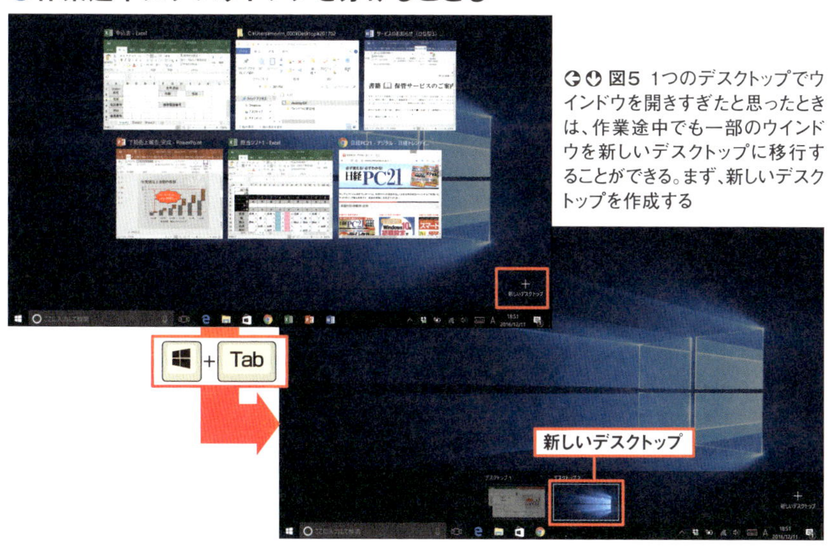

図5 1つのデスクトップでウインドウを開きすぎたと思ったときは、作業途中でも一部のウインドウを新しいデスクトップに移行することができる。まず、新しいデスクトップを作成する

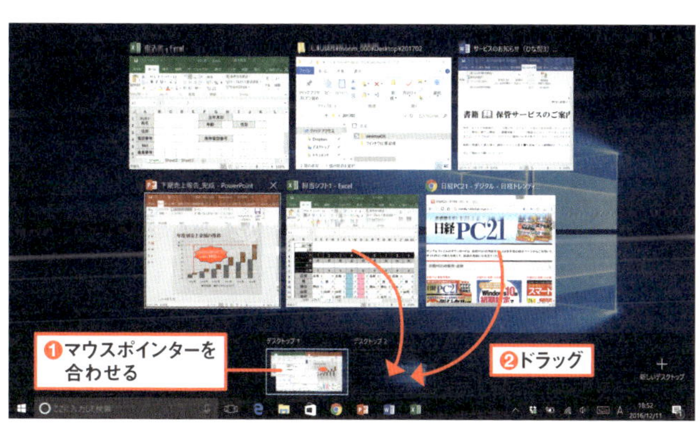

図6 ウインドウを開きすぎたデスクトップのサムネイルにマウスポインターを合わせる（❶）。ウインドウが一覧表示されるので、新しいデスクトップに移行したいものをドラッグする（❷）

厳選7つのキー操作で手数を大幅に省く

パソコンを素早く操作したいなら、利き手がキーボードとマウスを頻繁に行き来するのは効率が悪い。キーボードだけで操作する方法、いわゆる「ショートカットキー」を身に付けたい。**図1**にお薦めの7つをまとめた。

エクスプローラーを閉じる「Alt」+「F4」キーはぜひ使いこなしたいものの筆頭(**図2**)。直前に表示したフォルダーに戻る「Alt」+「←」キー、1つ上の階層に移動する「Alt」+「↑」キーやフォルダーを別ウインドウで開く「Ctrl」+「Enter」キーもキーボード派には重宝する(**図3**、次ページ**図4**)。

エクスプローラーの新規ウインドウを開く「Windows」+「E」キーはほかのアプリが前面にあっても使える(**図5**)。タスクバーやスタートメニューより速く開けるので活用しよう。

手数が激減するキー操作

ショートカット	動作
Alt + F4 または Ctrl + W	エクスプローラーのウインドウを閉じる(→図2)
Alt + ←	直前に表示していたフォルダーに戻る(→図3)
ファイルやフォルダーを選択後、Enter	ファイルやフォルダーを開く
フォルダーを選択後、Ctrl + Enter	エクスプローラーの別ウインドウでフォルダーが開く(→図4)
Alt + ↑	1つ上の階層に移動する
Windows + E	エクスプローラーが起動する(→図5)
Windows + D	すべてのウインドウが最小化される

図1 エクスプローラーでお薦めのキー操作(ショートカットキー)を7つ挙げた。キーボードから手を離さずに操作できるので作業効率が上がる

●ウインドウを一瞬で閉じる

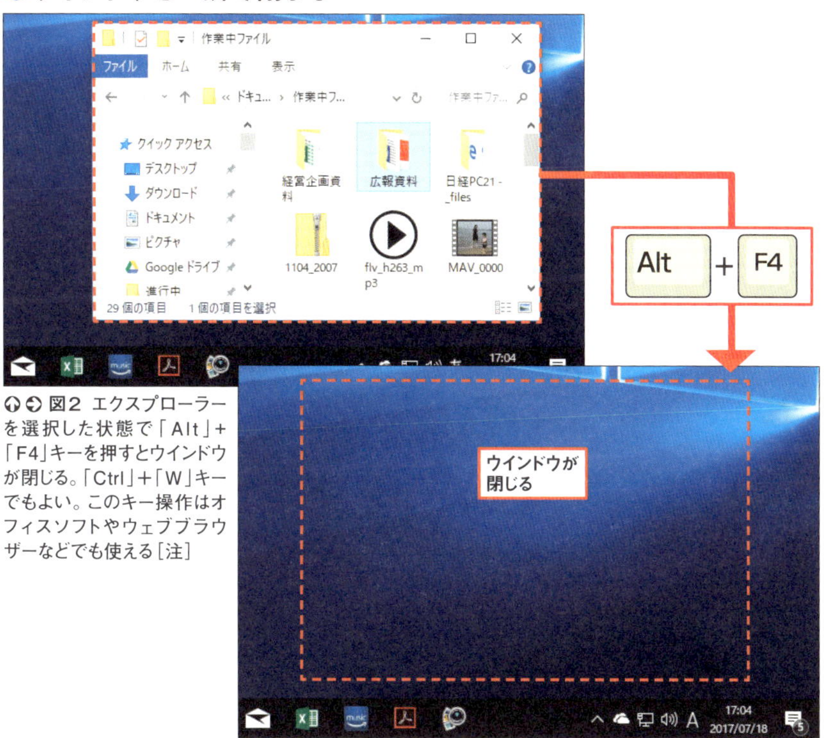

↑↓ 図2 エクスプローラーを選択した状態で「Alt」+「F4」キーを押すとウインドウが閉じる。「Ctrl」+「W」キーでもよい。このキー操作はオフィスソフトやウェブブラウザーなどでも使える[注]

●キー操作一発で直前のフォルダーに戻る

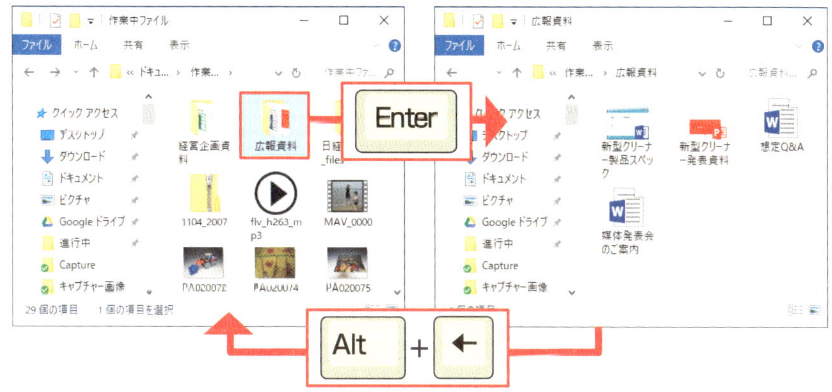

↑図3 エクスプローラーで別のフォルダーに移動したら、「Alt」+「←」キーで直前のフォルダーに戻れる

[注]オフィスソフトの場合、「Ctrl」+「W」キーではアプリは起動したまま文書だけが閉じる

●別ウインドウでフォルダーを開く

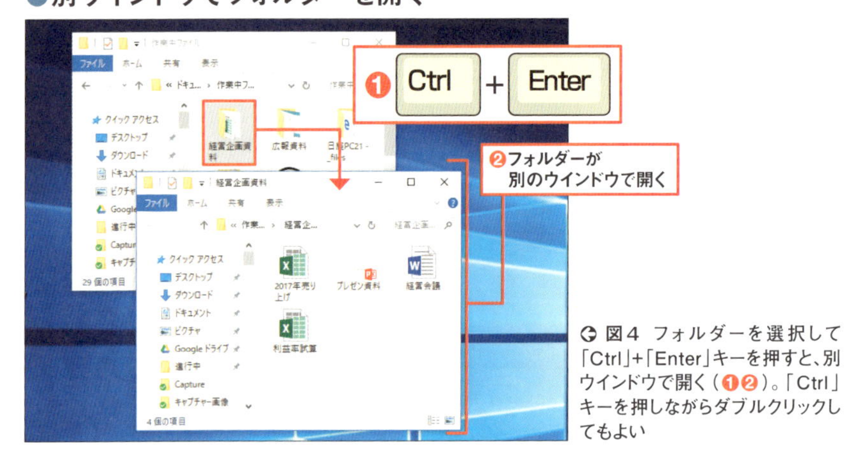

図4　フォルダーを選択して「Ctrl」+「Enter」キーを押すと、別ウインドウで開く（❶❷）。「Ctrl」キーを押しながらダブルクリックしてもよい

●エクスプローラーを一発起動

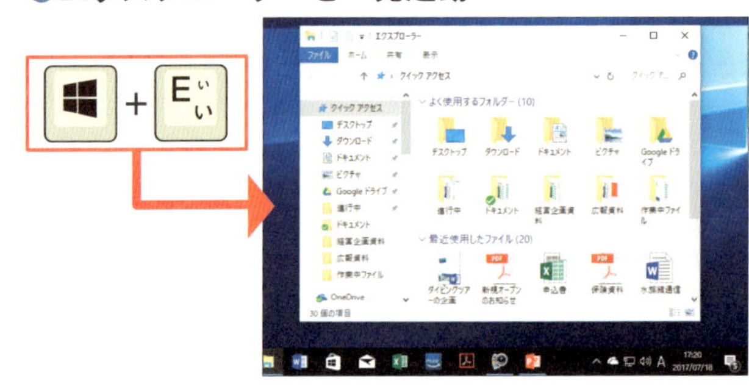

図5「Windows」キーを押したまま「E」キーを押すと、エクスプローラーを起動できる。ほかのウインドウが前面にあっても使える

ウィンドウの配置も自由自在

マウスやキー操作によるウインドウサイズの調整機能「エアロスナップ」も作業効率アップにつながる。タイトルバーを左端や右端にドラッグするだけで画面を左半面または右半面に配置できる（**図6**）。キー操作なら「Windows」キー+左右の矢印キーを使う。タイトルバーを上端にドラッグすると全画面表示になる（**図7**）。横幅を維持したまま上下いっぱいに広げたい場合は、マウスが両矢印の絵柄になった状態で上端にドラッグする（**図8**）。

特定のウインドウ以外を最小化（タスクバーに収納）したいときは、タイトルバーを左右に振る（シェイクする）「エアロシェイク」という機能が役に立つ（**図9**）。

●ウインドウの配置を素早く整える

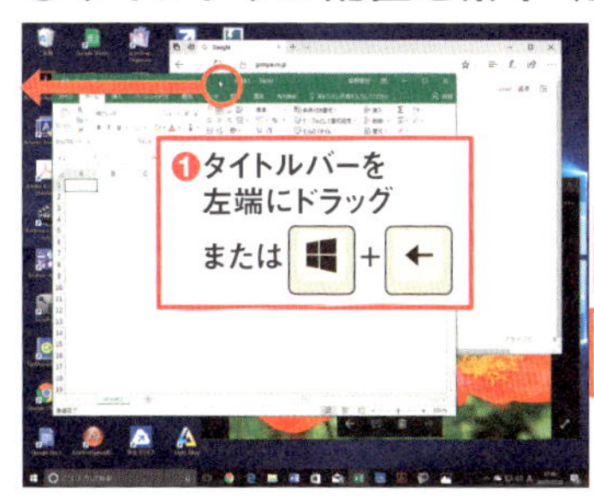

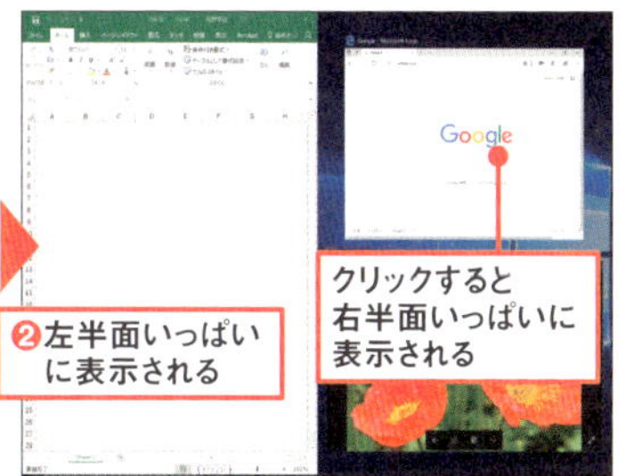

図6 ウインドウのタイトルバーをデスクトップの左端もしくは右端にドラッグすると、そのウインドウが左右の半面いっぱいに表示される（❶❷）

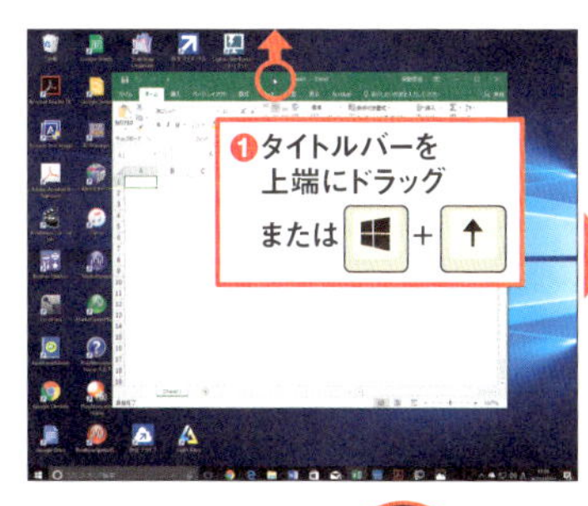

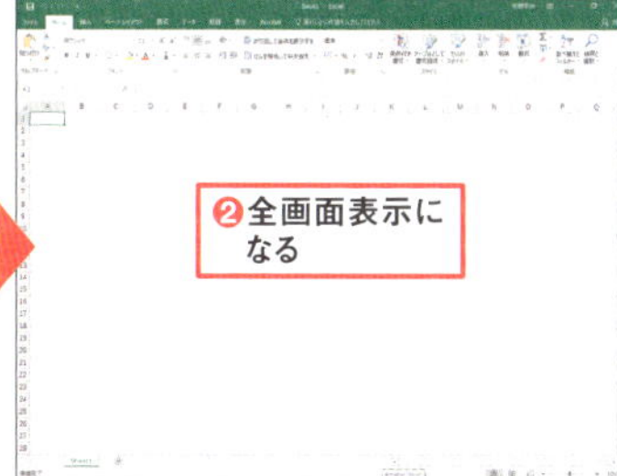

図7 ウインドウのタイトルバーをデスクトップの上端にドラッグすると（❶）、そのウインドウが全画面表示になる（❷）

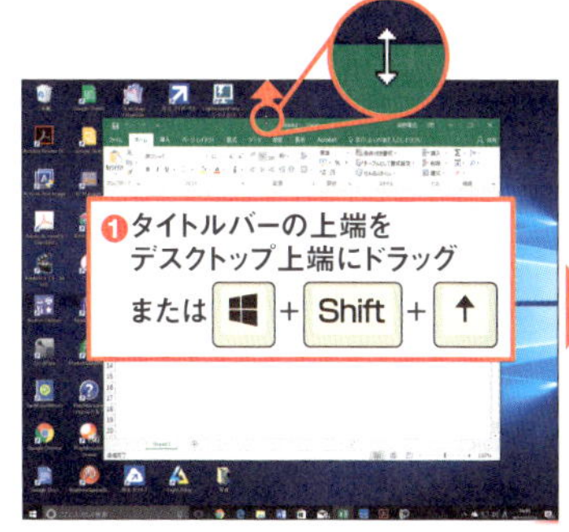

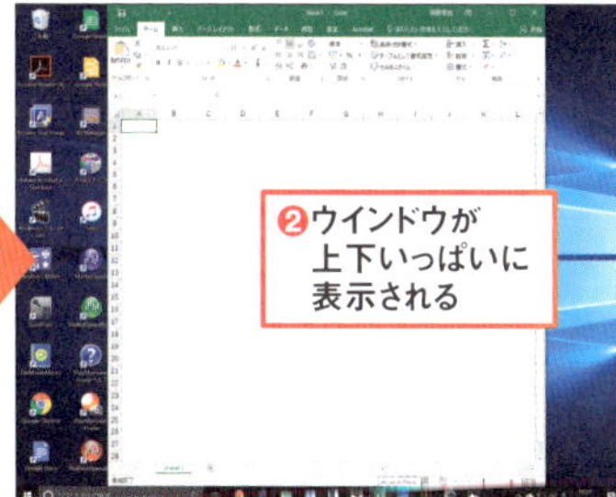

図8 ウインドウのタイトルバー上端にマウスポインターを合わせ、両矢印になったらデスクトップ上端にドラッグ（❶）。横幅を維持したまま高さだけが上下いっぱいに広がる（❷）

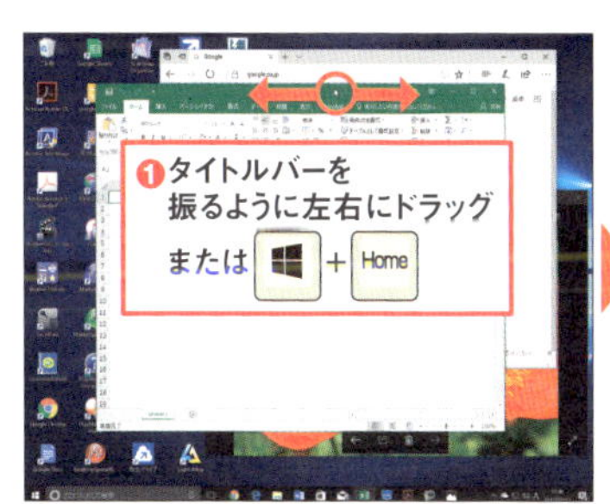

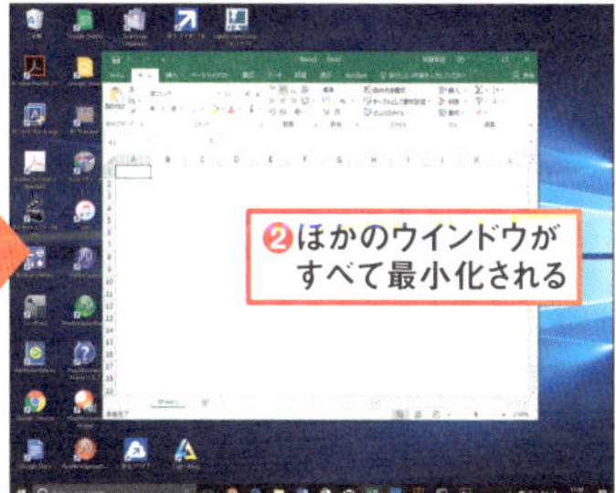

図9 ウインドウのタイトルバーを左右に細かく振るようにドラッグすると、ほかのウインドウが最小化される（❶❷）。もう一度同じ操作をすると、すべてが元のサイズに戻る

設定画面を素早く開く

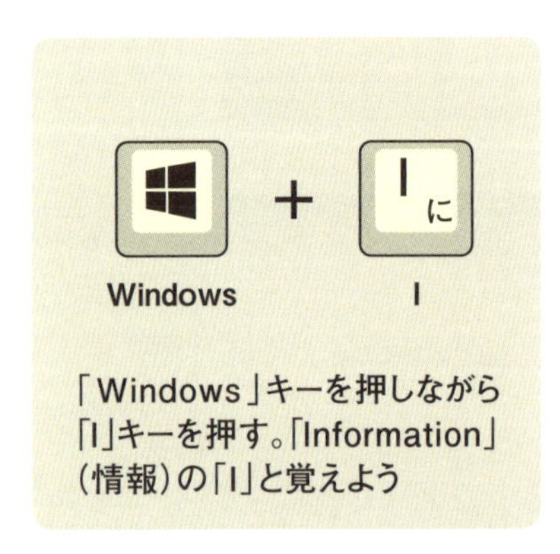

ウィンドウズ10では、アカウントの設定や背景の変更など、さまざまな設定を行うのが「設定」画面だ。

スタートメニューから起動するのが一般的だが、頻繁に設定を変更するなら、キー操作のほうが素早く開ける。「Windows」キーを押しながら「I」キーを押せば、設定画面が開く（**図1、図2**）。

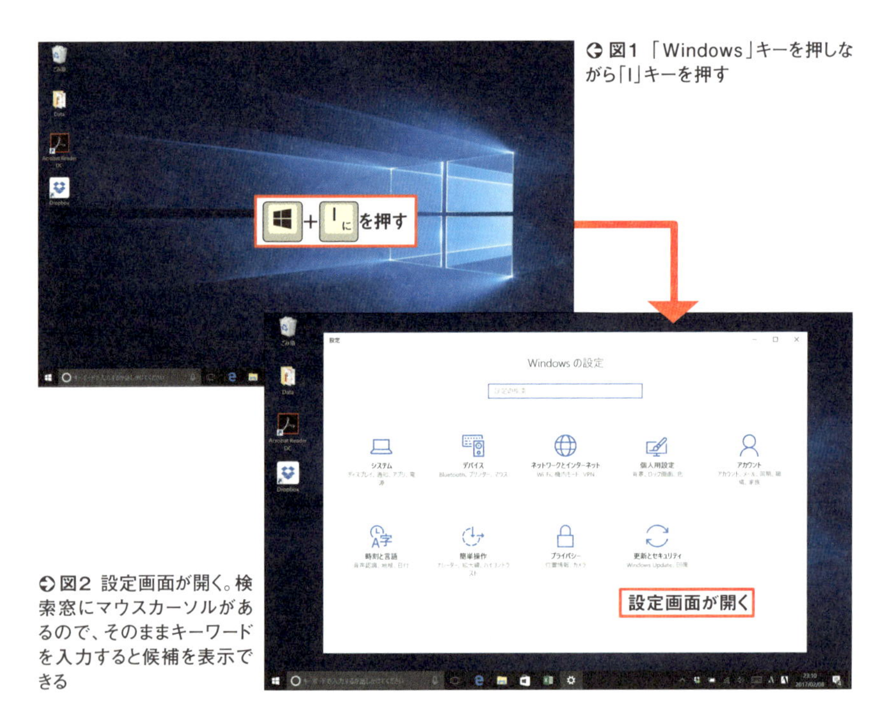

図1 「Windows」キーを押しながら「I」キーを押す

図2 設定画面が開く。検索窓にマウスカーソルがあるので、そのままキーワードを入力すると候補を表示できる

Section 010

ロック画面を素早く表示する

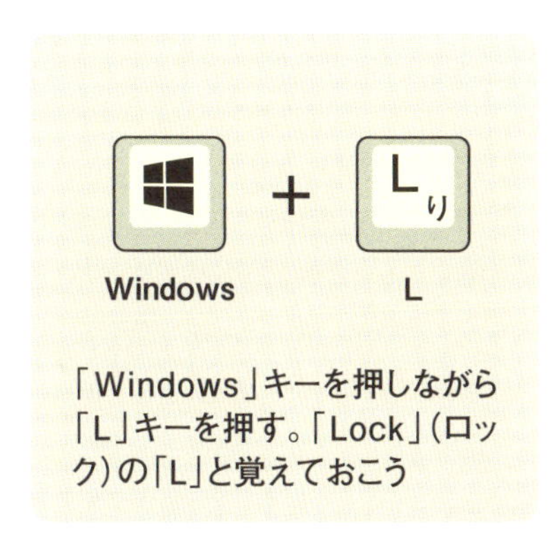

「Windows」キーを押しながら「L」キーを押す。「Lock」（ロック）の「L」と覚えておこう

パソコンの前から席を離れる際に、他人に画面を見られたり勝手に使われたりしないようにしたい。こんなときはロック画面を表示して、正しいパスワードを入力しないと利用できないようにしておこう。「Windows」キーを押しながら「L」キーを押すと、即座にロック画面に切り替わる（**図1、図2**）。「Ctrl」+「Alt」+「Delete」キーでメニューを表示することも可能だ。

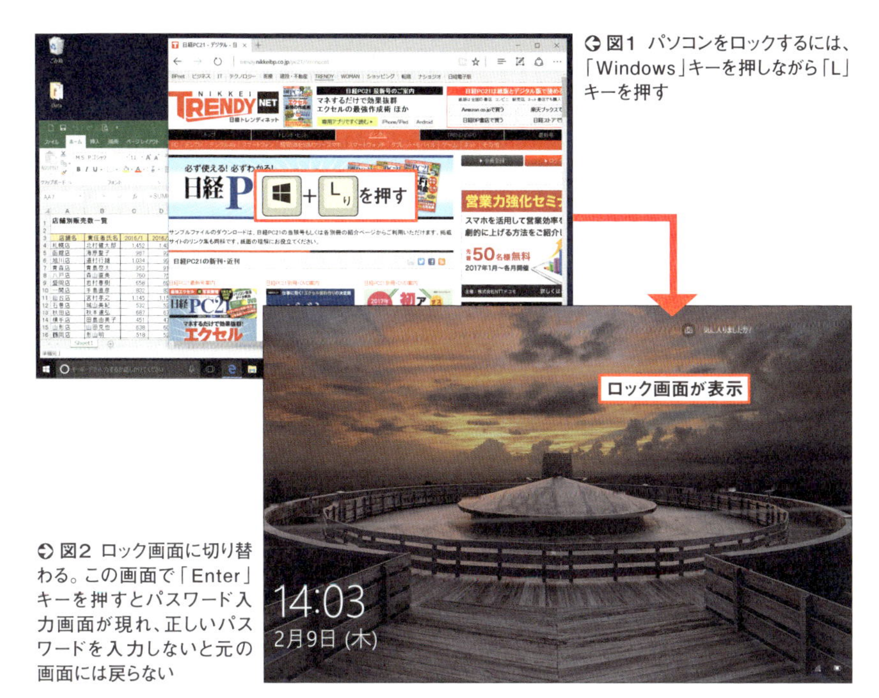

図1 パソコンをロックするには、「Windows」キーを押しながら「L」キーを押す

図2 ロック画面に切り替わる。この画面で「Enter」キーを押すとパスワード入力画面が現れ、正しいパスワードを入力しないと元の画面には戻らない

タスクバーの検索窓に移動する

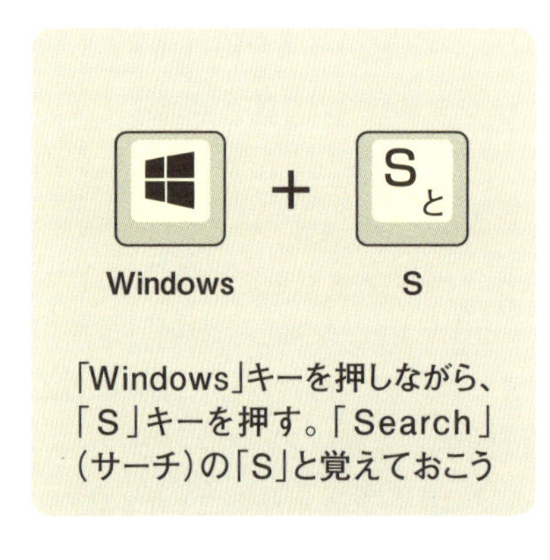

タスクバー上にある検索窓にキーワードを入力すると、ファイルやソフト、設定などを検索してくれる。

この検索窓は、クリックすれば文字を入力できるのだが、解像度が高くて正確にクリックするのが煩わしい、という場合はキー操作が有効だ。「Windows」キーを押しながら「S」キーを押せば、すぐ入力できる状態になる(**図1、図2**)。

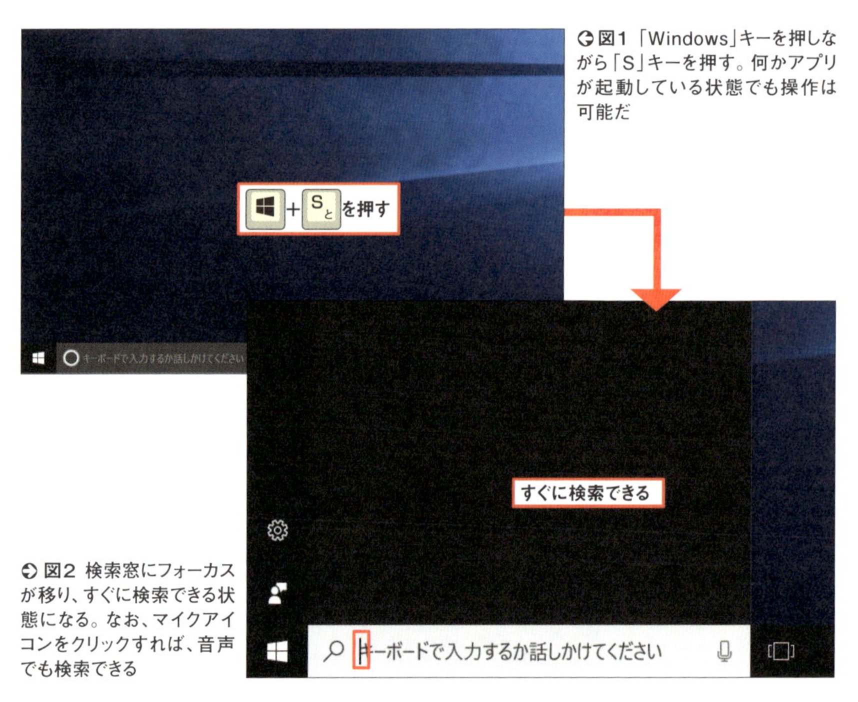

図1 「Windows」キーを押しながら「S」キーを押す。何かアプリが起動している状態でも操作は可能だ

図2 検索窓にフォーカスが移り、すぐに検索できる状態になる。なお、マイクアイコンをクリックすれば、音声でも検索できる

Section 012 ウインドウを透明にしてデスクトップを確認する

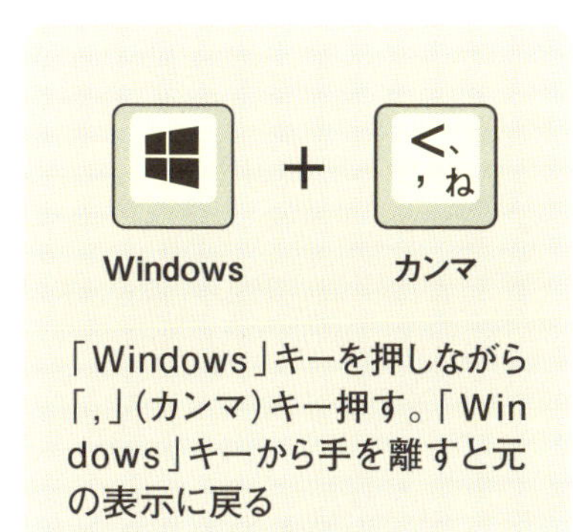

「Windows」キーを押しながら「,」(カンマ)キー押す。「Windows」キーから手を離すと元の表示に戻る

デスクトップ上のアイコンを確認したいとき、「Windows」+「D」キーでデスクトップを表示すると、元に戻すには再度「Windows」+「D」キーを押す必要がある。

それが面倒なときは「Windows」キーを押しながら「,」(カンマ)キーを押すことで、一時的にウインドウを透明にできる(**図1**、**図2**)。「Windows」キーから手を離せば、ウインドウは元の状態に戻る。

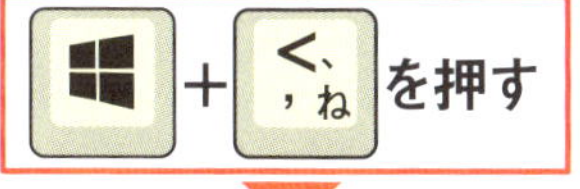

図1 「Windows」キーを押しながら「,」キーを押す

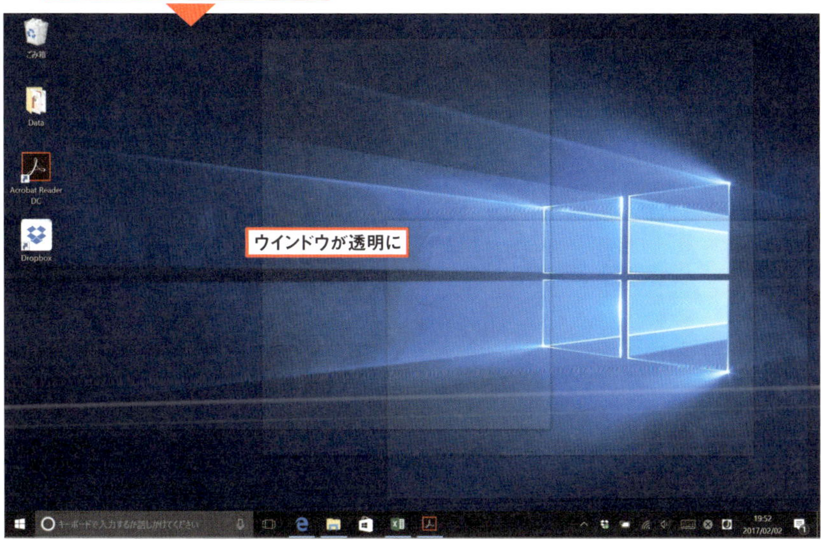

図2 すべてのウインドウが一時的に透明になり、デスクトップ上のアイコンが見えるようになる。「Windows」キーから手を離すと、元の状態に戻る。透明になった状態で、アイコンを操作することはできない

移動とコピーの無駄排除、検索も速く

文／石坂 勇三、岡野 幸治、田代 祥吾、服部 雅幸、森本 篤徳

Desktop File Web Mail Excel Word

ファイル操作を速く、無駄なく

- たいていの操作はマウスよりキーボードが速い
- エクスプローラーは初期設定で使わない
- 「Shift」と「Ctrl」キーの使い分けが決め手
- 拡張子がわかるとファイル整理で悩まない

パソコン仕事のほとんどは、エクセルやワード、パワーポイントなどを使った文書ファイルの作成です。従って、そのファイルを効率的に操作できるかどうかが仕事のスピードに直結します。

文書ファイルに限らず、パソコンの中にはデジカメやスマホで撮影した写真や動画、音楽、あるいはメールで送られてきたファイル、インターネットからダウンロードしたファイルなどさまざまなものがあります。これらのファイルを迷わずに分類・整理して、見失わないように効率良く操作できることが、時短のカギとなります。

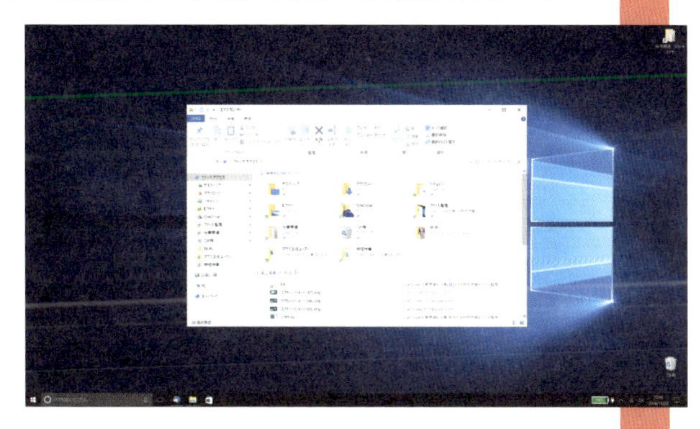

目的のファイルが見つからない場合は、ファイル検索の機能も活用しましょう。

Section 013 マウスを使わないのが時短のコツ

今回の出張は長かったなあ。さて、立ち回り先で集めた資料を整理して、記憶が薄れないうちに出張の報告書を作成したい。

それにしても今回の資料は大量だ。今後もいろいろと活用したいのだが、写真だけでも膨大。デジカメで撮影したものもあれば、スマートフォンで撮影したものもある。メールで後から送られてきた文書もあるし、紙の資料をスキャンしたデータもある。まずはこれらをパソコンに移して分類だ。あっちのフォルダー、こっちのフォルダーへとコピーするだけで大変。ようやくファイル名を変えていく作業に移れたのだが、これがまた手間のかかる作業で…。単純なのだが結局丸一日を費やしてしまった。マウスを持つ手も悲鳴を上げている。早く報告書をまとめたり、経費を精算したりといった作業まで終わらせたいのに、手を付けることもできない状態だ。もっと効率良く、ファイルを操作する方法はないのだろうか。

操作は主にキーボードで! マウスはなるべく使わずに

確かにマウスでファイルを操作するのは無駄が多い。これを解消する方法はいろいろある。初めに、キーボードショートカット。そもそもエクスプローラーを開くのもキー操作でOK(**図1**)。ほかにも便利なキー操作がたくさんある。

●エクスプローラーで瞬時に起動

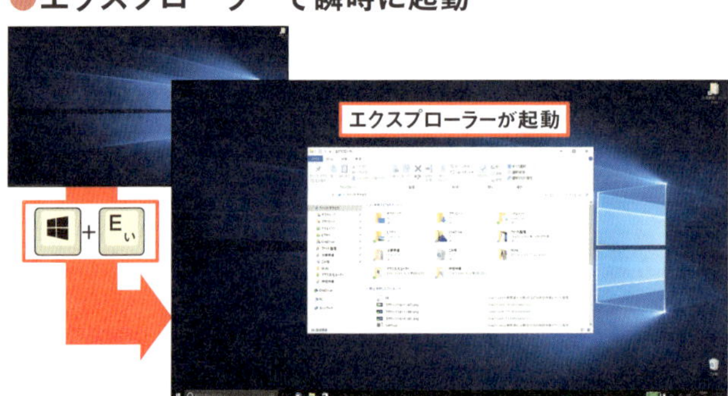

図1 ファイル操作には必須のエクスプローラー。いつ、どんなときでも「Windows」キーを押しながら「E」キーを押すと、エクスプローラーが瞬時に起動する

まずはファイルのコピーや移動の場面から。同一ドライブ内でドラッグ・アンド・ドロップすると、通常は移動の操作となる。ここで「Ctrl」キーを押しながらドラッグすると、強制的にコピーになる（**図2**）。「Ctrl」キーはドラッグし始めてから押すのでもよい。これに「Shift」キーも加えて押すと、リンク（ショートカット）を作成できる。

もっと簡単な方法もある。ワードやエクセルなど一般的なソフトで使う「コピー」「切り取り」「貼り付け」といったショートカットキーは、エクスプローラーでも通用する。最初に対象のファイルやフォルダーを選択し、コピーか切り取りのショートカットキー（「C」または「X」キー）を押す（**図3**）。続いて、行き先のフォルダーで「Ctrl」キーと「V」キーで貼り付ければよい。これならほとんどマウスを動かす必要がない（**図4**）。

●ドラッグでコピーやショートカットを作成

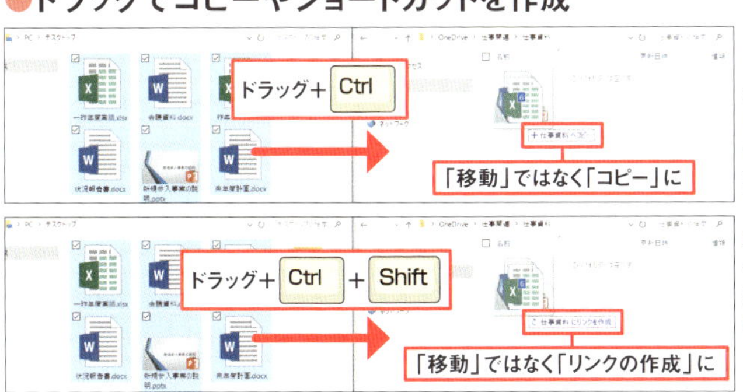

図2 ドラッグ中に「Ctrl」キーを押すと、動作が移動からコピーに変わる。「Ctrl」キーと「Shift」キーが同時に押されていると、リンクの作成になり、ドロップ先にショートカットが作成される

●ドラッグ不要！ 簡単コピー＆移動

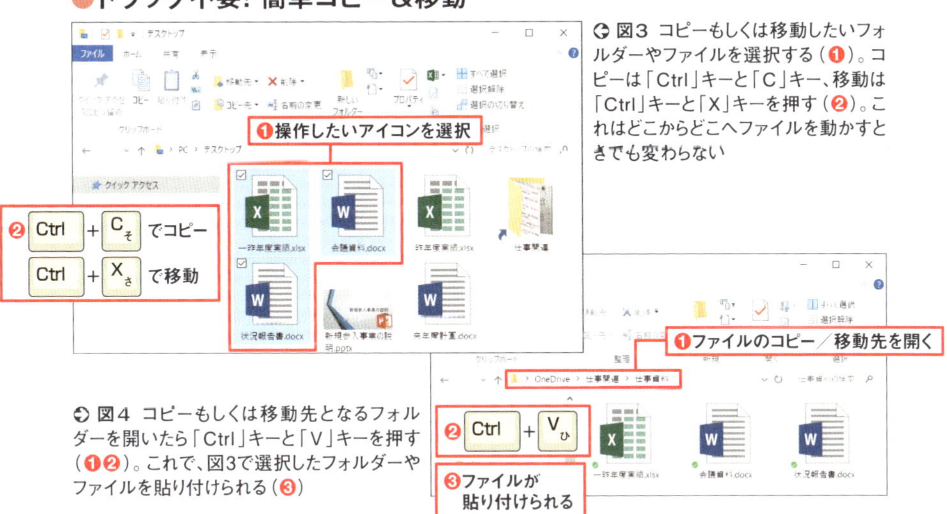

図3 コピーもしくは移動したいフォルダーやファイルを選択する（❶）。コピーは「Ctrl」キーと「C」キー、移動は「Ctrl」キーと「X」キーを押す（❷）。これはどこからどこへファイルを動かすときでも変わらない

図4 コピーもしくは移動先となるフォルダーを開いたら「Ctrl」キーと「V」キーを押す（❶❷）。これで、図3で選択したフォルダーやファイルを貼り付けられる（❸）

新しいフォルダーを作るときも、キー操作でOK。右クリックしたり、リボンを開いたりしてメニューを呼び出さなくても、一瞬で新しいフォルダーを作成できる（**図5**）。「Ctrl」キーと「Shift」キーを押しながら「N」キーを押す。「New」（新しい）の「N」と覚えておこう。

ファイルやフォルダーをコピーや移動するには、操作前にそれらを選択する必要がある。普通はマウスでクリックするか、ドラッグで範囲指定をするだろう。ところが一度にたくさん選択しようとすると、意外に手間がかかる。これも、キー操作を主体にすることで、素早く確実に操作できる。

全部を選択したいなら「Ctrl」キーと「A」キーを押す（**図6**）。これでフォルダー内のフォルダーやファイルがすべて選択できる。

すでに選択済みのところに、新たに追加したくなったときは「Ctrl」キーを押しながらクリックやドラッグ（範囲選択）でファイルやフォルダーを選択すればOK（**図7**）。切れ目なくまとまったものを選択するときは、始点のアイコンをクリック（1回目）し、続いて終点のアイコンを「Shift」キーを押しながらクリック（2回目）することで、どんなに数が多くても、2回のクリックで一括選択できる（**図8**）。

●フォルダー新規作成もキー操作で

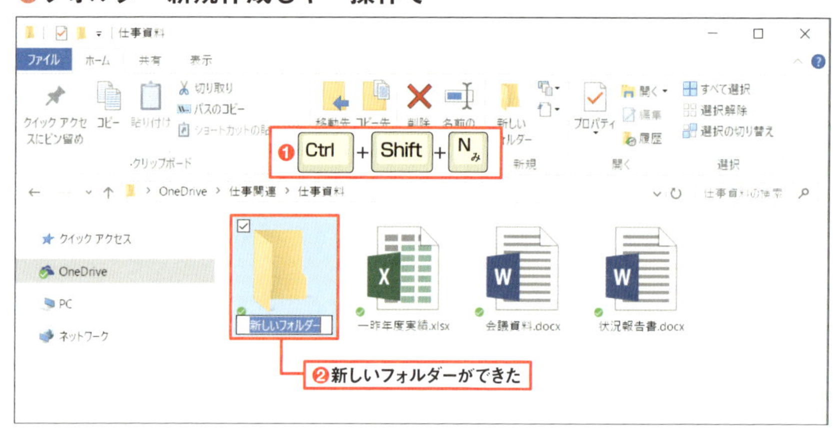

図5 エクスプローラー上で「Ctrl」キーと「Shift」キーを押しながら「N」キーを押すと、新しいフォルダーを作れる（❶❷）。マウスを使うより、ずっと手っ取り早い

●キー操作一発ですべてのファイルを選択

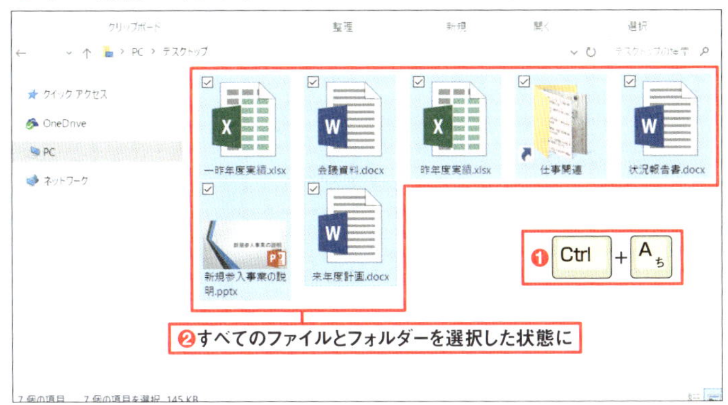

図6 「Ctrl」キーを押しながら「A」キーを押すと、フォルダー内に含まれるフォルダーやファイルをすべて選択した状態になる（❶❷）

●選択ファイルを追加したい

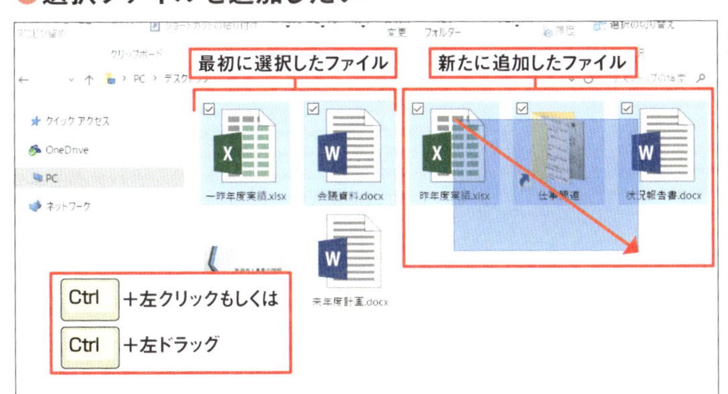

図7 いったんファイルを選択した後、やっぱりこのファイルも追加したい。そんなときは「Ctrl」キーを押したまま左クリックまたは左ドラッグで範囲指定することにより、新たにフォルダーやファイルを追加できる

●複数のファイルを一気に選択したい

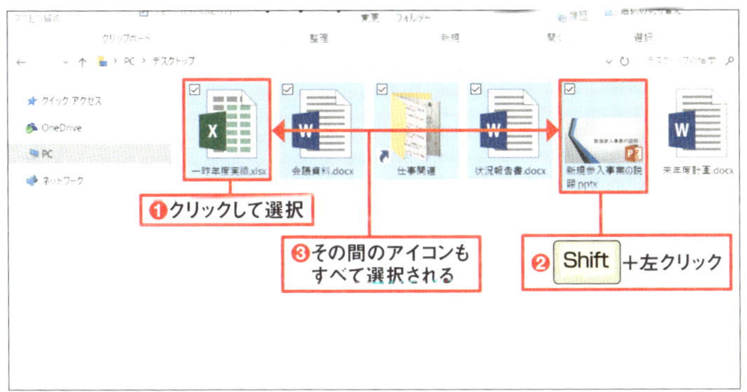

図8 複数のファイルを一気に選択するには、最初に始点となるファイルをクリックして選択（❶）。次に終点となるファイルを「Shift」キーを押しながらクリックすると（❷）、その間にあるアイコンがすべて選択される（❸）

一部を除いてほとんどのファイルやフォルダーを選択するというときは、「選択の切り替え」を活用しよう。まず、除外するものを選択しておき、選択の切り替えを実行する。これで、選択対象が反転し、必要なものが全部選択された状態になる（**図9**）。先にすべてのファイルやフォルダーを選択した場合には、除外するものを「Ctrl」キーを押しながらクリックする（**図10**）。

●すべて選択から簡単に一部を除外

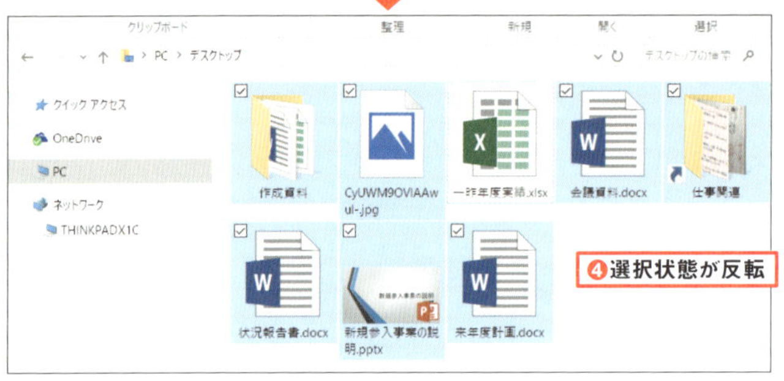

➲図9 先に除外したいフォルダーやファイルを選択し（❶）、「ホーム」タブから「選択の切り替え」を選ぶと（❷❸）、フォルダーやファイルの選択が反転して、❶で選んだ以外の全アイコンが選択された状態になる（❹）

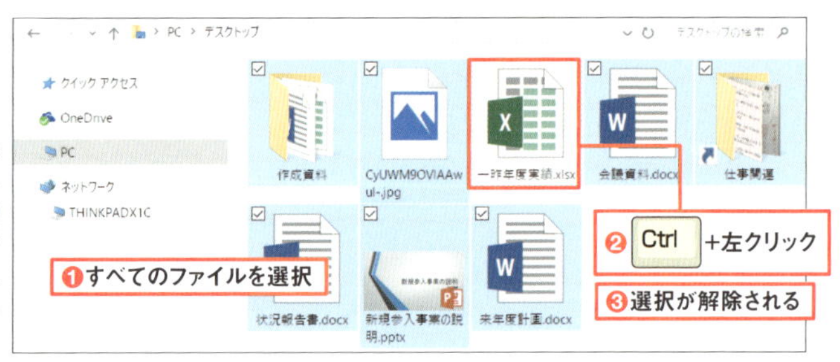

➲図10 図6の「Ctrl」キーと「A」キーの操作ですべてのフォルダーやファイルを選択（❶）。除外したいファイルを「Ctrl」キーを押しながら選ぶと、選択から除外できる（❷❸）

間違えてファイルやフォルダーを操作したときは、あわてずに「Ctrl」キーと「Z」キーを押そう。操作を取り消して直前の状態に戻る。やっぱりその操作でよかった、というときは、「Ctrl」+「Y」キーで"取り消し前"に戻せる（**図11**）。

ドラッグでコピーや移動するとき、操作を間違えたことに気付いたら、その時点で「Esc」キーを押せば、ドラッグを中断できる（**図12**）。

●ファイル操作を元に戻す

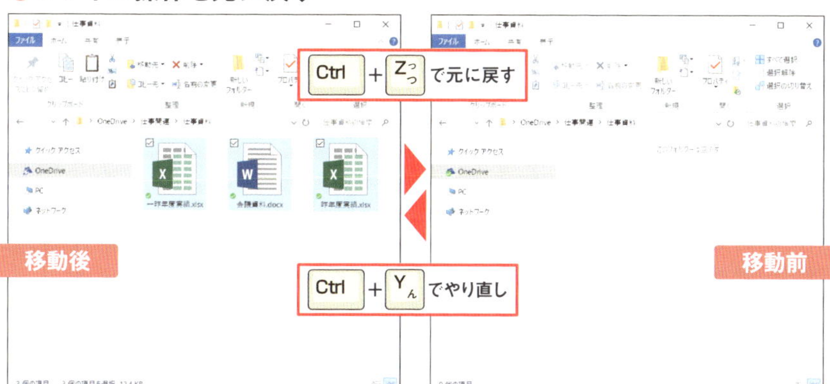

図11 コピーや移動した後に間違いだったと気が付いた! それならすぐに「Ctrl」キーと「Z」キーを押す。これで直前の操作を取り消して元に戻せる。その取り消しをさらに取り消す（最初の操作を実行した状態にする）には、「Ctrl」キーと「Y」キーを押す

●ドラッグするファイルを間違えた

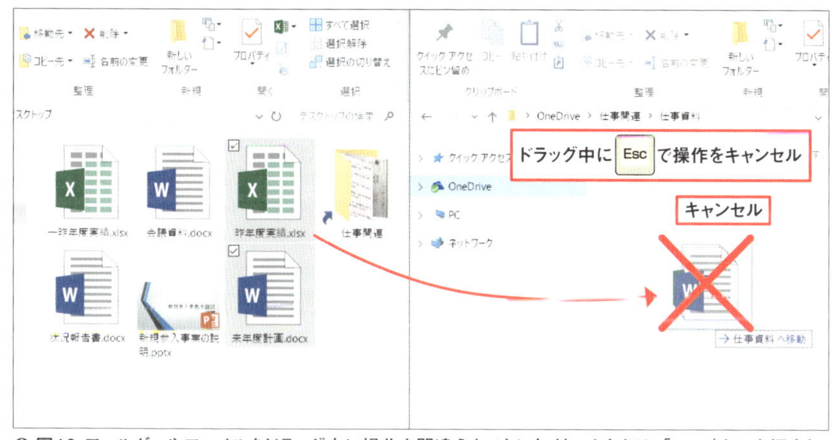

図12 フォルダーやファイルをドラッグ中に操作を間違えたことに気付いたときは、「Esc」キーを押すと、ドラッグ操作をキャンセルできる

ごみ箱に入れずに削除、プロパティは一瞬で表示

パソコン内のファイルやフォルダーは、削除によりいったんごみ箱に仮置きされる。完全に削除するには、ごみ箱を空にする、ひと手間が必要だ。そこで「Shift」+「Delete」キーで削除しよう（**図13**）。ごみ箱を介さず、その時点で完全削除できる。

エクスプローラーでファイル操作するときは、2つのウインドウをあらかじめ開いておくことが多いだろう。2つめを開くときの便利ワザが「Ctrl」キーを押しながらフォルダーを開く操作（**図14**）。そのフォルダーを新規ウインドウで開く。

プロパティを確認したいというときに、右クリックしてメニューを開いて…という操作は時短の敵。プロパティを確認したいファイルやフォルダーを選択したら、「Alt」+「Enter」キーでOK（**図15**）。

データファイルを右クリックすると、通常の関連付けられたソフトとは別のソフトで開くことができる（**図16**）。画像ファイルを表示したいだけなのに、起動に時間がかかる編集ソフトがいちいち起動してしまうときなどに便利だ。

●ごみ箱に入れずに即削除

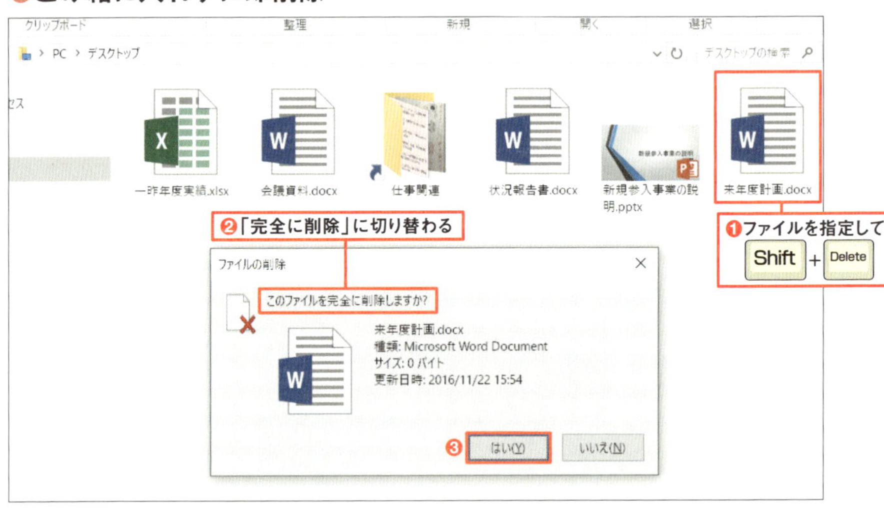

図13 「Shift」キーを押しながら「Delete」キーを押すと、ごみ箱に入れずに削除できる（❶～❸）。不要ファイルを消して空き容量を増やす作業中に見つけた巨大ファイルなどは、この方法で即座に削除するとよい

●新しいウインドウで開く

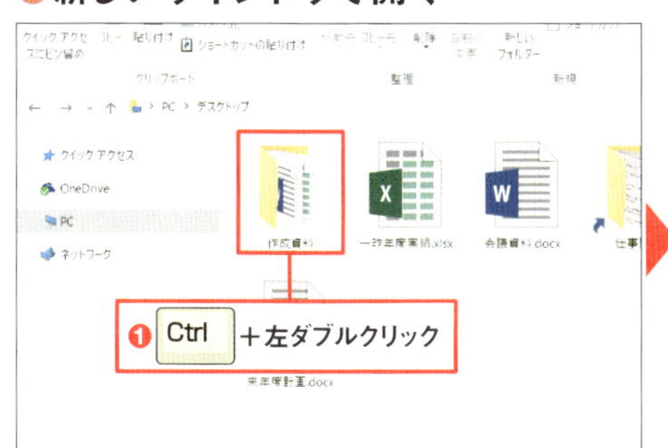

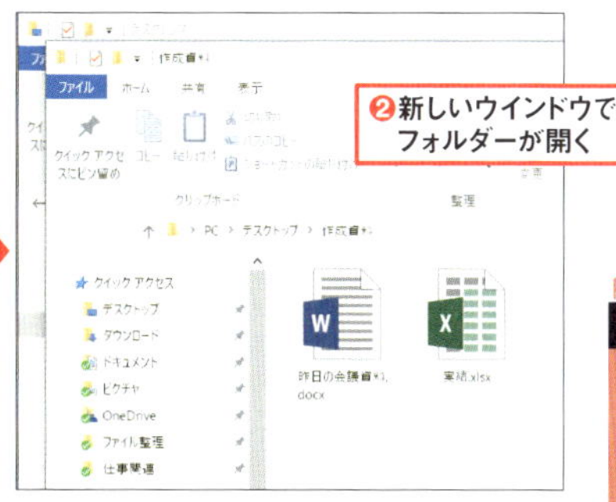

↑図14 「Ctrl」キーを押しながらフォルダーを開くと、新しいウインドウでフォルダーが開く（❶❷）。コピー／移動先を開くときなどに便利。フォルダーを開く操作はダブルクリックの代わりに選択して「Enter」キーでもよい

●プロパティを一発表示

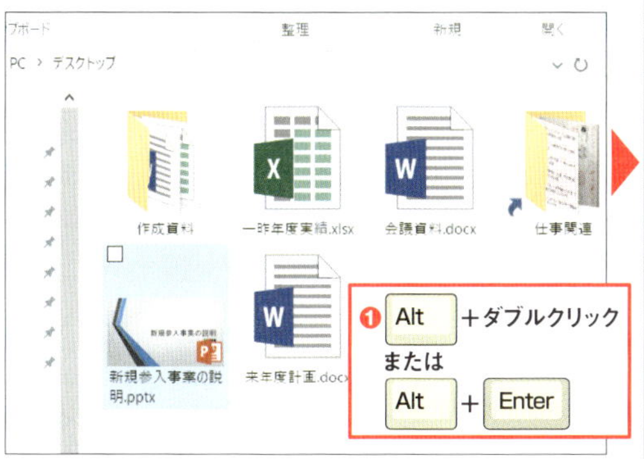

↑→図15 「Alt」キーを押しながらファイルを開くと、プロパティが表示される（❶❷）。ファイルを開く操作はダブルクリックの代わりに選択して「Enter」キーでもよい

●いつもとは違うソフトで開きたい

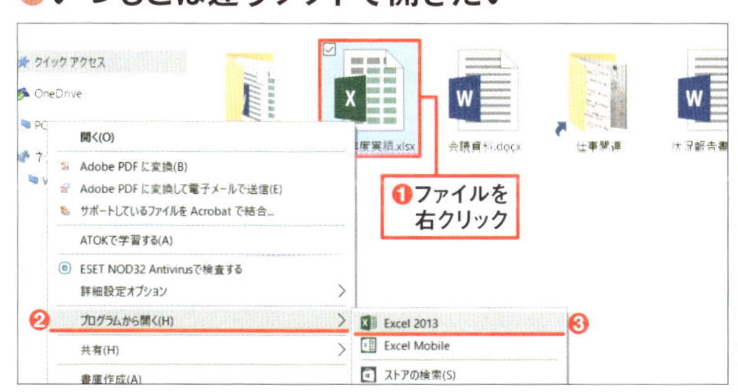

←図16 ファイルを右クリックして開くメニューから「プログラムから開く」を選び、どのソフトで開くかを指定する（❶〜❸）

エクスプローラーは初期設定で使うな

表示を変えて使いやすく、キーで楽々切り替え

エクスプローラーは表示方法により操作のしやすさが変わる。表示方法は、「表示」タブで変更できる（**図1**）。詳細表示にすれば、ファイルのサイズや更新日などの情報が表示されるので、ファイルを比較するときに便利。中または大アイコンにすれ

●エクスプローラーを使いやすく設定変更

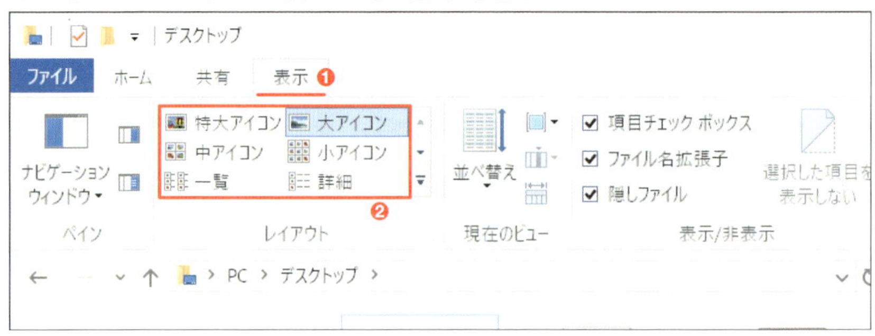

図1 フォルダーやファイルの表示方法は、「表示」タブでいろいろ変更できる（❶❷）。エクスプローラーのウインドウ上で、何もないところを右クリックして表示されるメニューの「表示」からでも、設定できる

●ホイールで手間なくサイズ変更

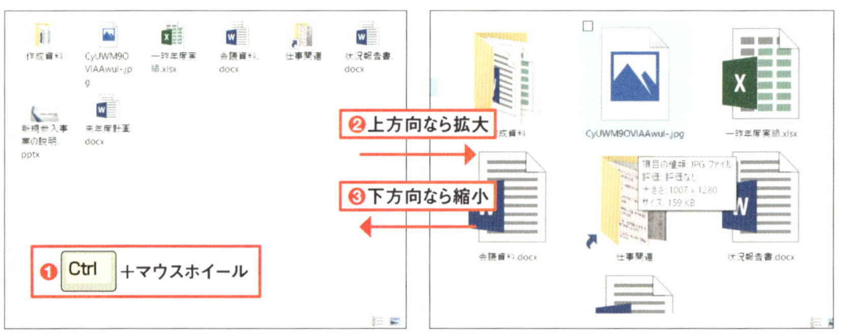

図2 エクスプローラー上で、「Ctrl」キーを押しながらマウスのスクロールホイールを上下に動かすと、アイコンの大きさを変更できる（❶～❸）

ば、画像ファイルや動画ファイルなどをサムネイル表示するため、ファイルによっては目的のものを見つけやすい。表示を変えたいときはメニューを使わずに、「Ctrl」キーを押しながらマウスホイールを動かすのが時短ワザ（**図2**）。アイコン表示の大きさを自分の好みに合うように微調整するときに便利だ。エクスプローラーの表示方法を変えるには、メニューから選択する代わりにショートカットキーも使える（**図3**）。

ファイル名を変更するときもショートカットキーを使おう（**図4**）。「F2」キーを押せば名前の入力状態になるので、マウスで操作するよりも時短になる。

●ショートカットキーで表示方法を変更

ショートカットキー	表示方法
Ctrl ＋ Shift ＋ 1	特大アイコン
Ctrl ＋ Shift ＋ 2	大アイコン
Ctrl ＋ Shift ＋ 3	中アイコン
Ctrl ＋ Shift ＋ 4	小アイコン
Ctrl ＋ Shift ＋ 5	一覧
Ctrl ＋ Shift ＋ 6	詳細
Ctrl ＋ Shift ＋ 7	並べて表示
Ctrl ＋ Shift ＋ 8	コンテンツ

図3 「Ctrl」キーと「Shift」キーを押しながら、数字の「1」～「8」キーを押すと、アイコンの表示を簡単に変更できる

●名前の変更は「F2」キーで時短

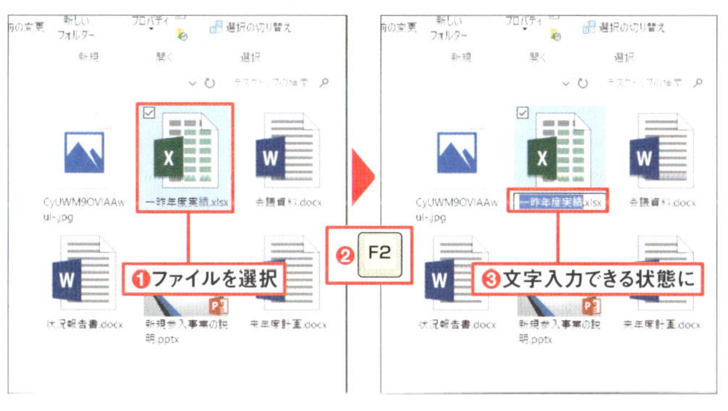

図4 名前を変更するフォルダーやファイルを選択し「F2」キーを押すと、名前の入力状態に切り替わる（❶～❸）。マウス操作よりはるかに簡単だ

Part 2 ファイル
移動とコピーの無駄排除、検索も速く

「Shift」と「Ctrl」の使い分けが決め手

ファイルの移動・コピー方法なんぞ当然知っている――。大半の人はそう言うだろうが、ならばウィンドウズ10ではその方法が6種類もあるのをご存じだろうか（**図1～図6**）。

●ウィンドウズ10では「移動」の方法が6通りもある

1 ドラッグ操作

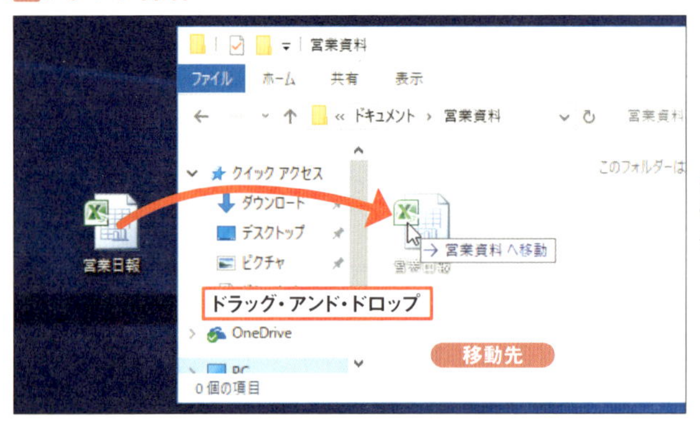

図1 ファイルを移動先のフォルダーにドラッグする。最もポピュラーな方法

2 右クリックメニュー

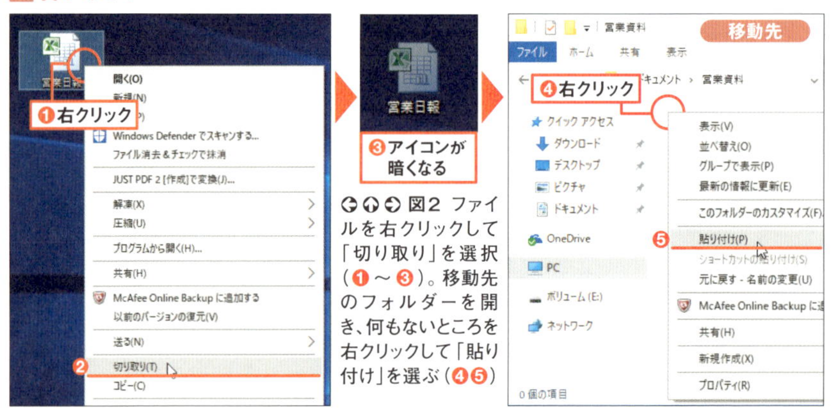

図2 ファイルを右クリックして「切り取り」を選択（❶～❸）。移動先のフォルダーを開き、何もないところを右クリックして「貼り付け」を選ぶ（❹❺）

パソコンユーザーは、一度覚えた方法を一生使い続けがち。新OSで新しい方法が加わっても、つい無視してしまう。それでは進歩がない。今までよりもっと便利な方法がないか、常に模索するのが上達への早道だ。特に入門者にパソコン操作を教える場合、ベテランが好むショートカットキーなどよりも、リボンのボタンのほうがわかりやすく確実だったりする。

3 リボンの「切り取り」

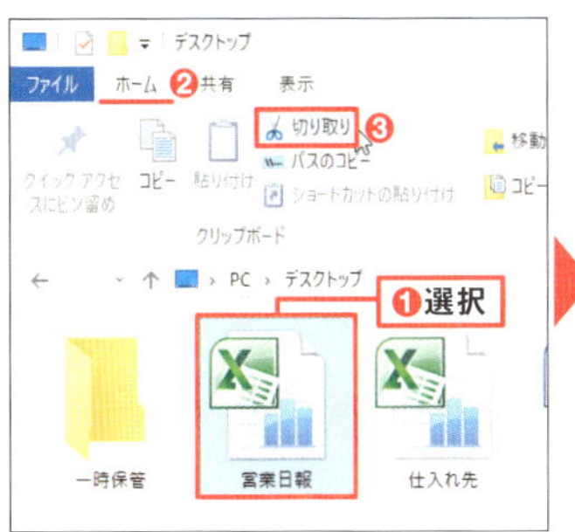

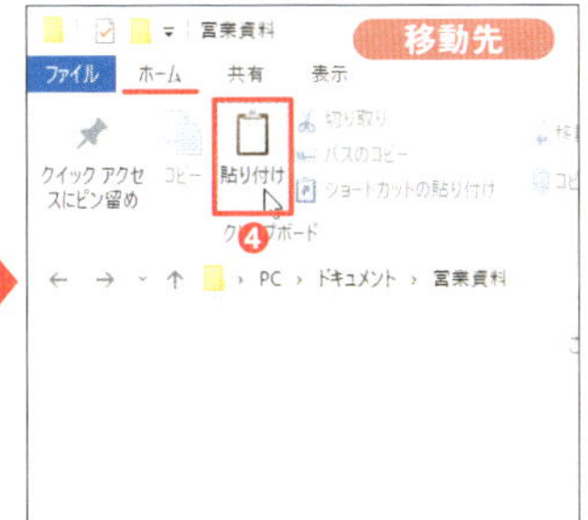

図3 エクスプローラーでファイルを選択し、「ホーム」タブにある「切り取り」を押す（❶～❸）。移動先のフォルダーを開いて「貼り付け」を押す（❹）

4 ショートカットキー

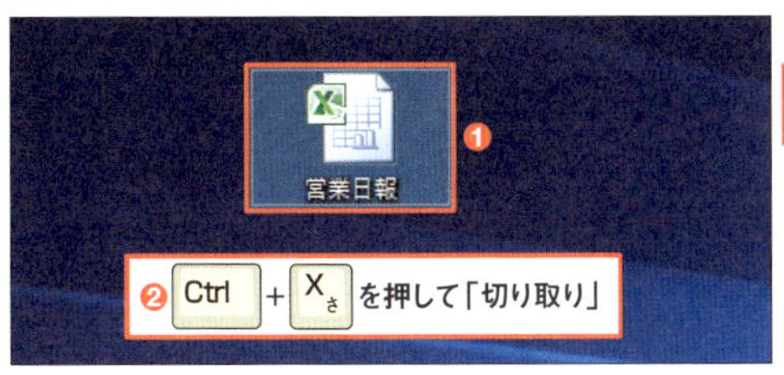

図4 ファイルを選び「Ctrl」+「X」キーを押す（❶❷）。移動先のフォルダーを開き、「Ctrl」+「V」キーを押す（❸）。マウスレス操作

5 リボンの「移動先」

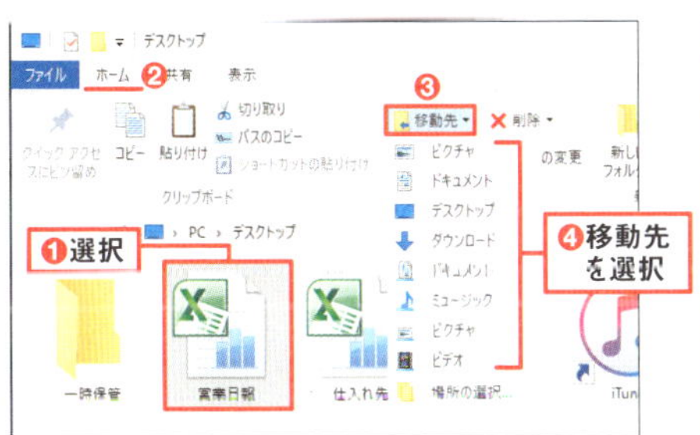

図5 ファイルを選択し、「ホーム」タブにある「移動先」のメニューから移動先フォルダーを選択する（❶～❹）

6 右ボタンでドラッグ

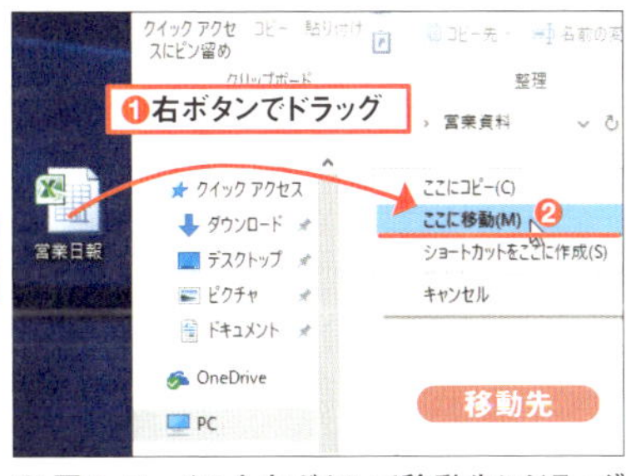

図6 ファイルを右ボタンで移動先にドラッグし、マウスボタンを離したときに開くメニューで「ここに移動」を選ぶ（❶❷）

ドラッグ中にキーを押して移動とコピーを切り替える

コピーと移動を切り替える方法も復習しておこう。ファイルをドラッグすると同じドライブなら移動、別ドライブならコピーになる（**図7**）。紛らわしいなら、移動を常に「Shift」+ドラッグ、コピーを常に「Ctrl」+ドラッグですればよい。

これらのキーはドラッグ中に後から押してもかまわない（**図8**）。移動先で動作が表示されるので、それを見てどのキーを押すべきか判断するとよい。

ドラッグのミスを防ぐ裏ワザも覚えておこう。ドラッグ中にファイルを間違えたことに気付いたら、「Esc」キーを押してキャンセルできる（**図9**）。移動後に気付いた場合は、すぐに「Ctrl」+「Z」キーを押せば移動がなかったことになる（**図10**）。

●別ドライブへのドラッグはコピーになる

Cドライブから	Cドライブに	Dドライブに
ドラッグ	移動	コピー
Shift ＋ドラッグ	移動	
Ctrl ＋ドラッグ	コピー	
Alt ＋ドラッグ	ショートカットの作成	

図7 ファイルを同じドライブにドラッグすると移動になるが、別のドライブにドラッグすると、移動ではなくコピーになる。移動したい場合は、「Shift」キーを押しながらドラッグすればよい。別ドライブかどうか気にするのが面倒なら、移動は常に「Shift」+ドラッグ、コピーは常に「Ctrl」+ドラッグするクセをつけたい。「Alt」+ドラッグすると、ショートカットが作られる

●後からキーを押して移動に切り替える

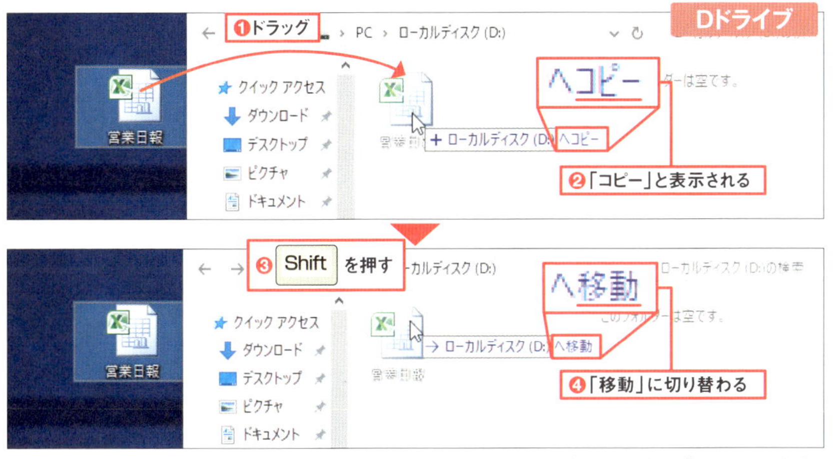

⬆ 図8 移動先までドラッグ中に、マウスボタンを離したときに実行される操作がマウスポインターのそばに表示される。別ドライブにドラッグした場合は「… へコピー」と出る（❶❷）。そのとき「Shift」キーを押すと表示が「… へ移動」に切り替わる（❸❹）。図7のキーは後から押してもよいのだ

●途中でやめたいときは「Esc」

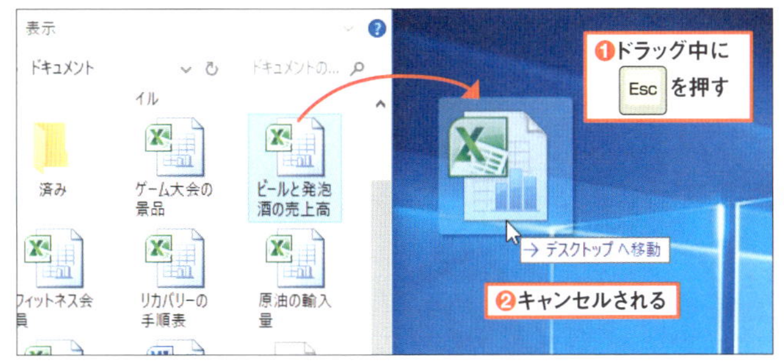

⬅ 図9 ドラッグ中にファイルを取り違えたと気付いたら、マウスボタンから指を離さずに「Esc」キーを押す（❶❷）。操作がキャンセルされ、ドラッグがなかったことになる。移動元までマウスを戻すより簡単で確実だ

●移動先を間違えたら「Ctrl」＋「Z」

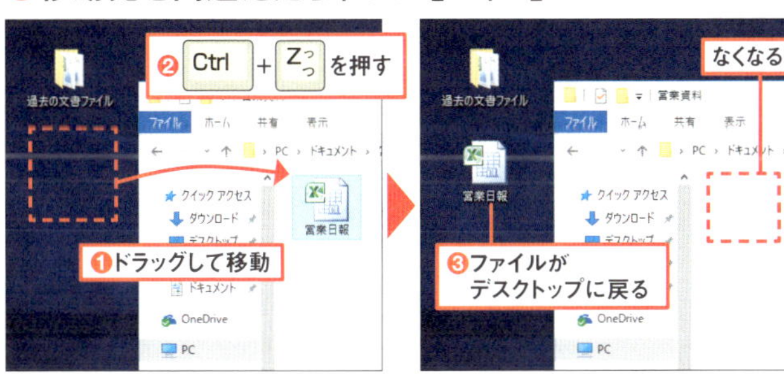

⬅ 図10 ファイルを移動し終えてから間違いに気付いたら、すぐに「Ctrl」キーを押しながら「Z」キーを押して、元に戻そう（❶～❸）

同名フォルダーは上書きされず中身が合体する

フォルダーの移動では、移動先に同名のフォルダーがあったときの動作に注意したい。上書きはされず、中身のファイルが統合されるのだ（**図11**）。置き換えたいときは、事前に移動先のフォルダーを削除しておく。両方残したいなら、移動先のフォルダーの名前を変えておこう。

●同名のフォルダーは中身が合体する

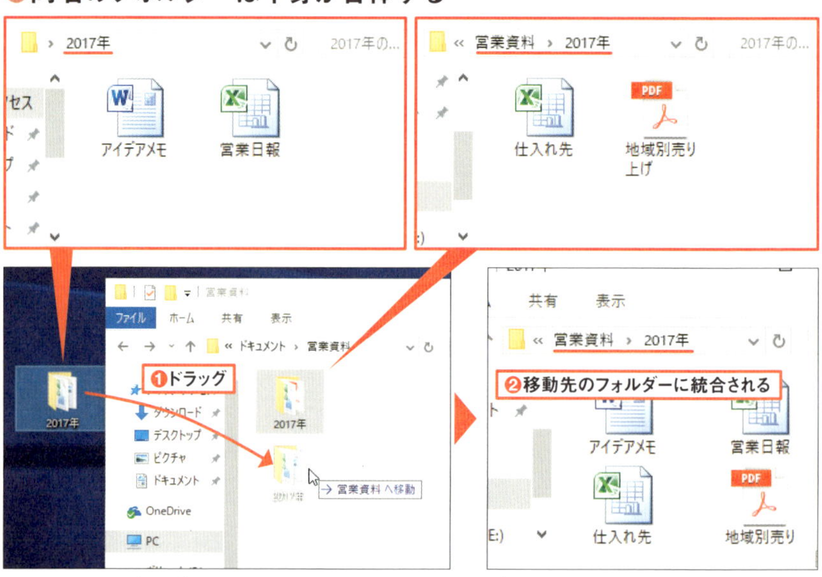

図11 フォルダーを移動する際、移動先に同じ名前のフォルダーがあると、2つのフォルダーの中身が統合される（❶❷）。上書きにはならない

ファイル名変更は「F2」が速い。メニューからも可能

ウィンドウズ10ではファイル名の変更方法も4通りある（**図12〜図15**）。ベテランなら「F2」キーなどがおなじみだし最速だが、確実な方法としては、リボンにある「名前の変更」ボタンを使うのも手だ。

ファイル名の入力でもちょっとした裏ワザがある。「?」「¥」「/」などの一部の半角記号は名前に使えないが、全角なら入力できる（次ページ**図16**）。ただ、ほかの人と共用するファイルでは、紛らわしいので避けたほうがよい。

●ファイル名の変更方法は4種類

1 選択してファイル名をクリック

図12 ファイルをクリックして選択し、名前の部分を再度クリックすると編集状態になる（❶❷）

2「F2」キーを押す

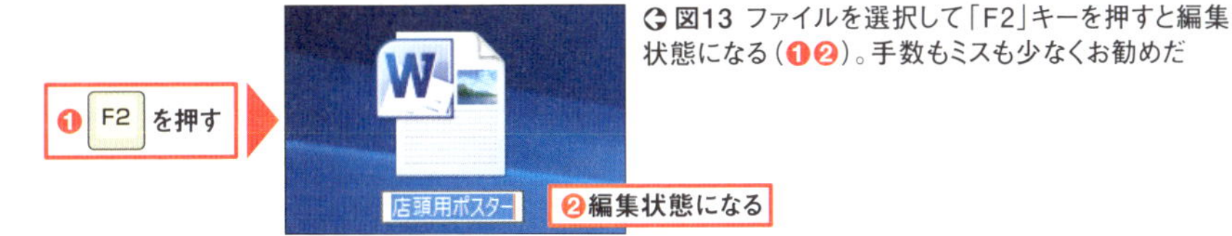

図13 ファイルを選択して「F2」キーを押すと編集状態になる（❶❷）。手数もミスも少なくお勧めだ

3 右クリックメニュー

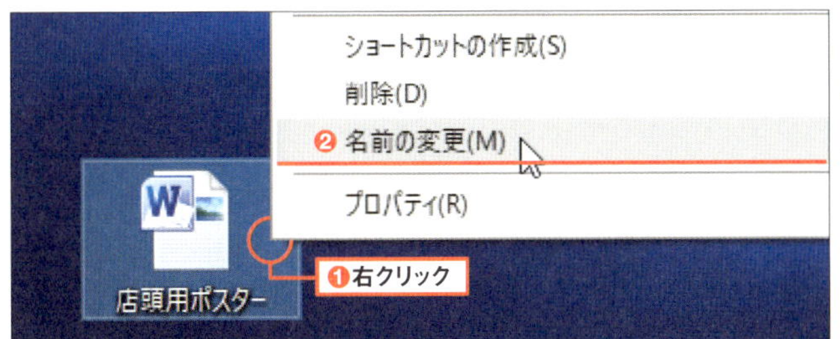

図14 ファイルを右クリックして「名前の変更」を選ぶと編集状態になる（❶❷）。ウィンドウズでは操作方法を失念したら右クリックするのが定石だ

4 リボンから「名前の変更」

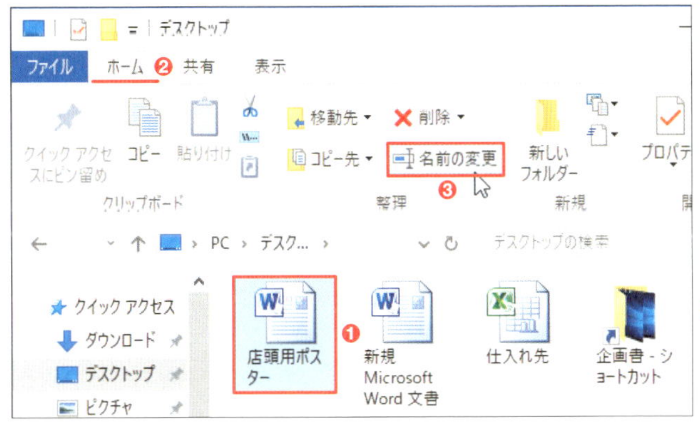

図15 ウィンドウズ8以降ではエクスプローラーでファイルを選択して「ホーム」タブにある「名前の変更」を押す方法が加わった（❶～❸）

●使えない文字も全角ならOK

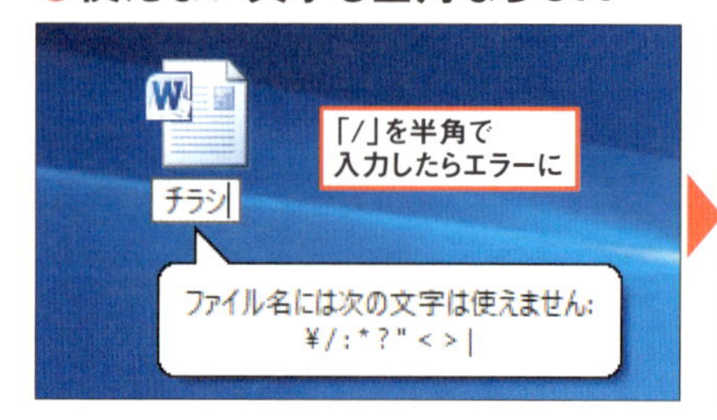

図16 「¥」「/」「:」「*」「?」「"」「<」「>」「|」は半角だとファイル名に使えない。入力しようとすると左のようなエラーが出てしまう。どうしても入力したいときは全角で入力する

限界まで長いファイル名は「開けない」「削除できない」

ファイル名は200文字以上入力できるが、限界まで長い名前は避けたほうがよい。限界まで入力すると、ファイルを正常に開けないなどのトラブルが起こることがあるのだ（**図17**）。実験してみたが、ひどいときは意味不明のエラーが出て、ごみ箱に捨てることさえできず、コマンドプロンプトで削除するしかなかった。

よく使うファイルは、「詳細」表示で並べたとき先頭に来るようにすると使い勝手がいい。ファイル名の先頭に半角の「_」（アンダーバー）を付けるのが簡単だ（**図18**）。昇順にすると英数字よりも記号のほうが先に並ぶ。

●長すぎる名前はトラブルのもと

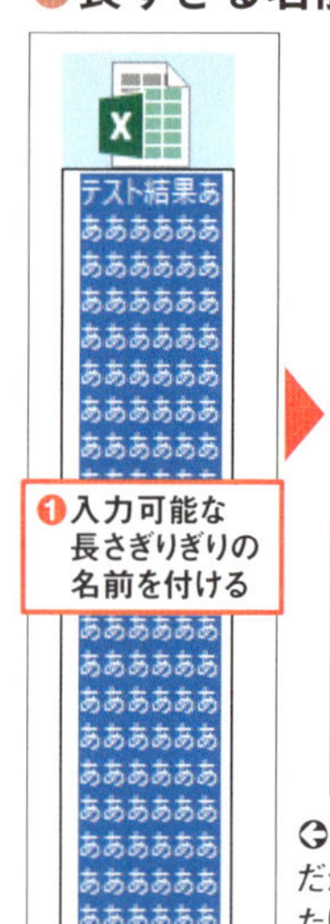

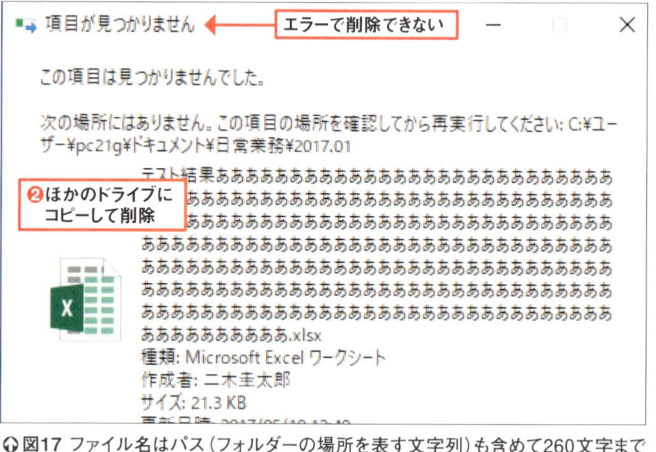

図17 ファイル名はパス（フォルダーの場所を表す文字列）も含めて260文字までだが、入力可能な限界まで長い名前を付けるのはトラブルのもと。アプリで開けなかったり、ほかのドライブにコピーした後で削除しようとしても意味不明なエラーになって削除できなかったりする（❶❷）

●先頭に並べたければ「_」を付ける

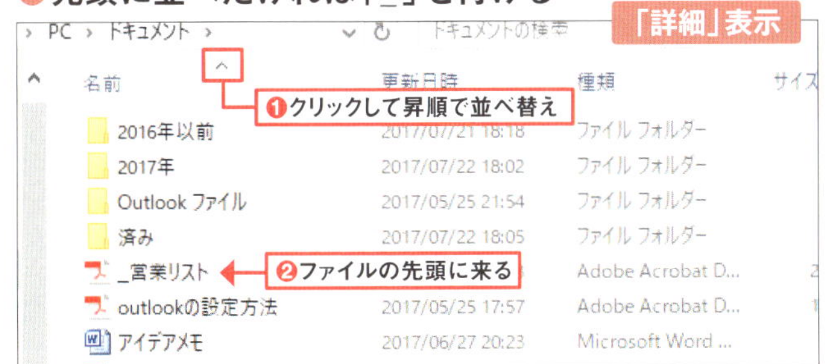

◆図18 ファイル名の先頭に半角の「_」(アンダーバー)を付けておくと、名前の昇順で並べ替えたときにファイルの先頭に来る(❶❷)。さらにその前に置きたければ「__」と2つ付ければよい

新規フォルダーの作成方法は2種類、ボタンが簡単

新規フォルダーの作り方は2通りだ(**図19、図20**)。ウィンドウズ10の場合、エクスプローラーの左上、クイックツールバーにも新規フォルダー作成ボタンがあるので、積極的に利用しよう。

●新規フォルダーの作成方法は2種類

1 右クリックメニュー

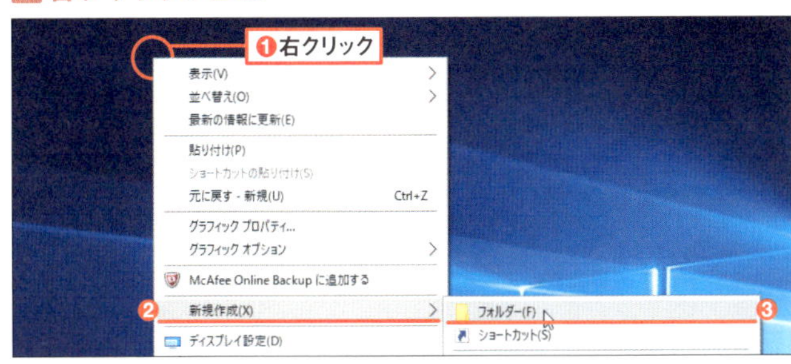

◆図19 デスクトップ上の何もないところを右クリックして「新規作成」→「フォルダー」を選ぶ(❶～❸)。「Ctrl」+「Shift」+「N」キーでもよい

2 リボンにはボタンが2種類ある

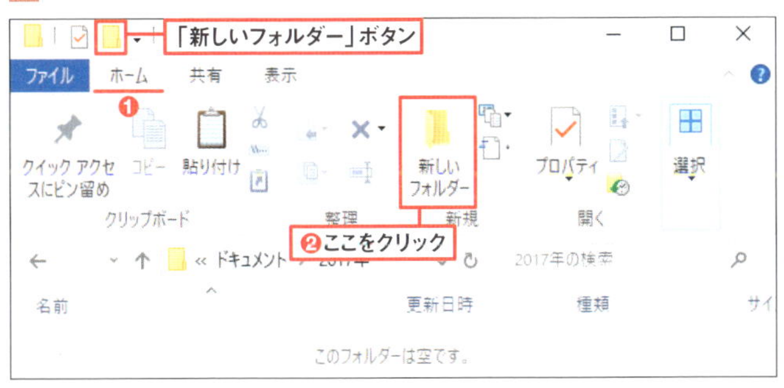

◆図20 ウィンドウズ8以降では、「ホーム」タブにある「新しいフォルダー」ボタン(❶❷)。ウインドウ左上のクイックアクセスツールバーにも「新しいフォルダー」ボタンが用意されている

“拡張子”がわかるとファイル管理で悩まない

ワードの「マニュアル」とエクセルの「マニュアル」――1つのフォルダーに同じ名前のファイルが同居できるのはなぜだろうか(**図1**)。その理由は「拡張子」にある。

拡張子とはファイル名の後ろに半角ピリオドに続けて付加される文字列で、ファイルの種類ごとに何を付けるかが決まっている。例えばワード文書は「docx」、エクセル文書は「xlsx」だ。この部分が違うため、図1のファイル名は拡張子を含めると違ったものになる。これが同居できる理由だ。

ウィンドウズでは標準で拡張子を表示しない設定になっている。初心者の戸惑いを防ぐためだが、拡張子が見えたほうが都合が良いこともある。

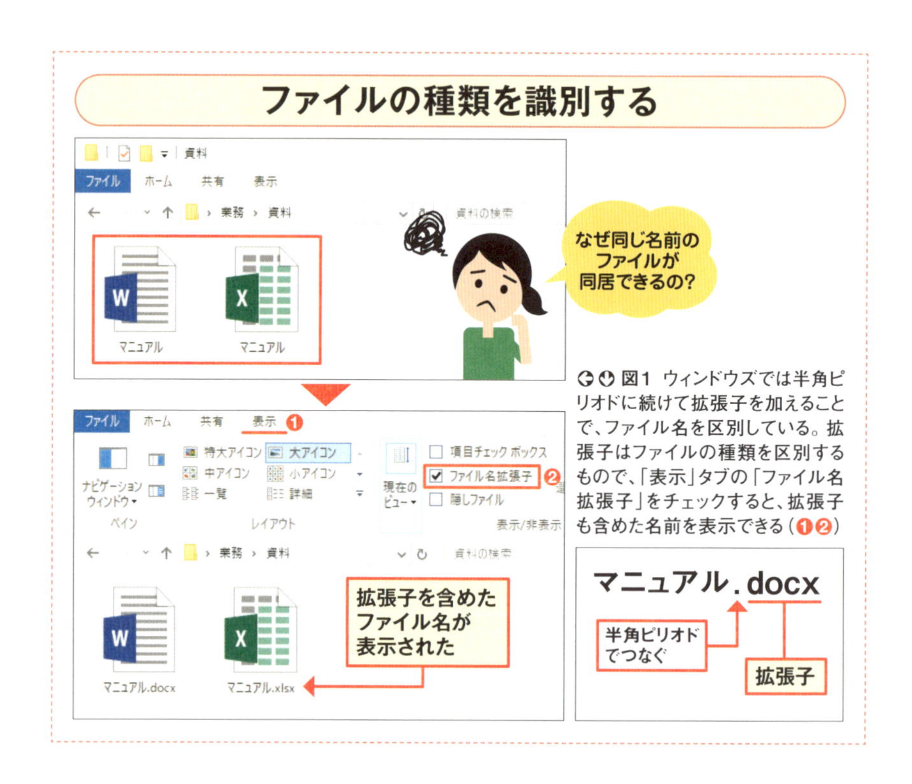

図1 ウィンドウズでは半角ピリオドに続けて拡張子を加えることで、ファイル名を区別している。拡張子はファイルの種類を区別するもので、「表示」タブの「ファイル名拡張子」をチェックすると、拡張子も含めた名前を表示できる(❶❷)

新旧のオフィス形式に注意! 新機能を使うと警告が出る

例えば旧形式と新形式のオフィス文書（**図2**）。オフィスソフトは2007以降とそれより前でファイル形式が異なり、2007以降で旧形式ファイルを開いて新機能を使うと、上書き保存時に毎回警告が出てうるさい。アイコンの絵柄は新旧で若干異なるだけなので、拡張子で区別するほうが確実だ。

ファイルをダブルクリックしたときに起動するソフトは、拡張子ごとに決まっている。この取り決めを「関連付け」と呼ぶ。ファイルのアイコンの絵柄は、関連付けされたソフトによって変わることが多い（**図3**）。

●オフィス文書は拡張子がないと紛らわしい

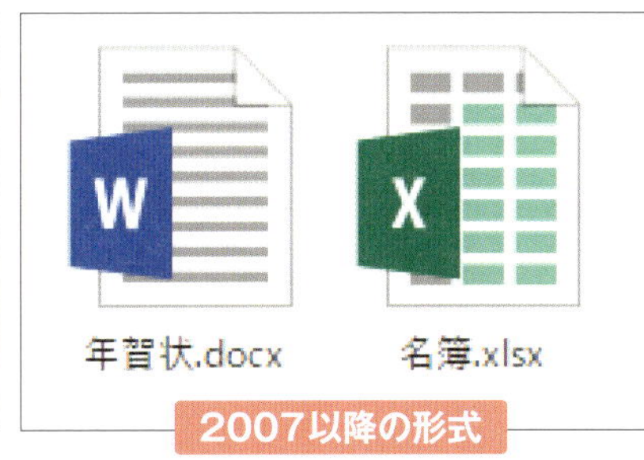

図2 オフィスファイルには2003以前の旧形式（BIFF形式）と2007以降の新形式（XML形式をZIP圧縮）がある。それぞれアイコンは微妙に違うだけなので、拡張子を表示しないと紛らわしい。「doc」や「xls」は旧形式、「docx」や「xlsx」は新形式だ。2007以降で旧形式ファイルを開いて新機能を使うと、上書き保存時に警告が出る

●関連付けを変えるとアイコンも変わる

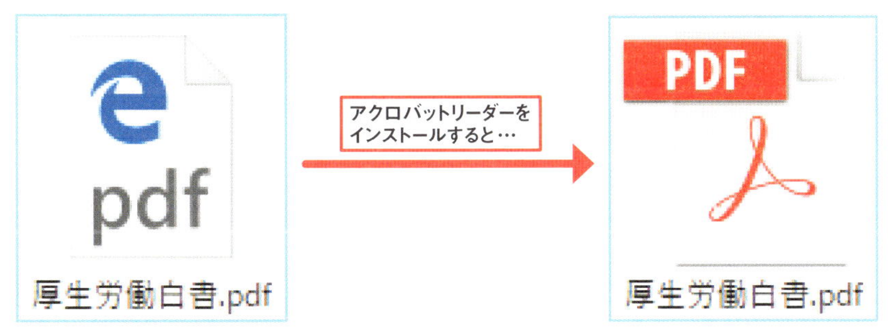

図3 ウィンドウズ10ではPDFをエッジで開くが、アクロバットリーダーをインストールすると関連付けが変更されて、それで開くようになる。関連付けが変わるとアイコンの絵柄も変わることが多い

関連付けは変更できる（**図4**）。例えばワード2016はPDFをワード文書に変換して開くので、常に編集するならワードに関連付けておくとよい。

拡張子を勝手に変えると、目的のアプリで開けなくなる危険がある。だが例外もあって、例えばエクセルファイルは拡張子を「xlsx」から「zip」に変えても、ファイルをエクセルのウインドウにドラッグして開ける。オフィス2007以降のファイルは実はZIP形式の圧縮ファイルだからだ。展開して、シート上に貼ってあった画像を取り出すようなことも可能だ（**図5**）。

●PDFを常にワードで開くように設定

⇧⇨ 図4 PDFファイルを選択して「ホーム」タブにある「開く」ボタンの「▼」メニューから「別のプログラムを選択」を選ぶ（❶～❹）。開く画面でワードを選択し、「常にこのアプリを使って…」をチェックして「OK」を押す（❺～❼）。するとPDFのアイコンもワードのものに変わる

●「xlsx」を「zip」に変えて展開できる

⇧⇨ 図5 2007以降のワードやエクセルのファイルの実体はZIP形式の圧縮ファイルだ。拡張子を「xlsx」から「zip」に変えると（警告が出るが強行する）、普通に展開できる（❶❷）。画像を貼り込んだエクセルファイルの場合、フォルダーをたどって画像ファイルをまとめて取り出せる（❸）。また、拡張子が「zip」のままでも、ファイルをエクセルのウインドウにドラッグすると開ける

覚えておきたい主な拡張子

分類	拡張子	重要度	内容
テキスト	txt	★★★	一般的なテキスト（文字データ）
	csv	★★	カンマ区切り形式のテキスト
	htm/html	★	HTMLファイル（ウェブページの基）
	vbs	★	VBScriptのプログラム
オフィス	docx	★★★	2007以降のワードファイル
	doc	★★★	2003以前のワードファイル
	xlsx	★★★	2007以降のエクセルファイル
	xls	★★★	2003以前のエクセルファイル
	xlsm	★★	2007以降のマクロ付きエクセルファイル
	pptx	★★	2007以降のパワーポイントファイル
	ppt	★★	2003以前のパワーポイントファイル
	accdb	★	2007以降のアクセスのデータベース
	mdb	★	2003以前のアクセスのデータベース
	pst	★	アウトルックのデータファイル
	one	★	ワンノートのデータファイル
画像	jpg/jpeg	★★★	JPEGという国際組織が策定したJPEG形式の画像。デジカメでおなじみ
	png	★★★	PNG（ポータブルネットワークグラフィックス）形式の画像。ウェブでよく使われる
	gif	★★★	GIF（グラフィックスインターチェンジフォーマット）形式の画像。ウェブ向け
	bmp	★	BMP（ウィンドウズビットマップ）形式の画像
	psd	★	フォトショップ形式の画像
動画	mp4	★★★	MPEGという国際組織が策定したMPEG-4形式の動画
	wmv	★★★	ウィンドウズメディアビデオ形式の動画
	mts/m2ts	★★	デジタルビデオカメラなどで使われるAVCHD形式の動画
	flv	★	アドビ システムズのフラッシュ形式の動画
	avi	★	マイクロソフトの古いAVI形式の動画
	mov	★	アップルのクイックタイム形式の動画
	mpg/mpeg	★	MPEGという組織が策定したMPEG-1/2形式の動画
音声	mp3	★★★	MPEGという組織が策定したMPEG-1/2オーディオレイヤー3形式の音声
	wma	★★★	ウィンドウズメディアオーディオ形式の音声
	m4a	★★	MPEGという組織が策定したMPEG-4形式の音声
	aac	★★	AAC（アドバンストオーディオコーデック）方式で圧縮した音声
	wav	★	無圧縮のWAVE形式の音声
その他	exe	★★★	ウィンドウズの一般的な実行ファイル
	dll	★	ウィンドウズのプログラムの部品
	lnk	★	ショートカットファイル。エクスプローラー上では拡張子は見えない
	url/website	★	ウェブページのショートカットファイル。通常は拡張子は見えない

コピーの手際は“複数選択力”で決まる

たくさんある写真の中から花の写真だけをコピーしたい——。あなたの“ファイル選択力”が問われる場面だ（**図1**）。目的の写真だけをすべて同時選択して、コピー作業を一度で終わらせよう。そんなときは、キーとマウスを組み合わせた複数選択ワザが重宝する。

目的のものだけ素早く選ぶ

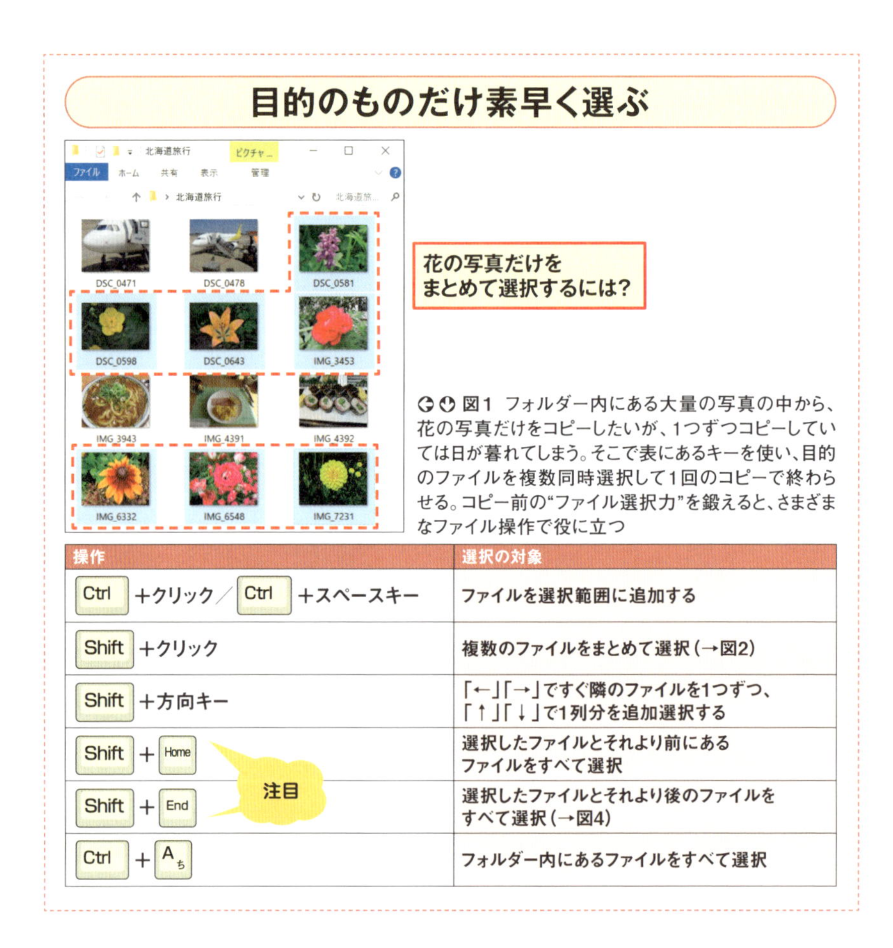

図1 フォルダー内にある大量の写真の中から、花の写真だけをコピーしたいが、1つずつコピーしていては日が暮れてしまう。そこで表にあるキーを使い、目的のファイルを複数同時選択して1回のコピーで終わらせる。コピー前の“ファイル選択力”を鍛えると、さまざまなファイル操作で役に立つ

操作	選択の対象
Ctrl ＋クリック／ Ctrl ＋スペースキー	ファイルを選択範囲に追加する
Shift ＋クリック	複数のファイルをまとめて選択（→図2）
Shift ＋方向キー	「←」「→」ですぐ隣のファイルを1つずつ、「↑」「↓」で1列分を追加選択する
Shift ＋ Home	選択したファイルとそれより前にあるファイルをすべて選択
Shift ＋ End	選択したファイルとそれより後のファイルをすべて選択（→図4）
Ctrl ＋ A	フォルダー内にあるファイルをすべて選択

基本的な操作を図1にまとめたが、具体的な場面を見たほうがわかりやすい。**図2**は「ここからここまで」を選択する例。「Shift」キーを使って連続する範囲を一気に選択するワザだ。このワザはワードの文字列選択やエクセルのセル範囲選択などでも使える。

選択後に不要な写真が交じっていてもやり直す必要はない。「Ctrl」キーを押しながらクリックすればそこだけ除外できる（**図3**）。

●「ここからここまで」なら「Shift」キー

↩ 図2 目当ての写真が連続して並んでいるときは、先頭の写真をクリックし、末尾の写真を「Shift」キーを押したままクリックする（❶❷）。これで図3左のように、間にある写真をすべて選択できる

↑ 図3 不要な写真が交じっていたら、「Ctrl」キーを押したままクリックすると除外できる（❶❷）

「ここから最後まで」の場合は、「ここから」の写真を選択して「Shift」+「End」キーを押せばよい（**図4**）。

フォルダー内に不要な写真が1枚だけ交じっているときは、選択範囲の反転機能が便利。不要な写真を選択してから「選択の切り替え」を押せば、不要な写真以外をすべて選択できる（**図5**）。

●「ここから最後まで」もキー操作で一発

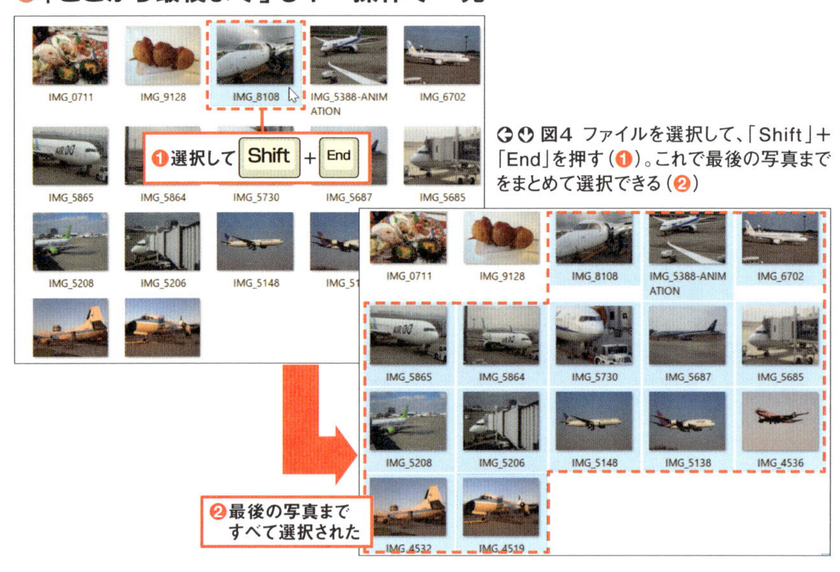

⬅⬇ 図4 ファイルを選択して、「Shift」+「End」を押す（❶）。これで最後の写真までをまとめて選択できる（❷）

●「これ以外全部」は範囲の反転で

⮕⬇ 図5 不要なファイルを選択して、「ホーム」タブにある「選択の切り替え」をクリックする（❶～❸）。選択範囲が反転し、不要なファイル以外が全選択される（❹）

特定のファイルだけをまとめて選択できる

写真以外に使えるワザも見ていこう。例えば、さまざまな種類の中からPDFだけを選択したいときは、「詳細」表示にして「種類」で並べ替えるのが定石だ（**図6**）。ファイルが種類ごとにまとまるので選択しやすい。

キー操作がとっつきにくい人は、チェックボックスによるファイル選択をオンにしよう（**図7**）。チェックボックスのオンオフで選択と除外ができる。

●PDFファイルだけを集めて選択

図6 PDFだけを選ぶには「詳細」表示に切り替え（85ページ参照）、「種類」で並べ替える（❶）。PDFがひとかたまりになるので、先頭をクリック、末尾を「Shift」＋クリックして一気に選択できる（❷❸）

●「項目チェックボックス」で確実に選択

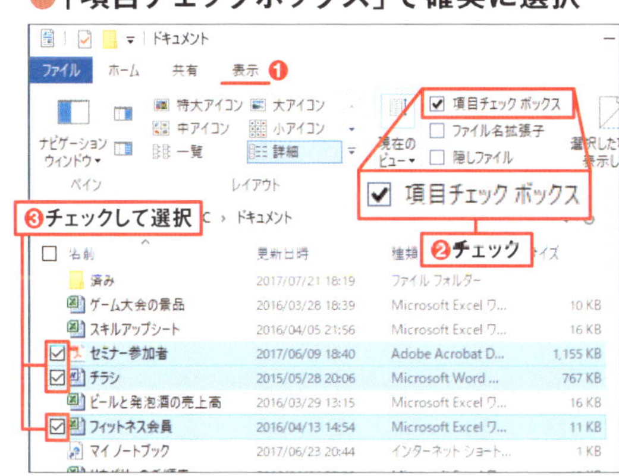

図7 「表示」タブの「項目チェックボックス」を有効にすると、チェックボックスによる選択が可能になる（❶❷）。「詳細」表示ではファイルの左側をクリックすると、チェックが付いて選択される（❸）。デスクトップなどではアイコンの左上をチェックする（右）

Section 018 エクスプローラーのレイアウトを使いこなせ!

ファイル操作でいつもお世話になっているエクスプローラー。しかし、その表示機能については意外と知らないことがあるものだ。ここではレイアウトや操作方法について、基本から知られざるテクニックまで一気に紹介しよう。

どれが見やすい? 8つのレイアウトを使い分け

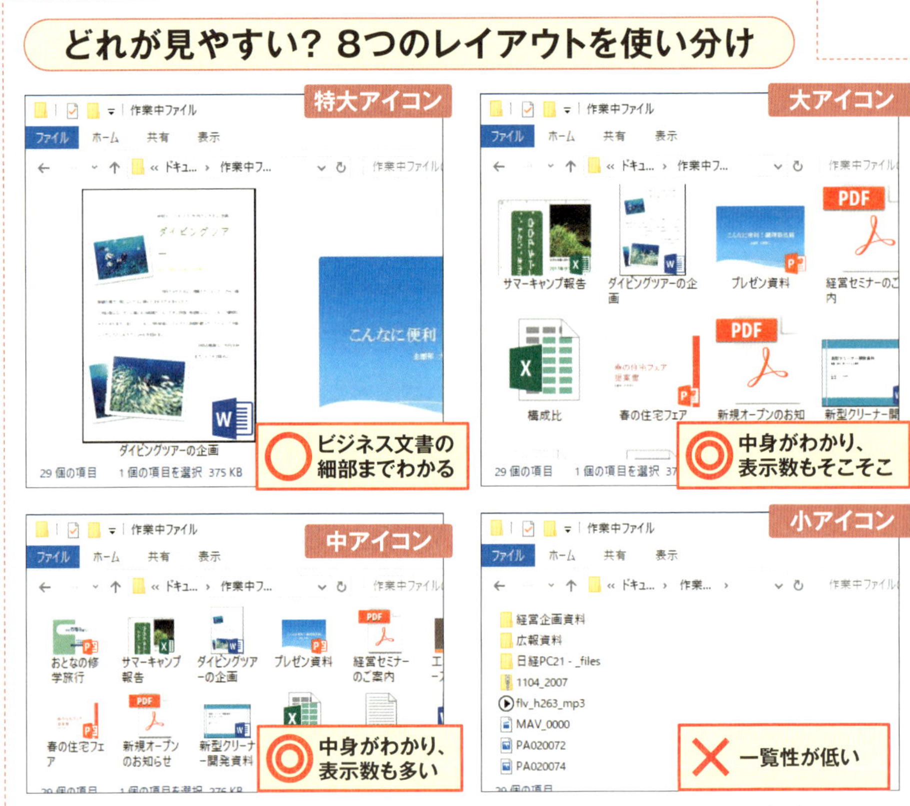

図1 エクスプローラーのレイアウト(表示方法)は8種類ある。アイコン表示は「特大」から「小」までの4種類。そのほかに、多くのファイルを表示できる「一覧」、並べ替えが簡単な「詳細」などのレイアウトもある

レイアウトを8種類から選択、フォルダーごとに記憶される

エクスプローラーのレイアウトは8種類ある。食わず嫌いになっている可能性もあるので、一度総ざらいしておこう（**図1**）。

アイコンのサイズは「特大」から「小」までの4種類。このうち「特大アイコン」「大アイコン」「中アイコン」の3種類は、ファイルを開かなくてもサムネイル（縮小表示）で中身を確認できる［注］。そのほかの4つのレイアウトにもそれぞれ特徴があり、「一覧」は同じ広さのウインドウ内に表示できるファイル数が最も多い。また、「詳細」には「更新日時」「種類」などの項目欄があり、表示項目の変更も可能。「並べて表示」と「コンテンツ」は簡単なファイル情報を一緒に表示するもので、表示内容が両者で若干異なる。

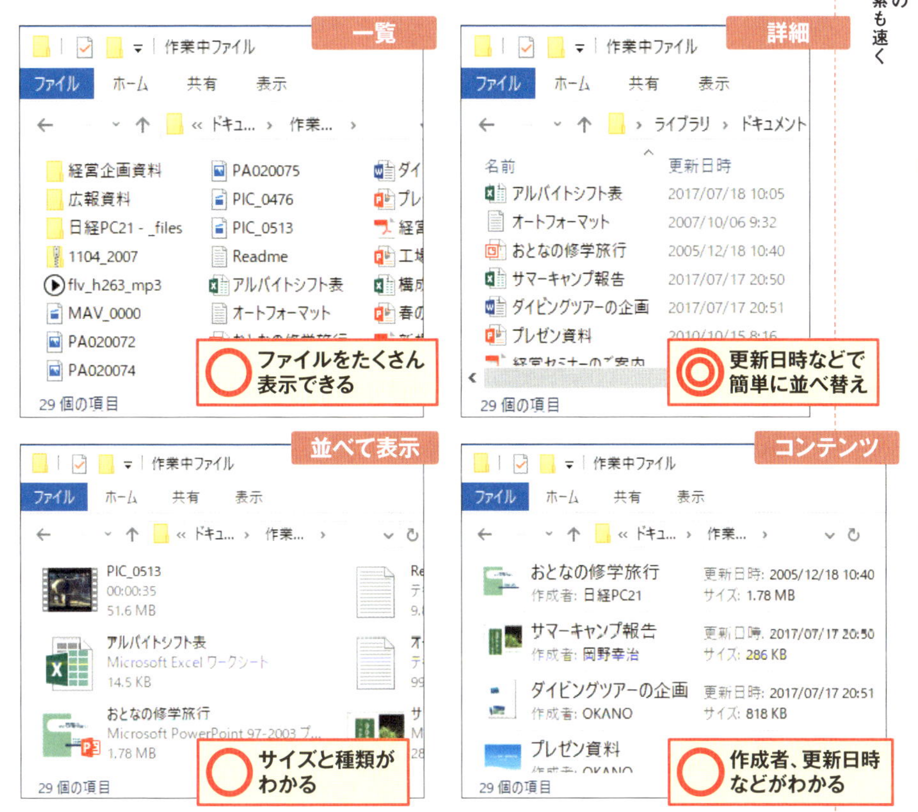

［注］エクセルやワードでサムネイルを表示するには、ファイル保存の際に「その他のオプション」を選び、「縮小版を保存する」をチェックする必要がある

レイアウトはフォルダーごとに記憶される。だから、フォルダー別に最適なものを適用しておけば、次に開いたときも同じレイアウトで表示できる。慣れないうちは試行錯誤して、普段よく使うフォルダーに最適なレイアウトを設定してみよう。

ホイールやキー操作がカギ! レイアウトを簡単に変更

レイアウトの切り替え方法は4つある。最も一般的なのは、「表示」タブの「レイアウト」欄だろう。マウスポインターを合わせるだけで表示が切り替わり、クリックで確定する（**図2**）。

それよりも便利なのがマウスのホイールだ。「Ctrl」キーを押しながらマウスのホイールを回転させると順番にレイアウトが切り替わる（**図3**）。この「Ctrl」+ホイール回転はオフィスソフトやウェブブラウザーの拡大・縮小でも使えるので、ぜひ覚えておきたい操作の1つ。なお、「大アイコン」と「詳細」は、ウインドウの右下にある専用ボタンでも切り替えが可能だ（**図4**）。サムネイルを確認するには「大アイコン」、更新日時やファイルの種類で並べ替えたいときは「詳細」と、この2種類を使い分けることが多い場合は、この専用ボタンが重宝する。

キー操作で切り替える方法も覚えておこう。「Ctrl」キーと「Shirt」キーを押しながら、「1」から「8」までの数字キーを押せばよい（**図5**）。

●レイアウトの切り替え方法は4つもある

1 基本は「表示」タブの「レイアウト」欄

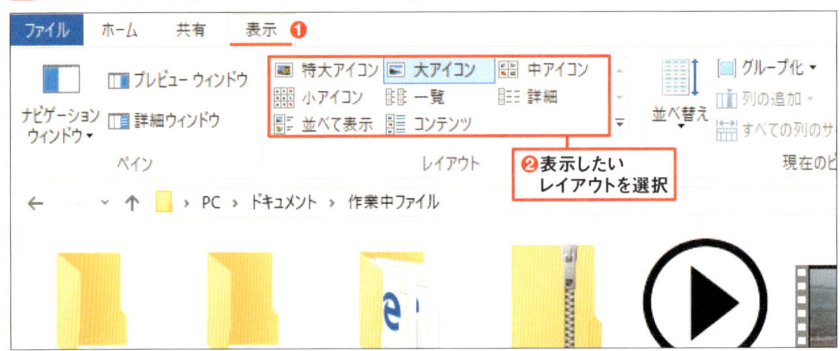

↑図2 エクスプローラーで「表示」タブを開いたら、「レイアウト」欄で好みのものを選ぶだけでレイアウトが切り替わる（❶❷）。ウィンドウズ7ではタイトルバーの右側にある「表示方法を変更します。」ボタンから変更する

2「Ctrl」+ホイールボタンが最も簡単

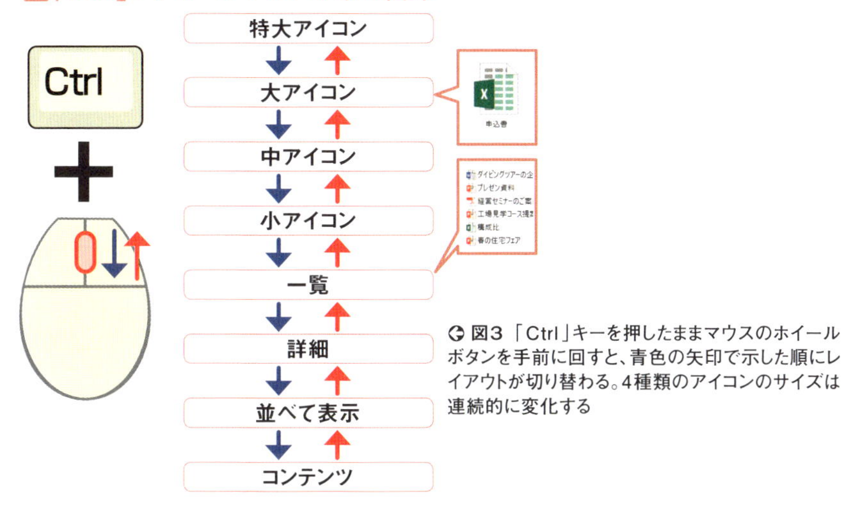

図3 「Ctrl」キーを押したままマウスのホイールボタンを手前に回すと、青色の矢印で示した順にレイアウトが切り替わる。4種類のアイコンのサイズは連続的に変化する

3「詳細」と「大アイコン」は右下のボタンで

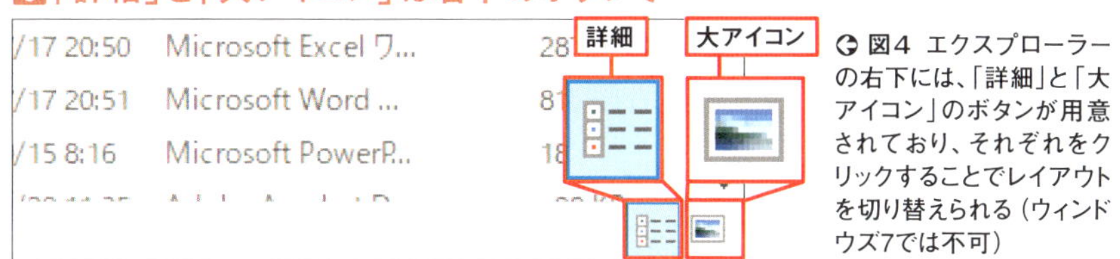

図4 エクスプローラーの右下には、「詳細」と「大アイコン」のボタンが用意されており、それぞれをクリックすることでレイアウトを切り替えられる（ウィンドウズ7では不可）

4意外! キー操作でも切り替えられる

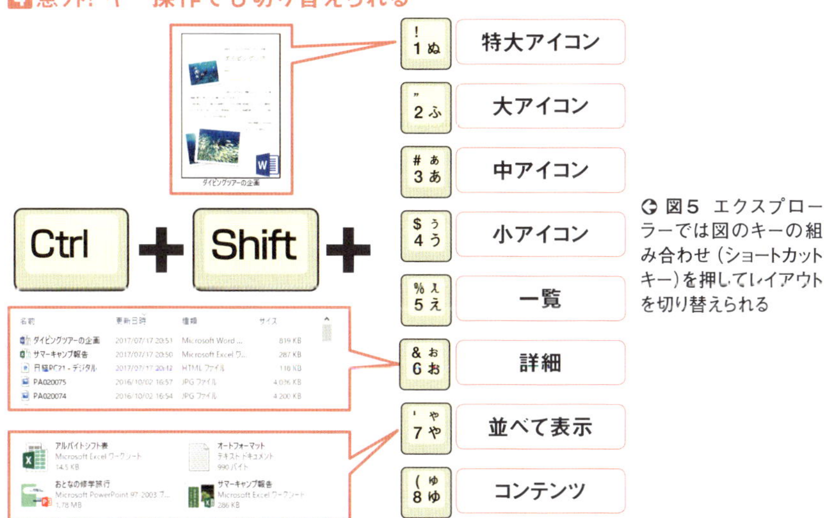

図5 エクスプローラーでは図のキーの組み合わせ（ショートカットキー）を押してレイアウトを切り替えられる

グループ化すると探しやすい

エクスプローラーには「グループ化」という機能があり、すべてのレイアウトで利用可能だ。特に便利なのが種類によるグループ化。PDFやエクセルなどの種類ごとにまとめて表示できるので、ファイルを探すとき役に立つ。「グループ化」ボタンから「種類」を選択するだけの簡単操作だ（**図6**）。

●種類でグループ化して探すのが素早い

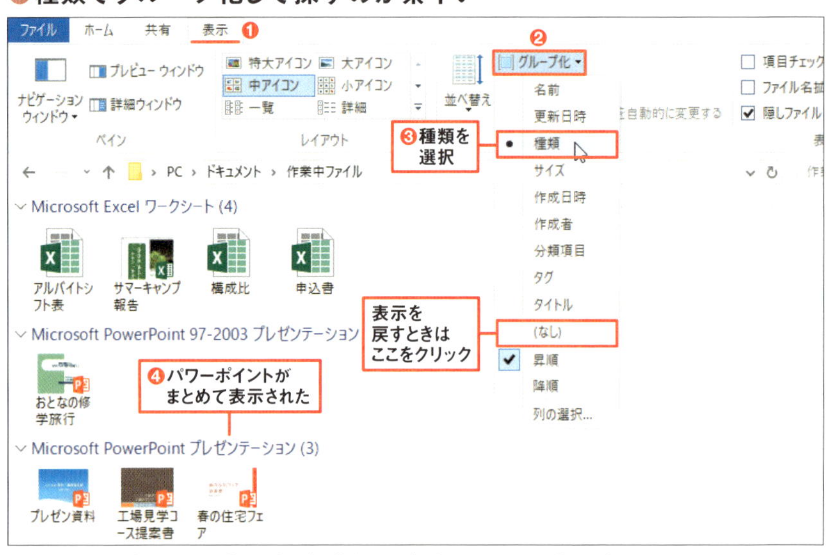

図6 エクスプローラーの「表示」タブで「グループ化」をクリックして「種類」を選択すると、ファイルが種類ごとに表示される（❶～❹）。「更新日時」などでグループ化することも可能だ（7では右クリックメニューを使う）

「詳細」は並べ替えが簡単、種類で絞り込みもできる

8つのレイアウトを機能面から見ると、最も使いでがあるのは「詳細」だ。上部に「名前」「更新日時」などの項目名が並び、ファイルを並べ替えたり、表示項目を追加・変更したりできる（**図7**）。例えば「更新日時」をクリックすると、ファイルを最後に編集した日時の順に並び、再度クリックすると昇順と降順が切り替わる（**図8**）。同様に「種類」や「サイズ」での並べ替えもできる。

エクセルなど特定のファイルだけを表示させることも可能。項目名の「種類」の右にあるボタンを押し、ファイルの種類をチェックすればよい（**図9**）。

多機能な「詳細」表示で自在に並べ替える

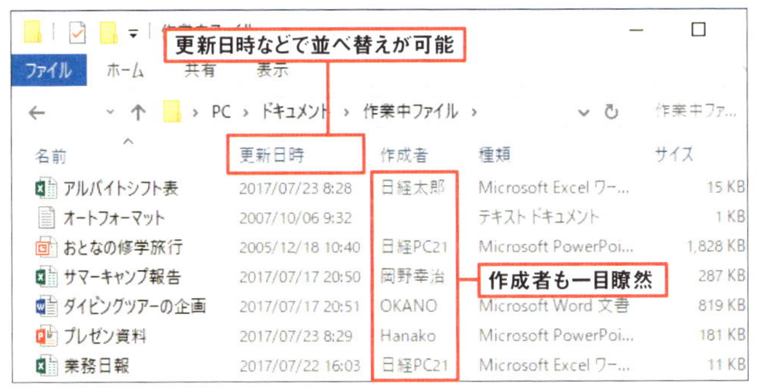

図7 「詳細」では、「更新日時」などを基準にファイルを簡単に並べ替えられる。「作成者」などを表示させることもできる

「更新日時」で最新のファイルがすぐに見つかる

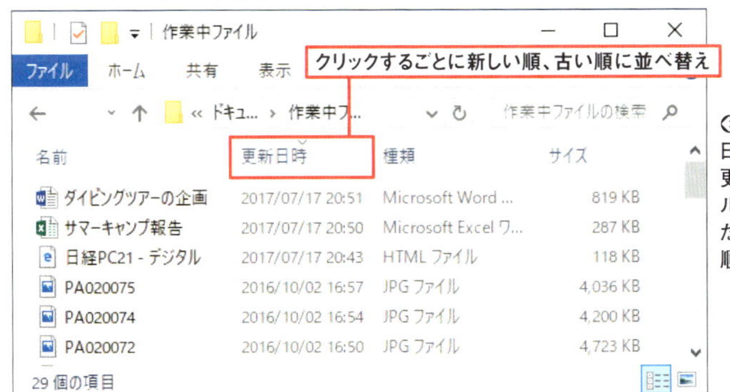

図8 項目名の「更新日時」をクリックすると、更新日時の順にファイルが並ぶ。クリックするたびに新しい順と古い順が切り替わる

エクセルファイルだけを抽出できる

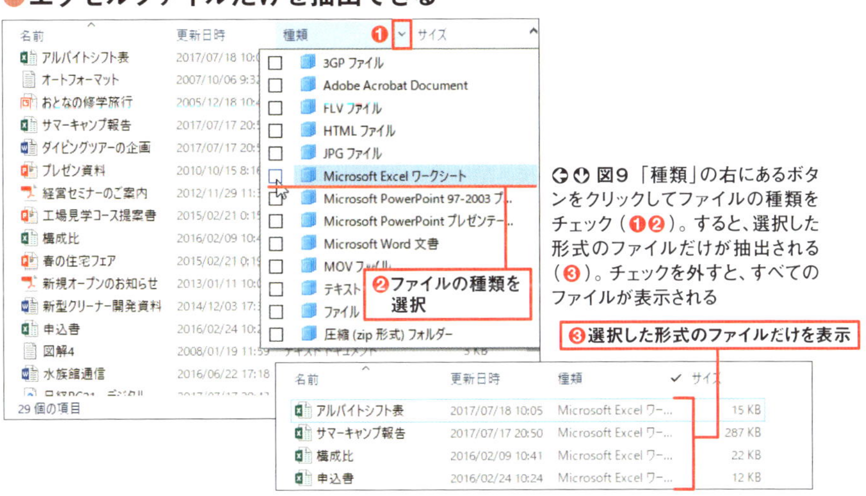

図9 「種類」の右にあるボタンをクリックしてファイルの種類をチェック（❶❷）。すると、選択した形式のファイルだけが抽出される（❸）。チェックを外すと、すべてのファイルが表示される

開かずに中身を確認！ さらにコピーまでできる

次に、エクスプローラーの右領域を便利に使う方法を2つ紹介しよう。「プレビューウィンドウ」をオンにすると右側がプレビュー領域となり、ファイルを選択するとその中身が表示される（**図10**）。エクセルならシートを切り替えたり、セル範囲を右クリックメニューでコピーすることも可能だ。

「プレビューウィンドウ」の代わりに「詳細ウィンドウ」を選ぶと、作成者やサイズなどの詳細情報が表示される（**図11**）。なお、「プレビューウィンドウ」と「詳細ウィンドウ」の併用はできない。

●中身は「プレビュー」、情報は「詳細」で確認

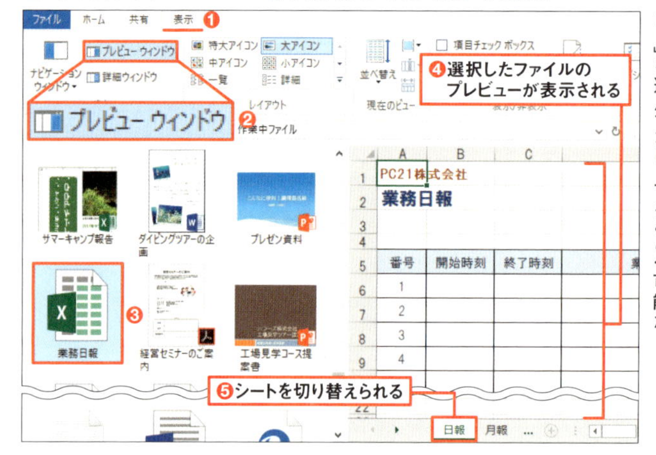

図10 「表示」タブにある「プレビューウィンドウ」（7ではタイトルバーの右側にある「プレビューウィンドウを表示します。」ボタン）をクリックしてオンにすると、画面右にプレビューウィンドウが表示される（❶❷）。ファイルを選択すると、中身がそこに表示される（❸❹）。エクセルではシートの切り替えなども可能（❺）。セル範囲を選択して右クリックし、「コピー」を選んでコピーすることも可能だ

図11 「表示」タブで「詳細ウィンドウ」をオンにすると、右側が詳細ウィンドウに変わる（❶❷）。選択したファイルのサイズ、作成者、更新日時などの詳細情報を確認できる（❸❹）。7では、「整理」メニューの「レイアウト」→「詳細ウィンドウ」を選ぶと、ウインドウの下側に情報が表示される

画面が狭いなら表示をコンパクトに

画面が狭いパソコンでは、エクスプローラーの左端にあるナビゲーションウィンドウを非表示にしたり、上部にあるリボンをコンパクトにまとめたりする手がある（**図12**）。前者は「表示」タブの「ナビゲーションウィンドウ」でオンオフが可能（**図13**）。リボンはいずれかのタブをダブルクリックして内容の表示・非表示を切り替えられる（**図14**）。

●表示をコンパクトにして画面を有効活用

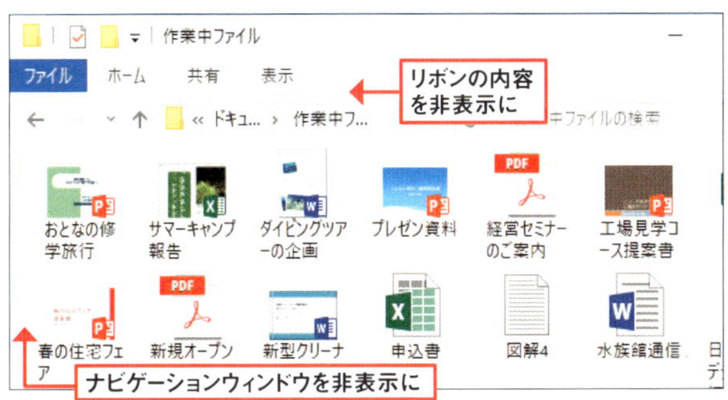

図12 リボンの内容やナビゲーションウィンドウを非表示にすると、表示できるファイル数が増える。画面が小さいノートパソコンでぜひ活用したいテクニックだ

●ナビゲーションウィンドウを非表示に

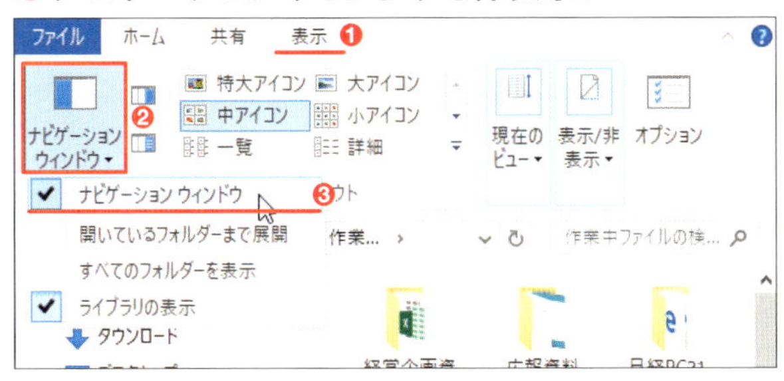

図13 「表示」タブにある「ナビゲーションウィンドウ」をクリックし（❶❷）、「ナビゲーションウィンドウ」をクリックしてチェックを外すと表示されなくなる（❸）。ウィンドウズ7では、「整理」メニューの「レイアウト」で「ナビゲーションウィンドウ」のチェックをオフにする

●リボンの内容を非表示にする

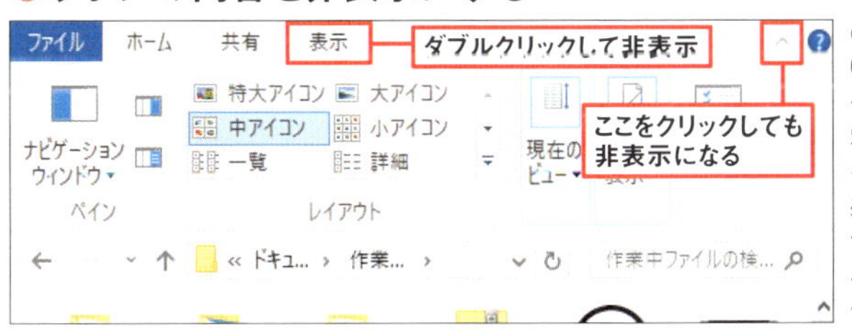

図14 「表示」「ホーム」などいずれかのタブをダブルクリックすると、タブだけを残して内容が非表示になる。右端のボタンをクリックしてもよい。再表示するには、いずれかのタブをダブルクリックするか、もう一度、右端のボタンをクリックすればよい

検索は最終手段! 最適ファイル捜索

前に作成した文書を手直しして新しい企画書を作ることはよくあることだ。ところが、保存したはずのフォルダーを開いても肝心の元ファイルが見つからないことがある。別のフォルダーをしらみつぶしに開いてみてもやっぱり見つからない。あれさえあれば、大幅に手間を省けるのに…。

間違ってファイルを削除したかもしれないと思い付いてごみ箱を開いても該当ファイルはなし。いつも使っているUSBメモリーを探してもファイルはない。

あきらめてイチから文書を作成するべきか。でも、せっかくここまで時間をかけて探したのだから、もう少し頑張ってみるか。でもどうやって? だんだん気がめいってくる。これでは企画書作成どころではない——。

最近使ったファイルなら一覧から簡単に選べる

こんな場面でサクッとファイルを探せたら、どれだけうれしいことだろう。そこで、最短時間で目的のファイルにたどり着く方法を見ていこう(**図1**)。

文書を作成したソフトが、ワード、エクセル、パワーポイントなどの「マイクロソフト

履歴活用と検索がキモ

- 最近使ったファイルから選択
- ファイル内のキーワードで検索
- 更新日やサイズで絞り込み

図1 以前作成したファイルがどうしても見つからない。そんなとき、ファイル探しにいたずらに時間をかけるのは愚の骨頂だ。最短時間でファイルを探す方法を紹介しよう

オフィス」なら、まずそのソフトを起動しよう。最近使ったファイルが一覧表示されるので、そこから目的のファイルを選べばよい（**図2**）。ファイルが表示されていなくても心配には及ばない。ワードの場合、「他の文書を開く」をクリックすれば、表示される候補が倍増する（**図3**）。エクセルの場合は「他のブックを開く」、パワーポイントは「他のプレゼンテーションを開く」を選べばよい。

オフィスソフトは履歴から選択

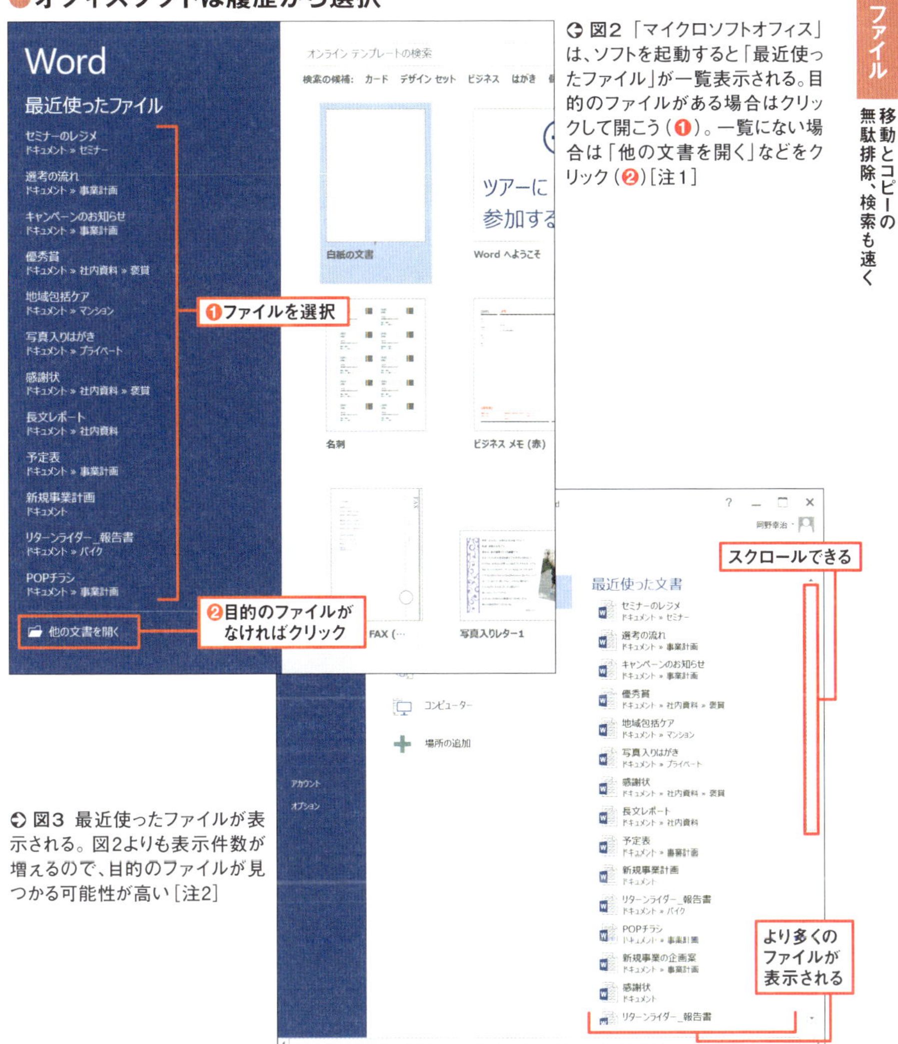

図2 「マイクロソフトオフィス」は、ソフトを起動すると「最近使ったファイル」が一覧表示される。目的のファイルがある場合はクリックして開こう（❶）。一覧にない場合は「他の文書を開く」などをクリック（❷）［注1］

図3 最近使ったファイルが表示される。図2よりも表示件数が増えるので、目的のファイルが見つかる可能性が高い［注2］

［注1］このパートは、「マイクロソフトオフィス2013」の画面で紹介している。2016の場合は「今日」「昨日」「今週」「先週」などに分類して表示される
［注2］表示されるファイル数は「オプション」画面の「詳細設定」にある「表示」欄で変更できる

「既定のローカルファイルの保存場所」も探してみよう

オフィスソフトの履歴でファイルが見つからなかったときは、ファイルの標準保存先を確認してみよう。「オプション」画面で「既定のローカルファイルの保存場所」欄を確認し、そのフォルダー内にファイルがないか確かめる（**図4、図5**）。

その際、ファイル名には気を付けよう。自分でファイル名を付けずに保存した場合、エクセルは「Book1」「Book2」など、ワードは1行目の文字列、パワーポイントはタイトル欄に入力した文字列がファイル名になっている（**図6**）。

●標準の保存フォルダーをチェック

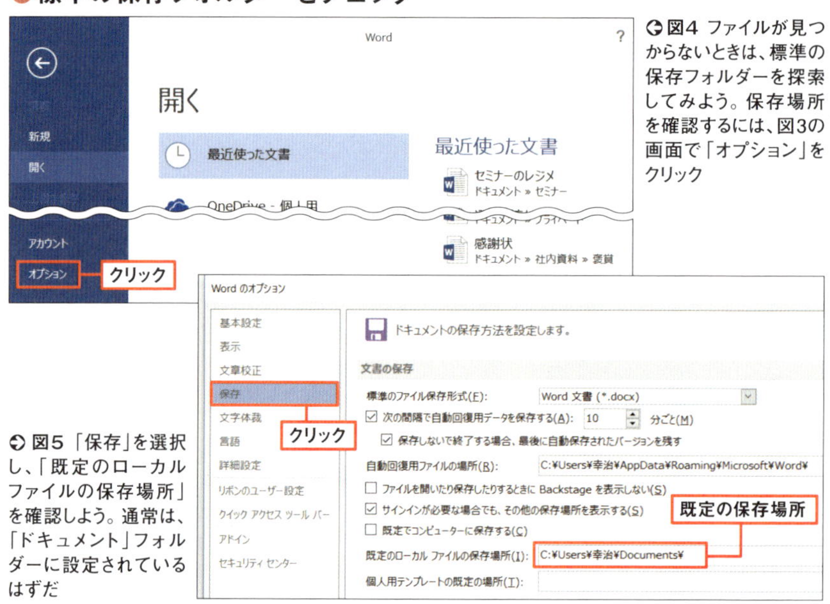

図4 ファイルが見つからないときは、標準の保存フォルダーを探索してみよう。保存場所を確認するには、図3の画面で「オプション」をクリック

図5 「保存」を選択し、「既定のローカルファイルの保存場所」を確認しよう。通常は、「ドキュメント」フォルダーに設定されているはずだ

●名前を付けずに保存すると…

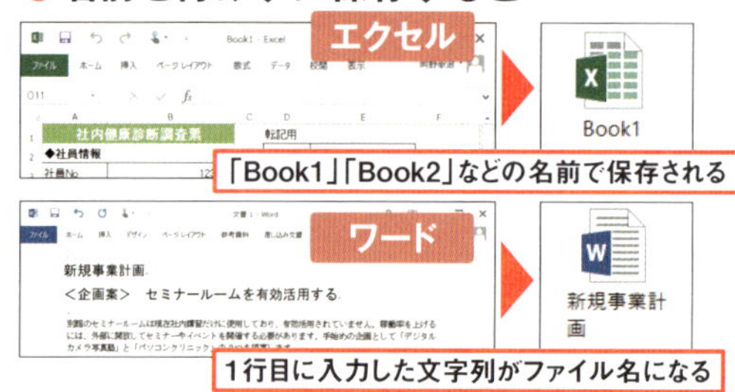

図6 自分でファイル名を付けずにファイルを保存すると、エクセルは「Book1」「Book2」などがファイル名となり、ワードは1行目の文字列がファイル名になる。ファイル探しの手掛かりにしよう

タスクバーの検索窓でキーワード検索

ここまでのやり方でもファイルが見つからないときは、別のソフトで文書を作っていたのかもしれない。手早くファイルを横断的に検索するには、タスクバーの検索窓を使おう。キーワードを入力し、検索結果をワード、エクセル、パワーポイント、PDF、テキストといった文書ファイルに絞り込む。検索にはウィンドウズの機能で作成済みのインデックスが利用されるため、結果は一瞬で表示される。しかも、ファイル名だけでなく、文書内の文字列でも検索されるので強力だ（**図7、図8**）。

ファイルはクリックするだけで開ける。また、右クリック→「ファイルの場所を開く」で保存フォルダーも開ける。同じ場所にある別のファイルを確認したりファイルを移動したりしたいときには便利だ（**図9**）。

●ファイル名や文書内のキーワードで検索

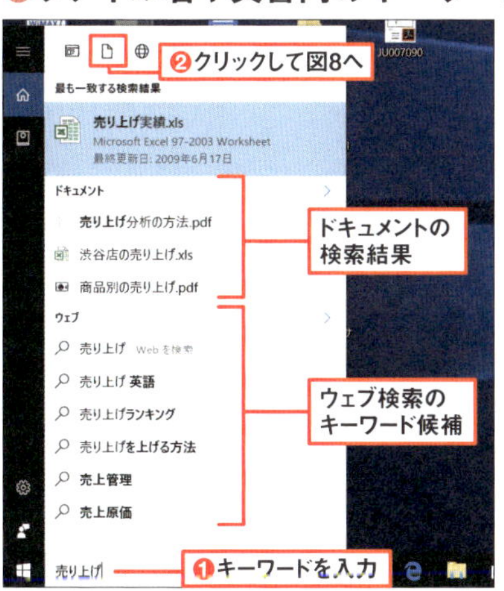

図7 ファイルをどのソフトで作ったか覚えていないときは、タスクバーの検索ボックスにキーワードを入力しよう（❶）。ファイルの検索結果などが表示される。ファイルが見つからないときは、「ドキュメントで検索結果を見つける」のアイコンをクリック（❷）

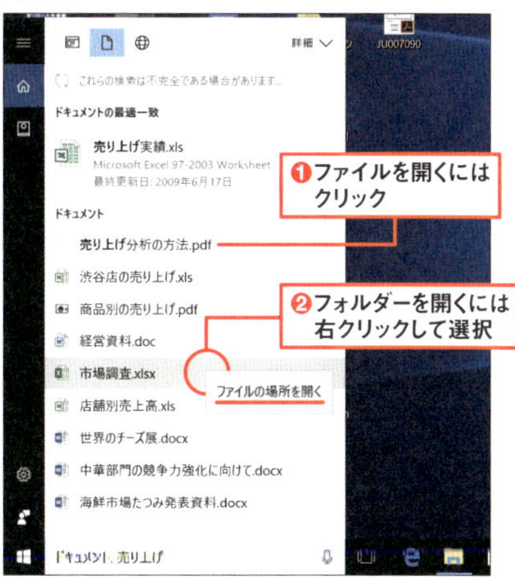

図8 ファイルの検索結果だけが表示される。目的のファイルが見つかったら、クリックして開く（❶）。ファイルの保存フォルダーを開きたいときは、右クリックして「ファイルの場所を開く」を選択する（❷）

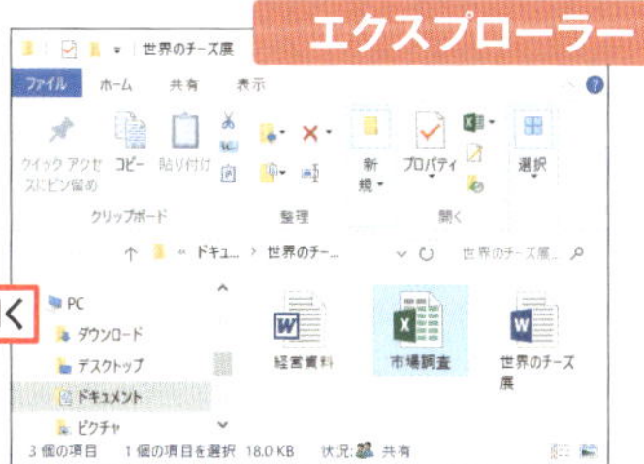

図9 図8❷の操作をするとエクスプローラーが起動し、ファイルの保存場所が開く。同じフォルダーにある別のファイルも確認できるので便利だ

エクスプローラーの強力な検索機能をフル活用

それでも、ファイルが見つからないときは、いよいよ奥の手だ。エクスプローラーで検索対象を選んでキーワード検索しよう。

エクスプローラーを起動すると、ウィンドウズ10では「クイックアクセス」が開く。これはユーザーがよく開くフォルダーを表示するものだ。「デスクトップ」「ドキュメント」「ダウンロード」などはあらかじめ登録されている。エクスプローラー右上の検索窓には「クイックアクセスの検索」と表示されている。ここにキーワードを入れると、クイックアクセスに登録されたフォルダーが横断的に検索される仕組みだ（**図10、図11**）。

●よく使うフォルダー内を縦横無尽に検索

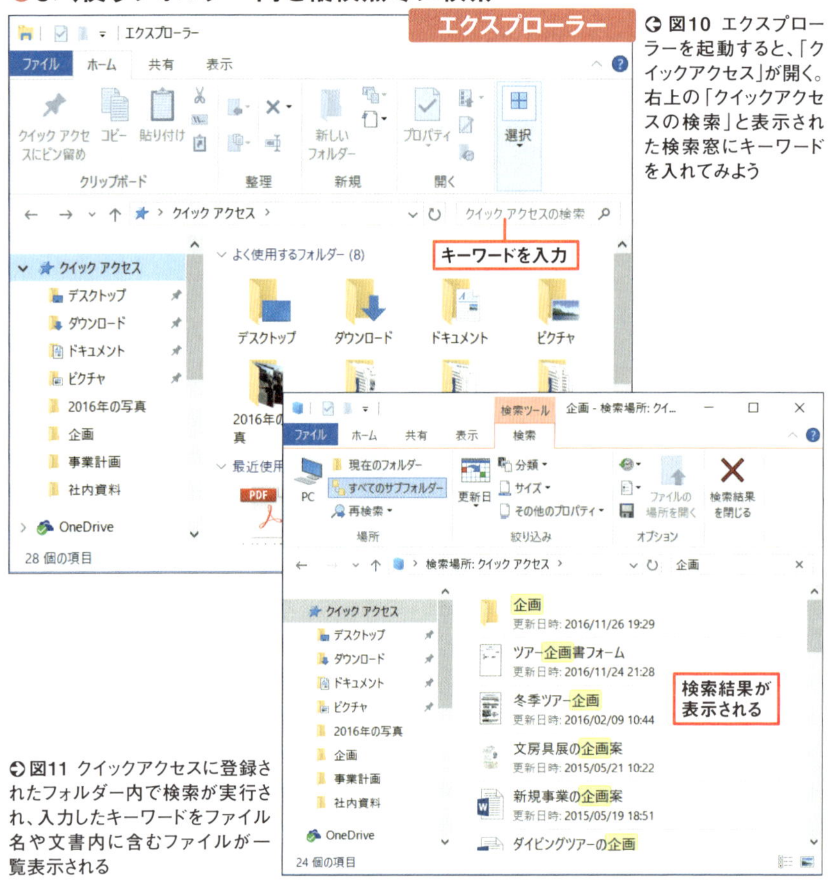

図10 エクスプローラーを起動すると、「クイックアクセス」が開く。右上の「クイックアクセスの検索」と表示された検索窓にキーワードを入れてみよう

図11 クイックアクセスに登録されたフォルダー内で検索が実行され、入力したキーワードをファイル名や文書内に含むファイルが一覧表示される

ファイルが多すぎるならさらに絞り込む

検索結果が多すぎるときは、さまざまな方法でファイルを絞り込める。まずは、キーワードの追加だ。最初のキーワードの後にスペースを入れて別のキーワードを追加すると、両方のキーワードを含むファイルだけが表示される（**図12**）。

結果の絞り込みには、ほかの方法もある。更新日によって絞り込むには、「検索」タブの「更新日」から「今月」「先月」「今年」「昨年」などの候補を選択する（次ページ**図13**）。カレンダーを表示させて、自分で対象期間を設定することもできる（**図14**）。

また、ファイルの種類でも絞り込める。「分類」メニューを開いて「ドキュメント」「電子メール」「フォルダー」などを選べばよい。さらに、ファイルのサイズによる絞り込みも可能だ。画像検索をした後で、印刷に適した高画質ファイルを探したり、メール添付に適した小さな画像を探したりするのに役立つ（**図15**）。

ところで、検索結果によく似た名前のファイルがたくさんある場合、すべてを開いて中身を確認するのは手間がかかる。そんなときは「プレビューウィンドウ」を表示させよう。すると、ファイルを選択するだけで、エクスプローラー右側のプレビューウィンドウにファイルの中身が表示される（**図16**）。

●キーワードを追加して絞り込み

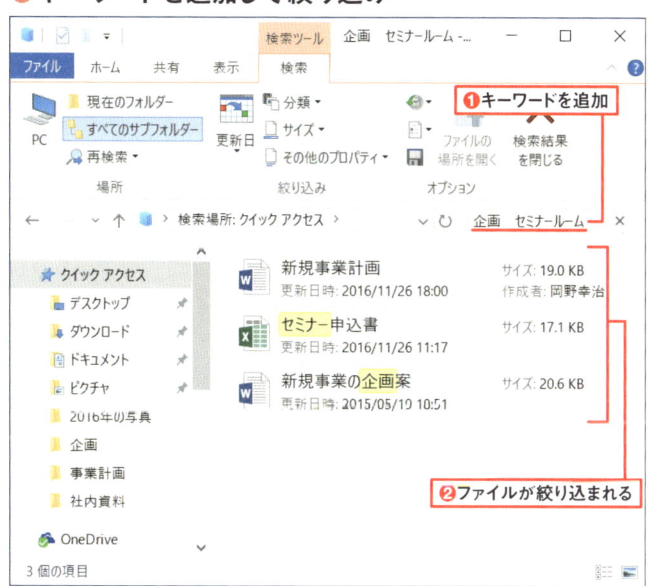

↻図12 ファイルが多すぎて探せないときは、最初のキーワードの後にスペースを入れてキーワードを追加しよう（❶）。すると、両方のキーワードを含むファイルに絞り込まれる（❷）

●更新日を指定して絞り込み

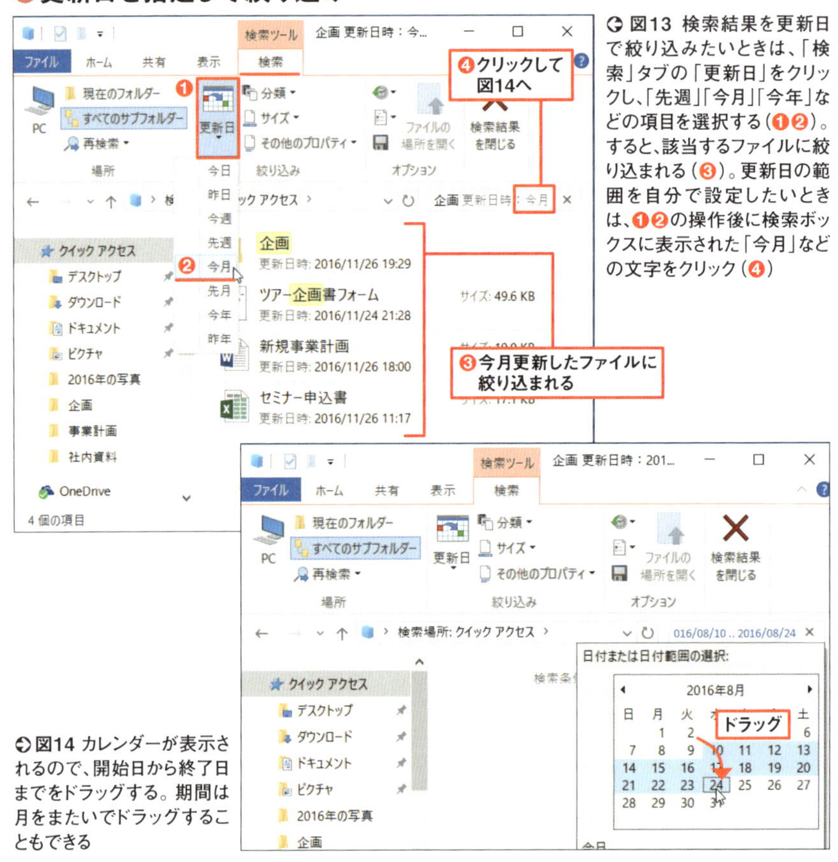

◎図13 検索結果を更新日で絞り込みたいときは、「検索」タブの「更新日」をクリックし、「先週」「今月」「今年」などの項目を選択する（❶❷）。すると、該当するファイルに絞り込まれる（❸）。更新日の範囲を自分で設定したいときは、❶❷の操作後に検索ボックスに表示された「今月」などの文字をクリック（❹）

◎図14 カレンダーが表示されるので、開始日から終了日までをドラッグする。期間は月をまたいでドラッグすることもできる

●ファイルの種類やサイズで絞り込み

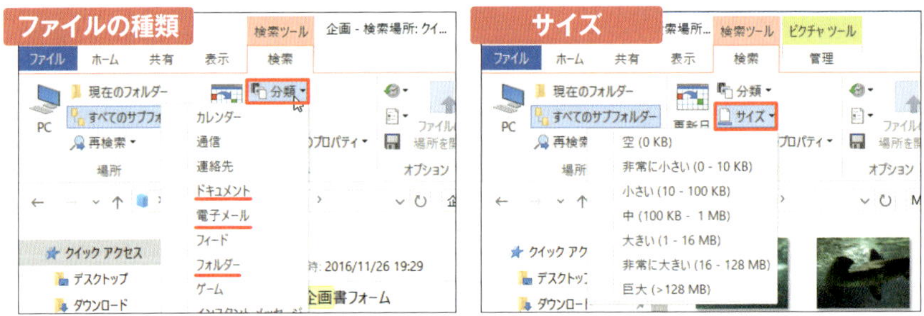

◎図15 検索結果は、ファイルの種類やサイズでも絞り込める。「分類」からメニューを開いて項目を選択すると、ワードやエクセルなどの文書ファイル（ドキュメント）、電子メール、フォルダーなどに絞り込める（左）。「サイズ」をクリックすれば、選択したサイズのファイルだけを表示できる（右）

●プレビューウインドウで中身を確認

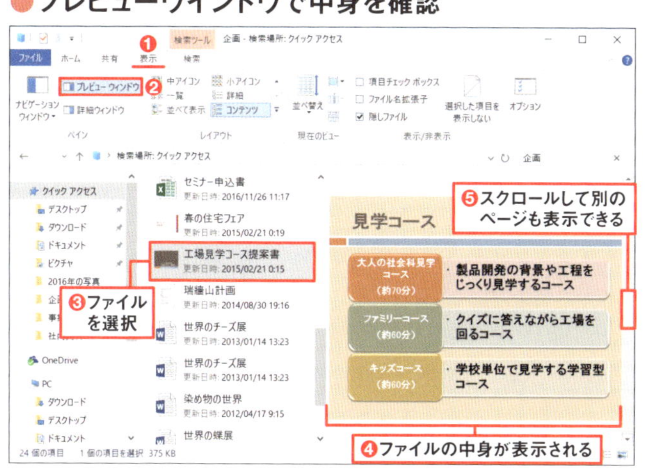

←図16 検索結果を見ても目的のファイルを確定できないときは、「表示」タブを開き「プレビューウィンドウ」をオンにしよう（❶❷）。ファイルを選択するだけで、右のプレビューウインドウに中身を表示できる（❸〜❺）

外付けHDDも全文検索の対象にできる

最後に、外付け記憶装置を検索するときのテクニックを紹介しよう。付けっぱなしの外付けHDDがあるなら、そこもインデックスの作成対象に指定しておこう。そうすれば、全文検索の対象になる。「インデックスのオプション」の設定画面を開いて、外付けHDDにチェックを付けておくだけでよい（**図17**）。

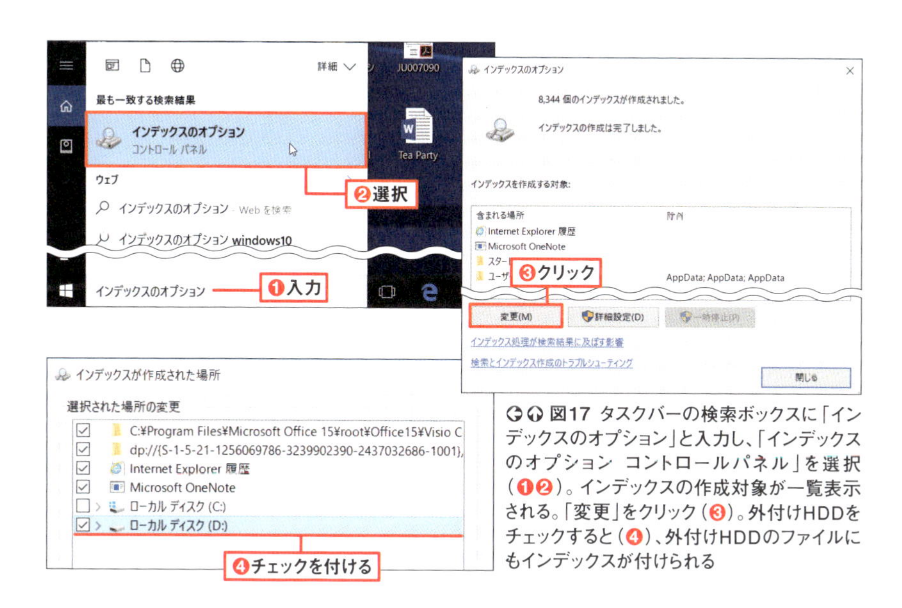

←↑図17 タスクバーの検索ボックスに「インデックスのオプション」と入力し、「インデックスのオプション コントロールパネル」を選択（❶❷）。インデックスの作成対象が一覧表示される。「変更」をクリック（❸）。外付けHDDをチェックすると（❹）、外付けHDDのファイルにもインデックスが付けられる

超高速のファイル検索を“4ステップ法”で

「ドキュメント」か「デスクトップ」に保存したアンケート調査の文書で、確かESSIDに関する質問項目があったはず——。そんなうろ覚えのファイルを素早く見つける方法を紹介しよう(**図1**)。4つのステップで進めていけば、簡単かつ確実だ。

まず、ユーザーフォルダーを開く(**図2**)。文書の内容まで高速に探せる「インデックス検索」の対象は、ユーザーフォルダー内に限られるからだ。場所を覚えているなら、「ドキュメント」などでもよい。

図1 ユーザーフォルダー内の文書はファイル名のほかに中身も検索できる。素早く見つけるには専門用語や固有名詞で絞り込むのがコツ。プレビューウインドウを使えば、アプリでファイルを開かなくても中身を確認できる

続いて、エクスプローラーの検索窓にキーワードを入力(**図3**)。すると一瞬でファイル名やプロパティ(作成者などの付加情報)、文書の内容にキーワードを含む文書が一覧になる。

ステップ❶ ユーザーフォルダーを開く

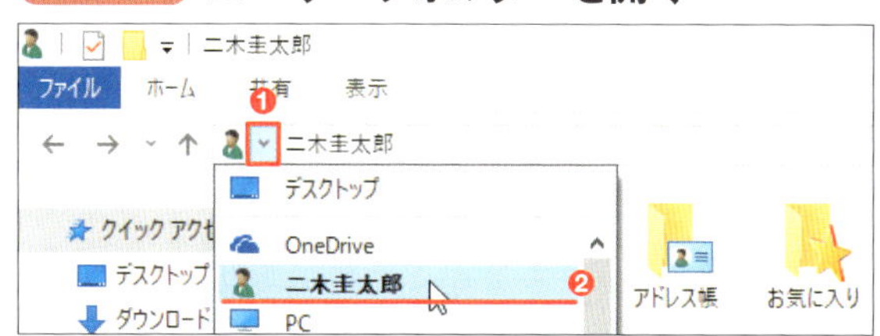

図2 エクスプローラーで検索対象のフォルダーを開く。ワンドライブなども含めたいならユーザーフォルダーを開くとよい(❶❷)。ファイルの内容を検索できるのはユーザーフォルダーの中だけなので注意する

ステップ❷ キーワードで探せば一瞬

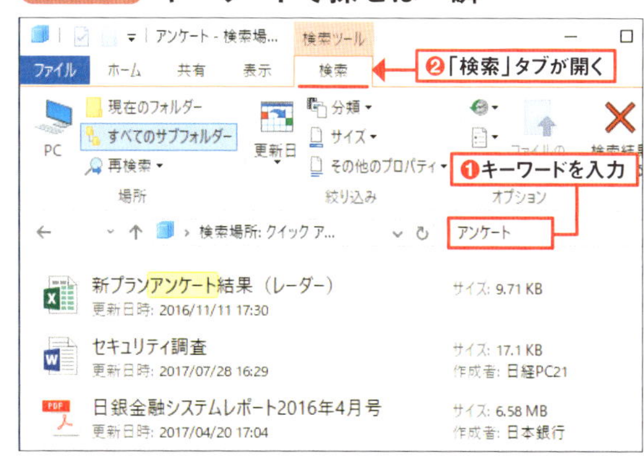

図3 右上の検索窓にキーワードを入力すると(❶)、「検索」タブが開き(❷)、ファイル名やプロパティ(作成者など)のほか、内容にそれを含む文書が表示される。ファイル名にキーワードがある場合はそれがハイライトする。ファイル名にキーワードがない場合は、内容などにキーワードを含んでいると推測できる

ステップ❸ プレビューで内容を確認

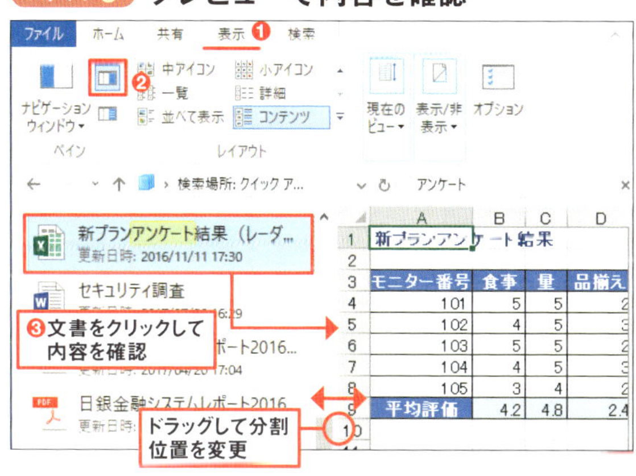

図4 「表示」タブの「プレビューウィンドウ」をオンにする(❶❷)。オフィスファイルや画像などを選択すると(❸)、右側にその内容が表示されるので、目的のものか確認しよう。エクセルファイルの場合はスクロールやシートの切り替えも可能だ。分割位置は境界線(スクロールバーがある場合はその右側)をドラッグして変えられる

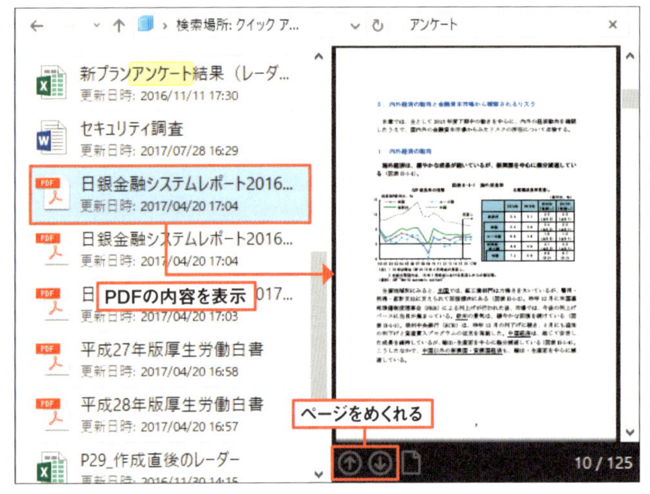

図5 PDFの内容を表示するためには、「アドビ アクロバットリーダーDC」がPDFを開く既定のソフト（77ページ参照）になっている必要がある。同ソフトはアドビ システムズのサイト（https://get.adobe.com/jp/reader/）から無料で入手できる。複数ページのPDFの場合、画面下部のボタンやスクロールバーでページをめくることが可能だ

ステップ4 専門用語を追加して絞り込む

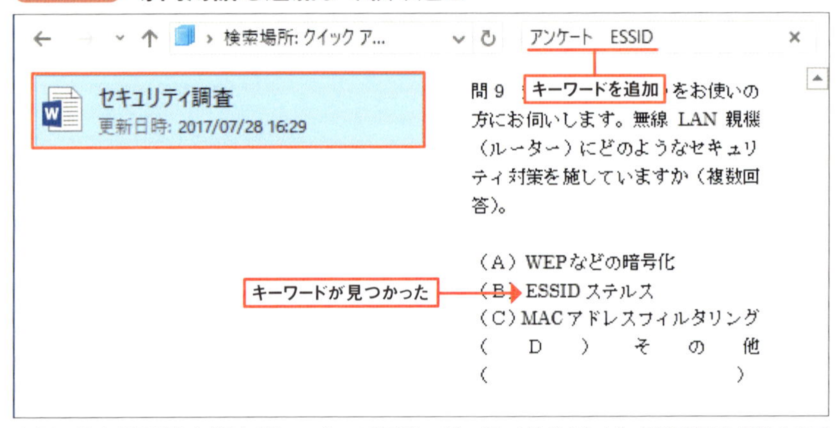

図6 検索結果が多すぎるときは、スペースで区切ってキーワードを追加しよう。専門用語や固有名詞で絞り込むとよい

それらしき文書を見つけたら、プレビューウインドウで中身を確認しよう（前ページ**図4、図5**）。いちいち文書を開かずに済むので効率的。オフィス文書やPDFなどはスクロールができ、動画や音声は再生が可能だ。

検索結果が多いときは、さらにキーワードを追加しよう（**図6**）。専門用語や固有名詞など、その文書にしか入っていない言葉で絞り込むのがコツだ。

劇的に高速に検索できる理由は「索引」

一瞬で検索できる理由は、前述したインデックス検索にある。ウィンドウズ7以降では、自動的に文書の内容をスキャンしてキーワードの索引（インデックス）が作られており、それを利用して検索を劇的に高速化している。

この索引が作られるのは、標準ではユーザーフォルダー内に限られる。このため「PC」などを検索しても、文書内容を検索できないうえ、すごく時間がかかる（図7）。Dドライブなどを高速に検索したいなら、インデックス検索の対象に加えよう（図8〜図10）。

●「PC」を検索すると時間がかかる

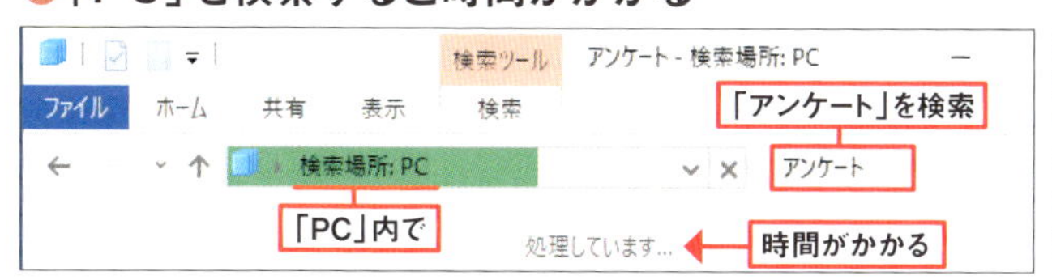

図7 図2で「PC」を開いて検索すると、ものすごく時間がかかるうえ、ファイルの内容を検索できないのでお勧めしない

●Dドライブを高速検索の対象にする

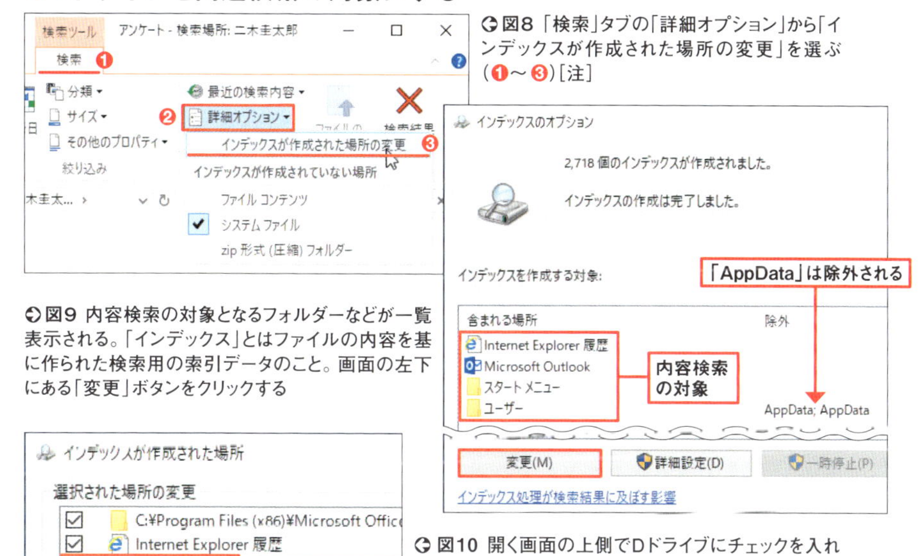

図8 「検索」タブの「詳細オプション」から「インデックスが作成された場所の変更」を選ぶ（❶〜❸）［注］

図9 内容検索の対象となるフォルダーなどが一覧表示される。「インデックス」とはファイルの内容を基に作られた検索用の索引データのこと。画面の左下にある「変更」ボタンをクリックする

図10 開く画面の上側でDドライブにチェックを入れる。画面右下の「OK」ボタンを押して図9の画面に戻り、「閉じる」を押す。しばらく待つと索引データが作成され、Dドライブで内容検索が可能になる

［注］ウィンドウズ7ではスタートメニューで「インデックス」と検索して「インデックスのオプション」を選ぶ

コルタナは“いいかげん”でも探せる検索窓

“コルタナ”は音声アシスタントだけではない

ウィンドウズ10のタスクバーにある検索窓は「コルタナ」と呼ばれる。音声アシスタントとして注目されているが、キーワードを入力する普通の検索窓としても7からかなり進化している。特に、ソフトや設定の検索機能は目を見張るものがあり、キーワードが相当に“いいかげん”でもきちんと探せる（**図1、図2**）。

平仮名でも略称でもOK!「電卓」はローマ字でも探せた

ウィンドウズ10なら英語、平仮名、片仮名、略称、ローマ字でも大丈夫だ。例えば、「Internet Explorer」は「インターネットエクスプローラー」と片仮名でもいいし、「IE」といった略称でもOK（全角でも半角でも、大文字でも小文字でも可）。「電卓」は「dentaku」と半角ローマ字でも検索できた（さすがに全角ローマ字は無理だった）。

●略称や平仮名でも見つかる

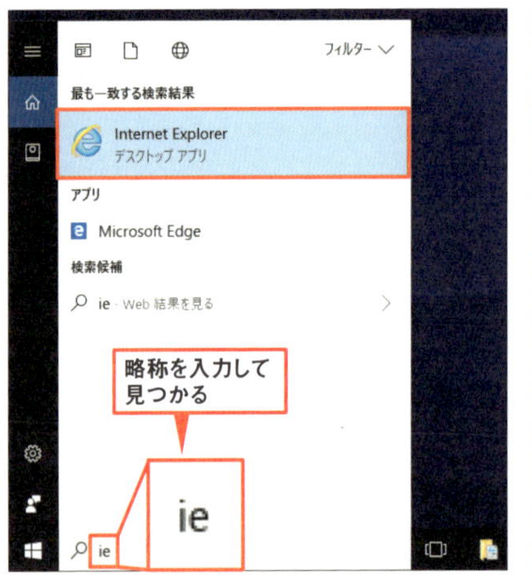

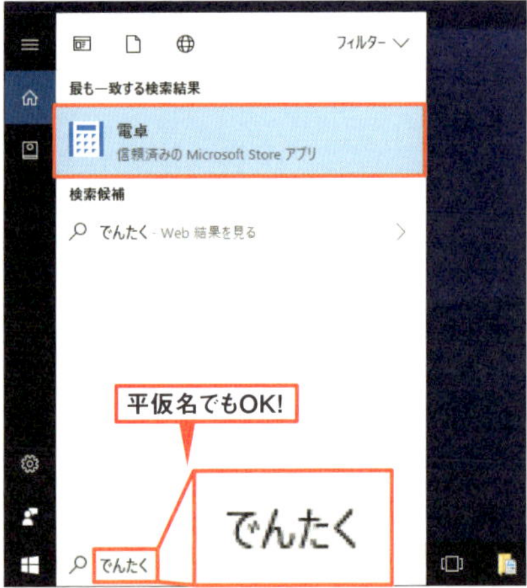

↑ **図1** ウィンドウズ10のタスクバーにある検索窓（コルタナ）は、7の検索機能よりもずっと賢い。アプリ名を正確に入力する必要がなく、略称や平仮名でも検索できる

●こんなキーワードでもOK

ソフト	入力したキーワード
Internet Explorer	Internet Explorer
	internet explorer
	IE(ie)
	インターネットエクスプローラー
電卓	電卓
	calc
	でんたく
	デンタク
	dentaku

ソフト	入力したキーワード
ペイント	ペイント
	paint
	mspaint
Excel 2016	Excel 2016
	Excel
	エクセル
	Office

↑図2 どんなキーワードで探せるか調べてみた。「電卓」アプリを検索する場合は漢字、英語、平仮名、片仮名、ローマ字のいずれでもOKだった

種類で絞り込んで素早く探そう

表示件数が多いときは種類で絞り込もう(図3)。「フィルター」メニューで「ドキュメント」「アプリ」「電子メール」「設定」「写真」などと種類を指定できる。また、10の検索窓ではウェブ検索もでき、ウェブブラウザーを起動せずにビング(マイクロソフトの検索サイト)の検索結果を直接表示できる。

●数が多いときは種類で絞り込む

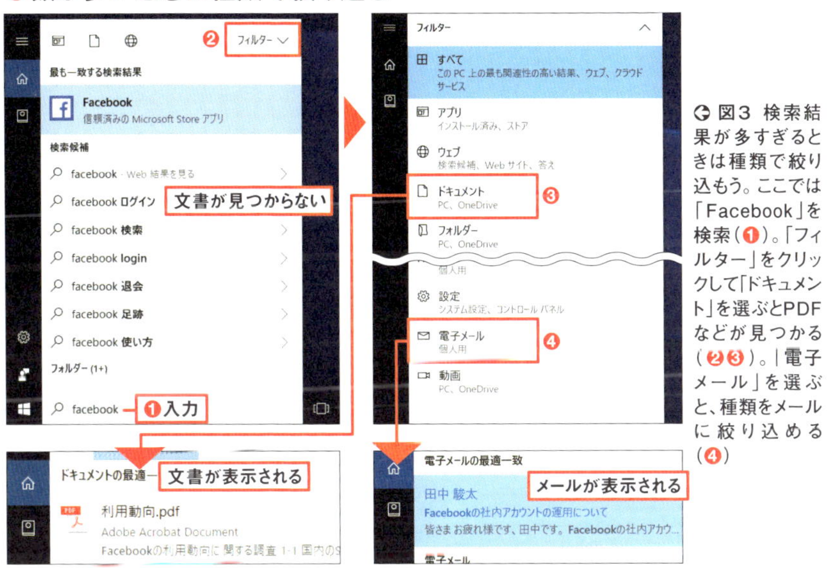

←図3 検索結果が多すぎるときは種類で絞り込もう。ここでは「Facebook」を検索(❶)。「フィルター」をクリックして「ドキュメント」を選ぶとPDFなどが見つかる(❷❸)。「電子メール」を選ぶと、種類をメールに絞り込める(❹)

1つ上の階層のフォルダーを開く

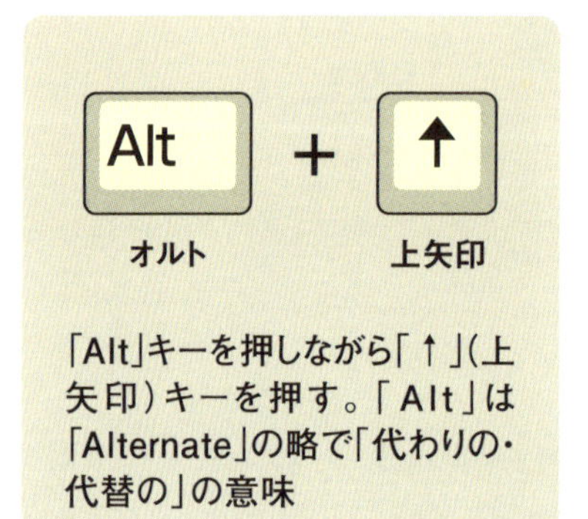

「Alt」キーを押しながら「↑」(上矢印)キーを押す。「Alt」は「Alternate」の略で「代わりの・代替の」の意味

ファイルを探しているときは、素早くフォルダーの表示を切り替えたいもの。1つ上の階層のフォルダーに表示を切り替えたいケースでは、一度上の階層に戻って、別のフォルダーを開くことは多いだろう。こんなときは、「Alt」キーを押しながら「↑」(上矢印)キーを押せばよい(**図1**、**図2**)。マウス操作なら、アドレスバーの左の上矢印ボタンを押そう(**図3**)。

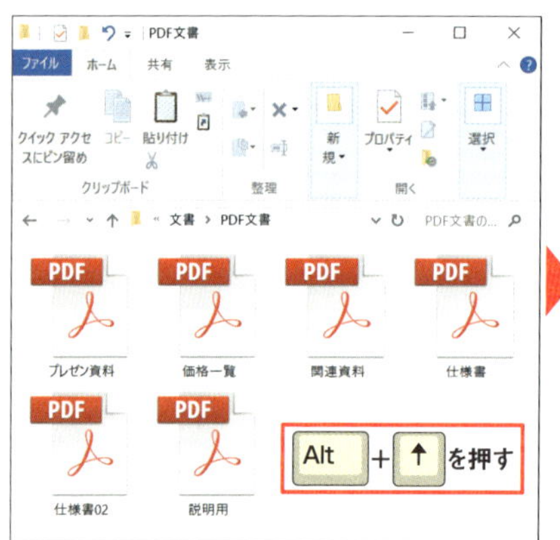

図1 1つ上の階層のフォルダーへ表示を切り替えるには、「Alt」キーを押しながら「↑」(上矢印)キーを押そう

図2 これで、1つ上の階層のフォルダーに表示が切り替わる

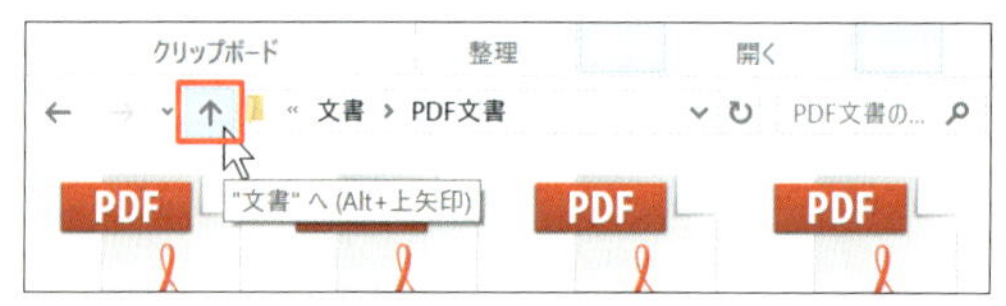

図3 マウス操作の場合は、アドレスバーの左の上矢印ボタンをクリックすればよい

Section 023 フォルダーを別のウインドウで開く

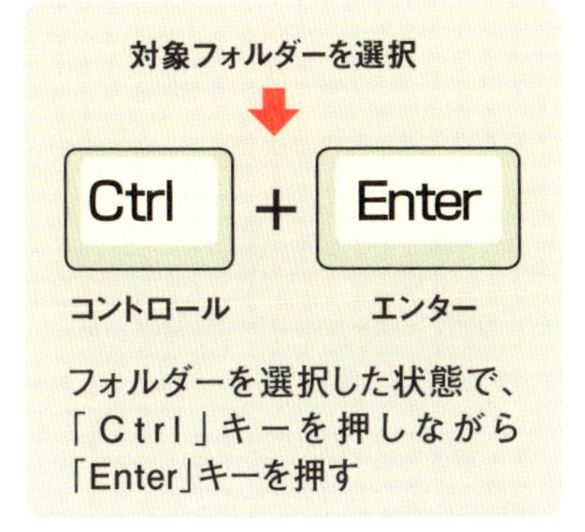

通常、フォルダーを移動すると、同じウインドウ内で表示が切り替わる。しかし、2つのフォルダーの内容を比較したいときなど、別のウインドウでフォルダーを開きたいことも多いだろう。こんなときは、フォルダーを選択した状態で、「Ctrl」キーを押しながら「Enter」キーを押せばよい。すると、選択したフォルダーの内容が、別の新規ウインドウで表示される（**図1、図2**）。

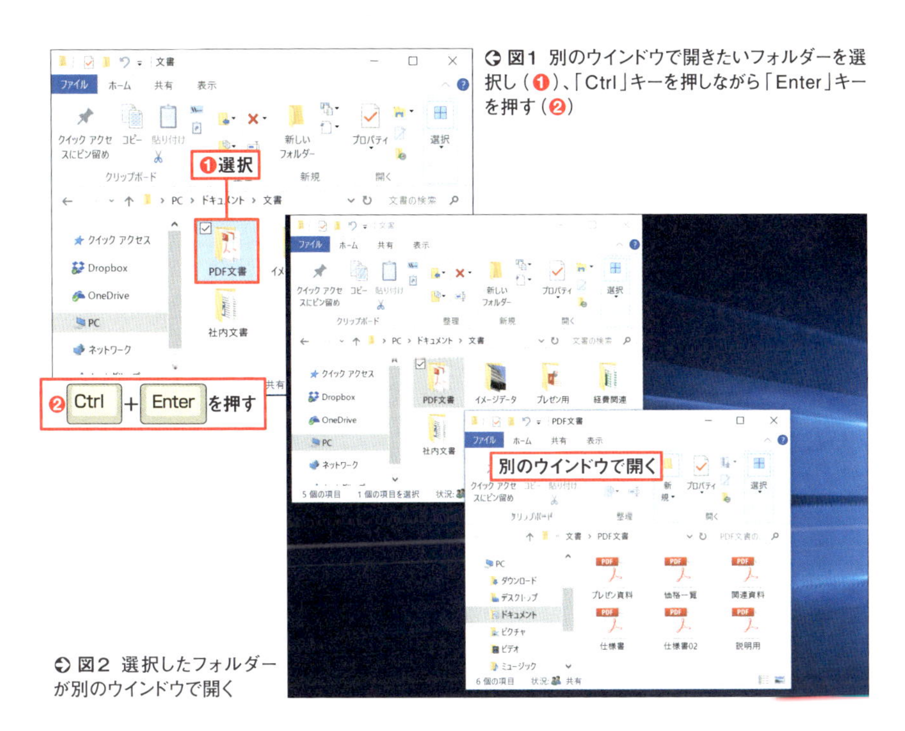

図1 別のウインドウで開きたいフォルダーを選択し（❶）、「Ctrl」キーを押しながら「Enter」キーを押す（❷）

図2 選択したフォルダーが別のウインドウで開く

ファイルのプロパティをキー操作で表示する

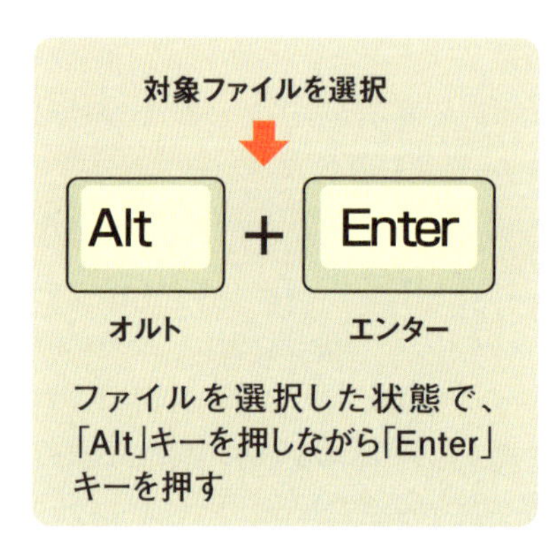

ファイルの作成者や、そのファイルが最初に作成された日時など、詳細な情報を確認したい場合は「プロパティ」と呼ばれる画面を開くとよい。

ファイルを選択した状態で、「Alt」キーを押しながら「Enter」キーを押す（**図1、図2**）。なお、「Alt」+「Enter」は、エクセルで文字を入力しているときに押せば、任意の位置での改行となる。

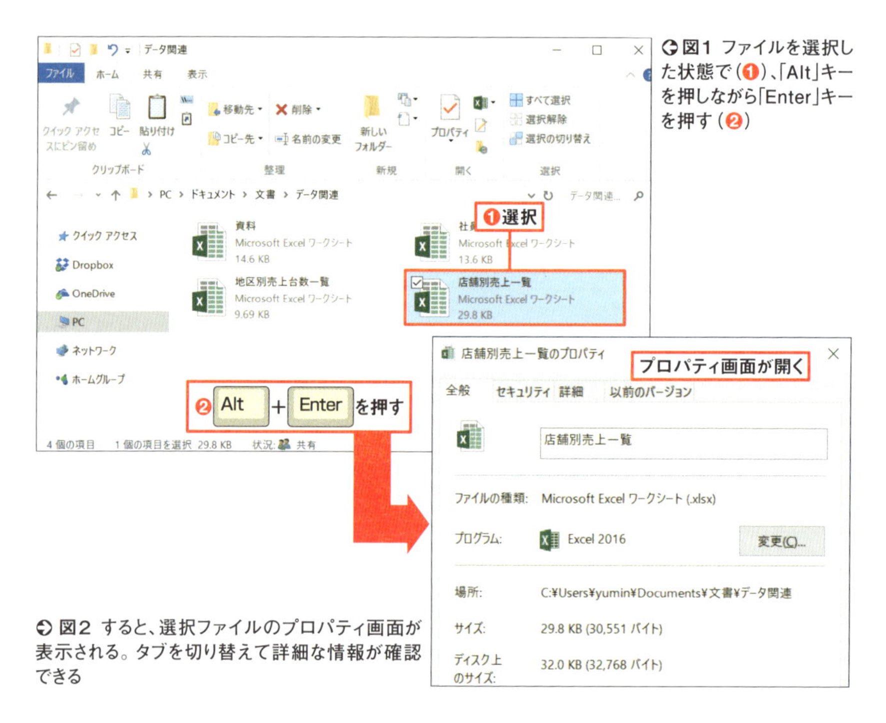

図1 ファイルを選択した状態で（❶）、「Alt」キーを押しながら「Enter」キーを押す（❷）

図2 すると、選択ファイルのプロパティ画面が表示される。タブを切り替えて詳細な情報が確認できる

Section 025 ファイルをごみ箱へ入れず即座に削除する

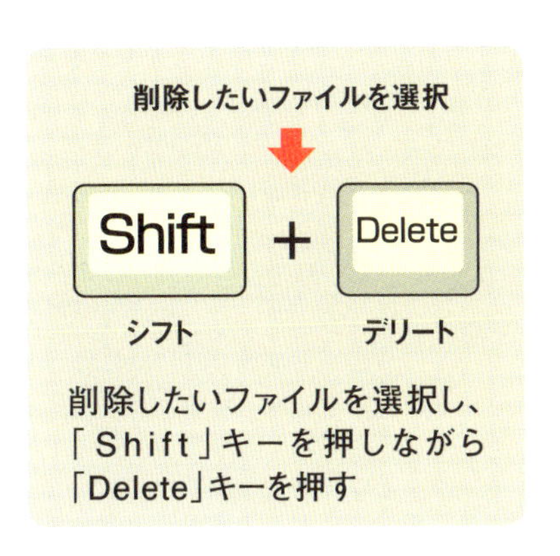

ファイルをごみ箱へ入れると、一定容量を超えるまで保管された後、ハードディスクから消去される。しかし、ディスクの空きを増やすため、即座に消去したいケースもあるだろう。

こんなときは、ファイルを選択して、「Shift」キーを押しながら「Delete」キーを押せばよい（図1）。ごみ箱に保管されず、即座にファイルを消去できる。

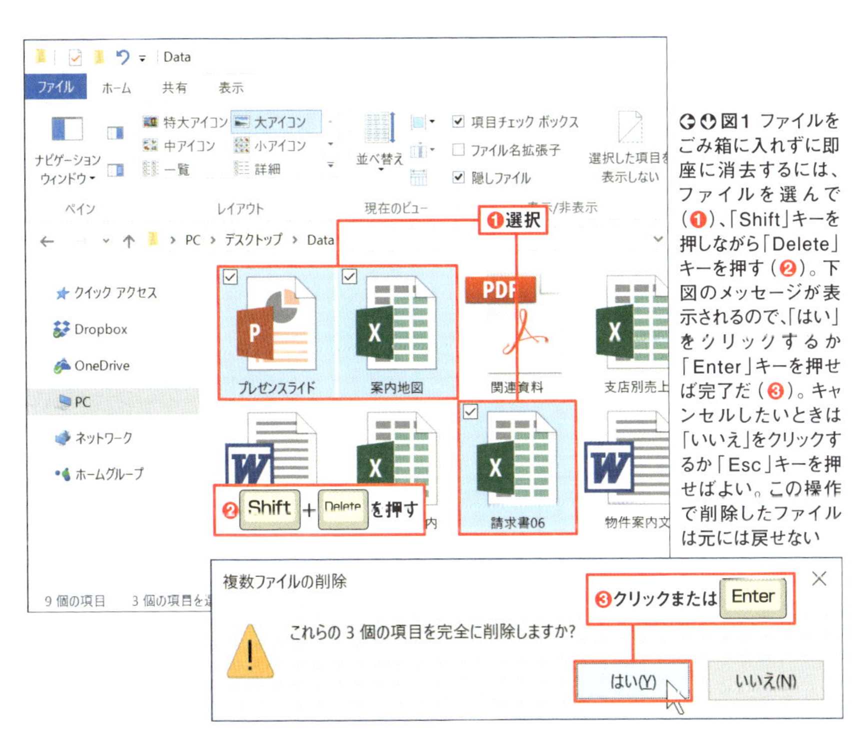

図1 ファイルをごみ箱に入れずに即座に消去するには、ファイルを選んで（❶）、「Shift」キーを押しながら「Delete」キーを押す（❷）。下図のメッセージが表示されるので、「はい」をクリックするか「Enter」キーを押せば完了だ（❸）。キャンセルしたいときは「いいえ」をクリックするか「Esc」キーを押せばよい。この操作で削除したファイルは元には戻せない

情報に直結!
検索&表示の
実用テク

文/岡野 幸治、田代 祥吾、内藤 由美、森本 篤徳

Desktop File Web Mail Excel Word

一発的中のウェブ検索

- ✓ 効率的な絞り込みの手法を身に付ける
- ✓ 6つの検索コマンドであらゆる場面に対応
- ✓ 写真や画像から必要な情報を探す
- ✓ 天気予報や為替レートも最短手順で表示する

膨大な情報があふれているインターネット。そこから自分にとって必要な情報を素早く見つけ出すテクニックは仕事の効率化に直結します。漫然と検索しているときには見つからなかった情報も、場面に応じた情報の絞り込みを加えると浮かび上がってきます。

文字ではなく、写真や画像で検索したほうが必要な情報に素早くアクセスできることもあります。天気予報や為替情報など、自分にとって必要な情報を効率良く表示させる手法もマスターしましょう。

また、ページを行ったり来たりするのも時間の無駄。ブラウザーの効率的な操作方法を覚えて、最短時間で目的の情報にたどり着けるようにしましょう。

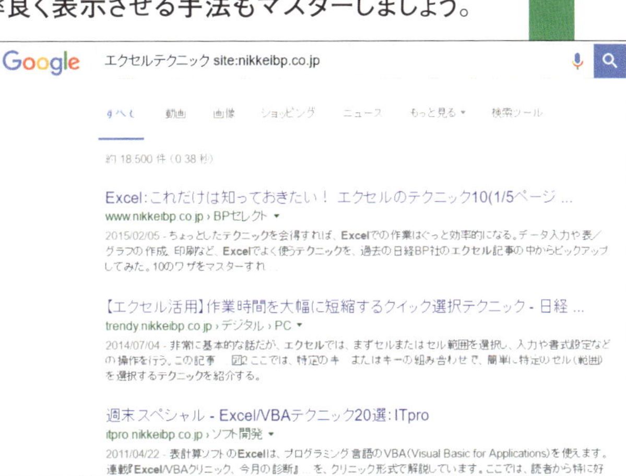

検索条件を変更して効率良く目的の情報を探す

検索の極意は絞り込みにあり! 日付や言語…使える条件を駆使

グーグルで検索しても自分が求める情報が全然出てこない——。そういうケースでは、関係ないページがたくさん紛れていて、当たりが少ないように感じてしまう場合が多い。検索結果の精度を上げるためには、効率良く絞り込むのが早道だ。

最も手っ取り早く使えるのが「ツール」だ。ページの言語や更新時期といった条件を指定することで、検索結果を絞り込める（**図1**）。

海外の地名や英単語、英文字を使った商品名などで検索したときは、検索結果に英語のページが多く表示されがち。日本語の情報が欲しいときは不便だ。そこで、検索ツールでページの言語を日本語に指定することで絞り込もう（**図2**）。

グーグルの検索結果には、新旧いろいろなものが含まれる。しかも、検索結果に表示されたページがいつ更新された情報なのかを判断しにくい場合が多い。そのせいで、良さそうな店のページをグーグルで見つけたものの、実は古い情報を見ていたようで、実際に行ってみたらすでに閉店していた、などという経験をした人もいるだろう。そこで、検索結果で更新時期を指定してみよう（**図3**）。最新の情報だけに絞り込むこともできるし、「期間を指定」すると、特定の期間に更新されたページのみを表示できる。

●検索条件を変更して絞り込む

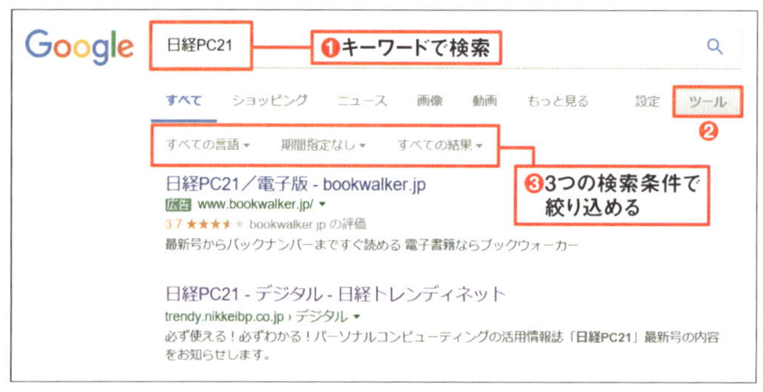

図1 いつもの手順でキーワードを入力して検索し、検索結果画面を開いたところ（❶）。膨大に出てきた検索結果を絞り込みたい。そこで「ツール」を選び、検索結果の一覧表示の上に検索ツールを表示する（❷❸）

●英語のページはさっさと排除

❸図2 検索ツールを開いたら、「すべての言語」をクリックし、「日本語のページを検索」に変更する（❶～❸）。これで検索結果を日本語のページだけに絞り込める

●最近更新されたページ限定に

❸図3 検索ツールから「期間指定なし」をクリックすると、ページが更新された時期を指定できる。ここでは最新ページを表示するため「1時間以内」を選んだ（❶～❸）

グーグルは通常、入力したキーワードを基に関連するページを検索するのだが、その際、キーワードの受け取り方をわざと曖昧にしている。例えばグーグルの検索窓に「ぼうし」と入力すると、検索エンジンがぼうしという単語を理解し、「帽子」や「ボウシ」など類似の単語や意味が似ているような単語を含むページも検索結果に表示する。多くの場合はそれで問題ないが、厳格に検索してほしいときもある。その場合は、検索ツールで「完全一致」を選ぼう。検索キーワードとまったく同じ言葉が含まれるページのみ検索結果に表示される（**図4**）。検索ツールは、同じタブでグーグルを使っている限り、別のキーワードで検索し直したときも、いったん設定した条件が有効になっている。設定を解除したいときは、検索ツールをリセットしよう。

●完全一致した結果のみに絞り込み

➡ **図4** 標準設定では、入力したキーワードだけでなく、類似した語句を含んだページも検索結果に表示される。これを防ぐには検索ツールの「すべての結果」を「完全一致」に変更する（❶〜❸）。設定を解除したい場合は、「リセット」をクリックする（❹）

マイナス記号などを使って検索条件を追加する

特定のキーワードを除外したいときは、半角マイナス記号（ハイフン）を使う。例えば「トランプ」の検索結果から、トランプ米大統領の結果を省くには、「トランプ -大統領」のように入力する。通常のキーワードと同様、マイナス条件も複数並べられる（**図5**）。複数のキーワードを「｜」か「OR」で区切ると、どちらかのキーワードが掲載されているページを表示できる（**図6**）。

●特定のページを除外する

図5 ○○に関したページは必要ないから検索結果から取り除きたい。そんなときは除外したいキーワードの先頭に「（スペース）-」を付けて、キーワードに追加しよう。これで不要とわかっているページ抜きで検索できる

●いずれかのキーワードにマッチすればOK

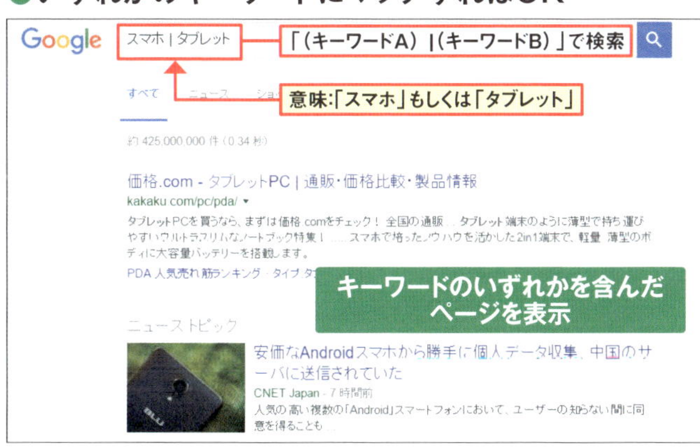

図6 複数のキーワードのいずれかを含んだページを表示するには、キーワードとキーワードの間に「|」または「（スペース）OR（スペース）」（「OR」は半角大文字）を挿入して検索を実行する

6つの検索コマンドを覚えれば鬼に金棒

検索コマンドを使ってより効率的に絞り込む

絞り込みに役立つ検索コマンドはたくさんあるが、ここでは特にお薦めの6つを紹介しよう（**図1**）。siteコマンドは、特定のサイト内にある情報だけを対象に検索するコマンド。「nikkeibp.co.jpで見たページなんだけど…」というところまでわかって

●検索コマンドはこれだけでOK

コマンド	
site:（URL）	指定したサイトの中から検索する
related:（URL）	似たようなサイトを探す
intitle:（文字列）	ページタイトルで検索する
filetype:（拡張子）	ネットから特定のファイルを探す
cache:（URL）	キャッシュされたページを表示
info:（URL）	特定のサイトの情報を表示

図1 グーグルにはたくさんの検索コマンドが用意されているが、差し当たりはこれらのコマンドだけ覚えておけばよい

●サイトを決め打ちして検索

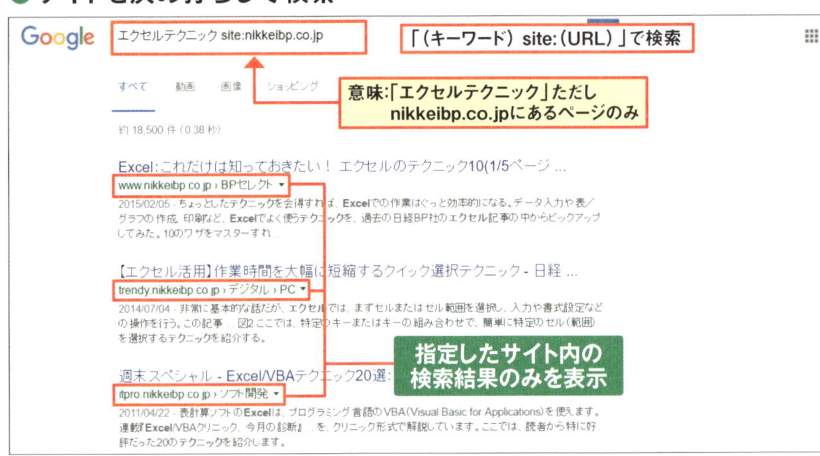

図2 キーワードに「site:（URL）」を追加して検索すると、URLで示したサイト内にあるページ限定で検索する

いるときに使おう（**図2**）。

「ほかのサイトではどんな記事があるかな」と気になったときは、relatedコマンドで類似サイトを検索できる（**図3**）。

intitleコマンドは、ページタイトルだけを対象に検索するコマンド（**図4**）。そのものズバリを取り上げたページを探すときに便利だ。

このほか、ファイルの種類を限定したり（**図5**）、消えてしまったページをキャッシュデータから再現したりといったこともできる（次ページ**図6**）。

infoコマンドは、特定のサイトに関連する情報をまとめて調べてくれるコマンドだ。類似ページやキャッシュ、リンク元などをまとめて調べたいときに活用しよう（**図7**）。

●似たようなサイトを探す

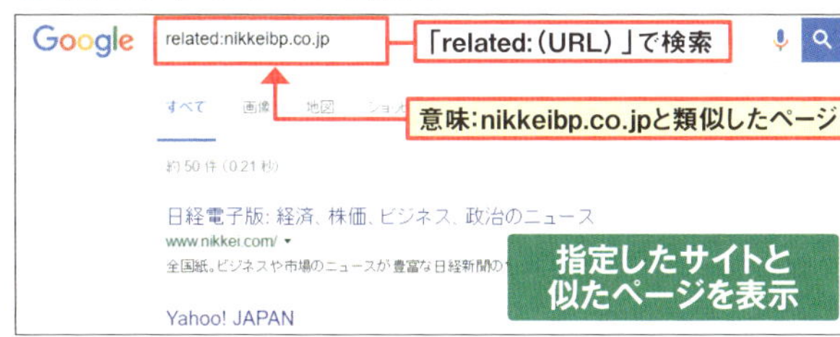

図3 特定のサイトと同じような情報を掲載したページを探すには、「related:（URL）」で検索する

●タイトルにそのキーワードがあるページのみに

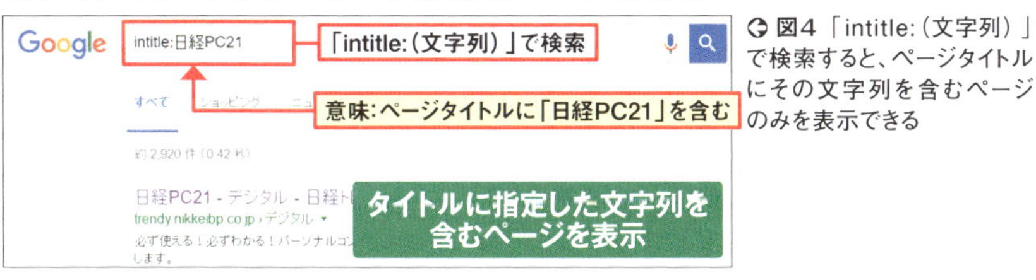

図4 「intitle:（文字列）」で検索すると、ページタイトルにその文字列を含むページのみを表示できる

●PDFを探せ! ファイルの種類を限定する

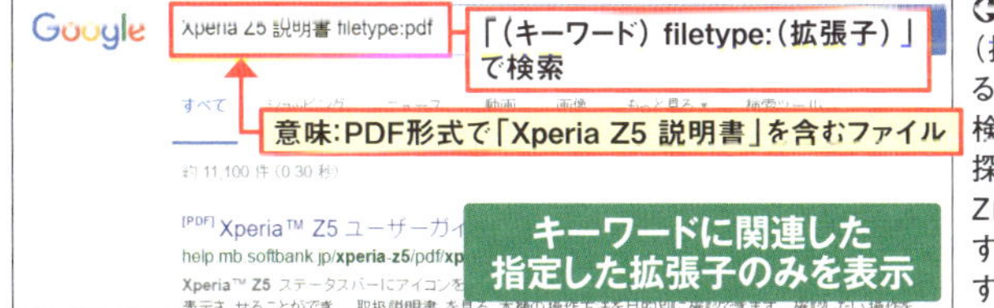

図5 キーワードに「filetype:（拡張子）」を追加して検索すると、そのファイルに限定して検索できる。PDFファイルを探すなら「filetype:pdf」、ZIP形式の圧縮ファイルを探すなら「filetype:zip」と入力すればよい

●なくなったページもキャッシュから再現

⊙図6「cache:(URL)」で検索すると、グーグルがサーバーに保存している、そのサイトの過去のページを表示できる

●サイトの関連情報をまとめて調べる

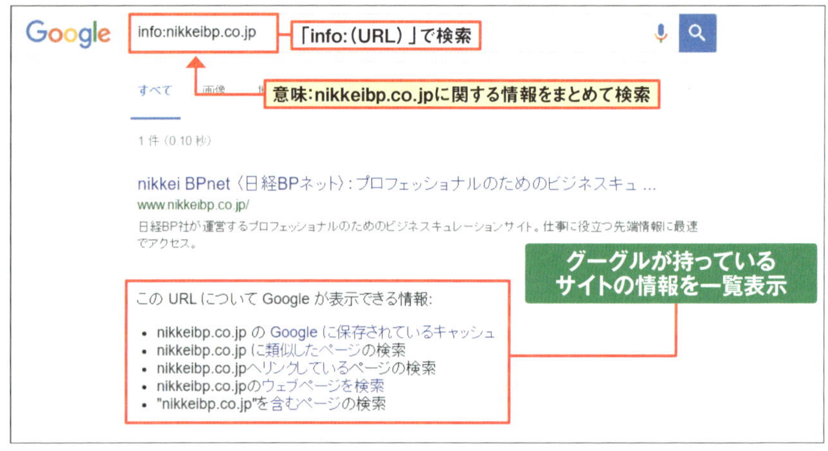

⊙図7「info:(URL)」で検索すると、そのサイトに関してグーグルが持っている情報をまとめて検索できる。類似ページや過去のページなどの各コマンドを1つずつ実行するより効率がいい

ことわざや名言などを調べたいが、その一部しか思い出せない。そんなときは思い出せない部分の代わりに「＊」を付けて検索すると、その言葉を見つけやすい（**図8**）。

検索ツールや検索コマンドを駆使しても見つからない場合は、検索オプションを使ってみよう。グーグルは通常の検索ページとは別に、検索オプションというページを用意している（https://www.google.co.jp/advanced_search）。このページを使うと、細かく検索条件を設定できるので、無駄なく検索できる。

適切な検索単語が思い付かないときは、グーグルの検索窓に頭の中にある疑問をそのまま文の形で入力して検索しよう。グーグルの検索エンジンは文も理解してくれるので、質問と判断したら、その答えになるページを検索結果として示してくれる（**図9**）。

●曖昧検索を活用する

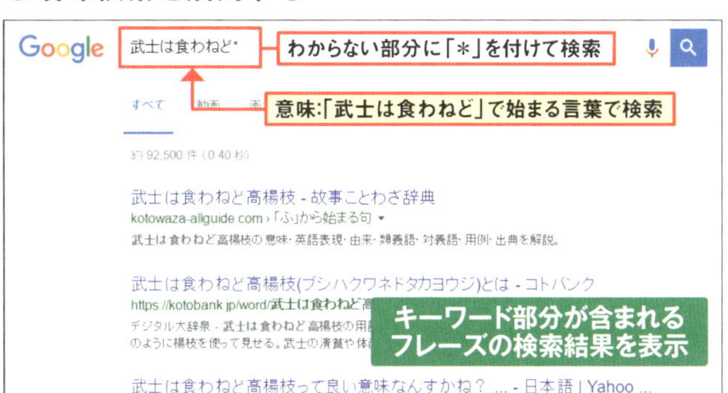

図8 ことわざや著名人の名言など言葉の一部しかわからないときは、不明な部分の代わりに「＊」（アスタリスク）を付けて検索すると、その部分を補完して検索できる

●自分の疑問をそのまま質問

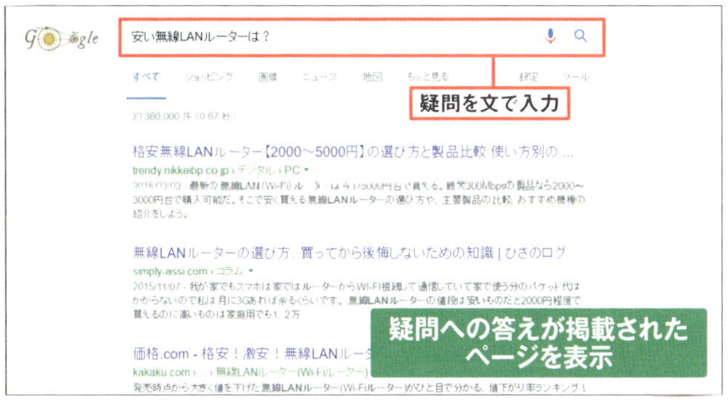

図9 キーワードを何にすれば効率良く検索できるか……。そんなことで悩むくらいなら、頭の中にある疑問をそのまま検索窓に入力して検索してみよう。グーグルがこちらの真意をかなり正確に解釈して、適切な内容のページを見つけ出してくれる

画像から目的のページを探す

画像ファイルで検索、不明だった被写体の詳細も

グーグルは文字だけでなく画像からも検索できる。手元にある写真の被写体が何かわからないときに便利だ。画像で検索するには、グーグルのトップページで画像検索モードに切り替える（**図1**）。画像検索は、画像のURLを指定して検索する、手持ち画像を基に検索する、という2種類の方法がある。URLで検索するなら、図1下の画面で入力すればよい。手持ちのファイルを使うなら、ブラウザーの中央部に当該ファイルをドラッグすればOK（**図2**）。検索結果では、被写体の詳細や類似している画像、その画像が掲載されているページなどを表示できる。

●テキストの代わりに画像で検索

図1 グーグルのトップページで「画像」を選ぶと、画像検索モードに切り替わる（❶）。ここで検索窓のカメラアイコンをクリックすると、画像の受け付け画面になる（❷）

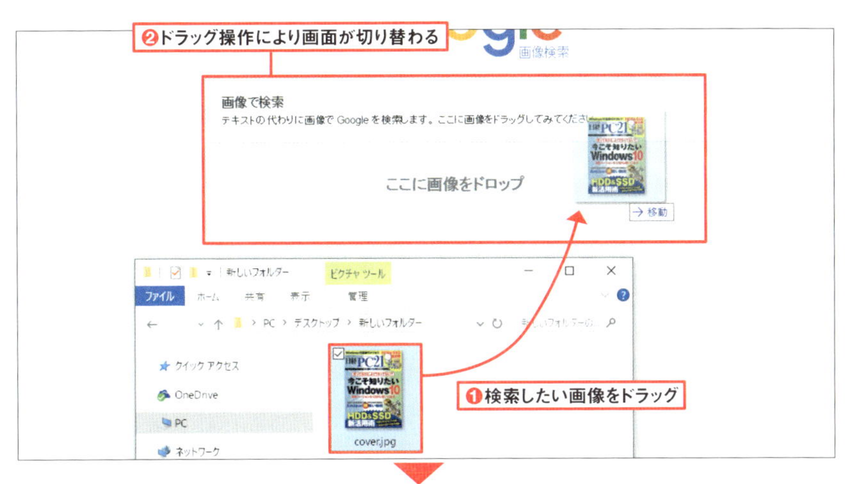

⬆ 図2 最も手軽なのは、手元のファイルをアップロードして検索する方法。画像検索のページ内にエクスプローラーやデスクトップから画像ファイルをドラッグすると、その画像の検索結果や類似した画像が表示される（❶❷）

天気予報も為替レートもグーグルで直接表示

経路や天気は直接表示、サイトを開く必要もナシ

天気や為替レート、経路といった情報を調べるとき、時短を目指すならそれぞれのサイトを開くのではなく、グーグルで調べよう。

天気を調べるには、地名に「天気」を付けて検索するだけでいい。検索結果のトップに、その地点の天気が表示される。気温や降水確率、湿度や風速などもわかる。現在の状態はもちろんのこと、週間の天気や温度、降水確率、風速などの予報も、いつもの検索の手順で表示できる（**図1**）。

●「天気」と追加するだけで予報がわかる

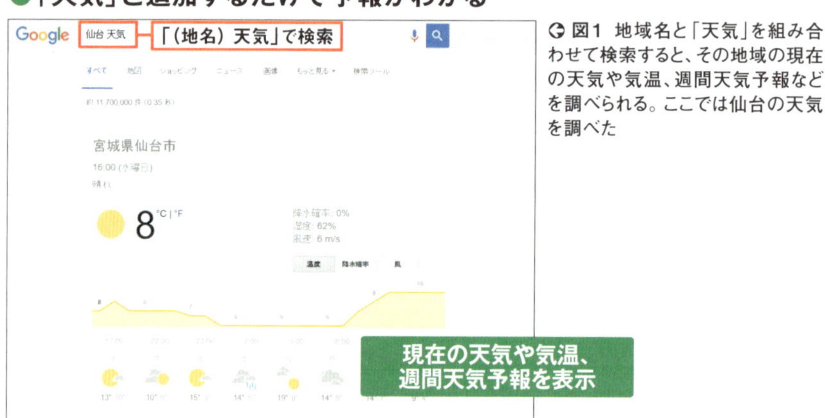

図1 地域名と「天気」を組み合わせて検索すると、その地域の現在の天気や気温、週間天気予報などを調べられる。ここでは仙台の天気を調べた

●現在の為替レートで外国の通貨を換算

図2 為替レートを調べるには、「50ドルをユーロで」などと入力して検索する。日本円での金額が知りたいときは「50ドル」など、外貨だけ入力しても表示される

為替レートを調べるときは、「1ドルをユーロで」といった形式で検索すればよい（**図2**）。日本円に換算したいときは「1ドル」「10レアル」と入力するだけで、検索結果のトップにそのときのレートで日本円に換算した金額が表示される。為替だけでなく、度量衡の変換も可能だ。フィートやガロンなど海外で使われる単位を入力すると、日本で使われている単位で表示してくれる。

宅配便の配送状況も調べられる。運送会社がヤマト運輸、佐川急便、日本郵便なら直接調べられる。運送会社と伝票番号を入力するだけでいい（**図3**）。

グーグルは経路も直接調べられるため、経路検索サイトやグーグルマップを開く手間を省ける。検索窓に「（出発地）から（目的地）」と入力すると、その経路が検索結果に表示される。経路は車や公共交通機関、徒歩などから選択でき、このあたりはグーグルマップとまったく同じ使い勝手だ（**図4**）。

●宅配便の配送状況を調べる

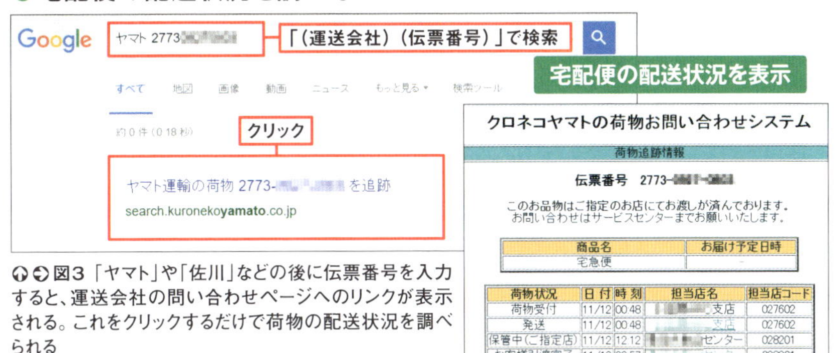

↑→図3 「ヤマト」や「佐川」などの後に伝票番号を入力すると、運送会社の問い合わせページへのリンクが表示される。これをクリックするだけで荷物の配送状況を調べられる

●経路も一発で検索

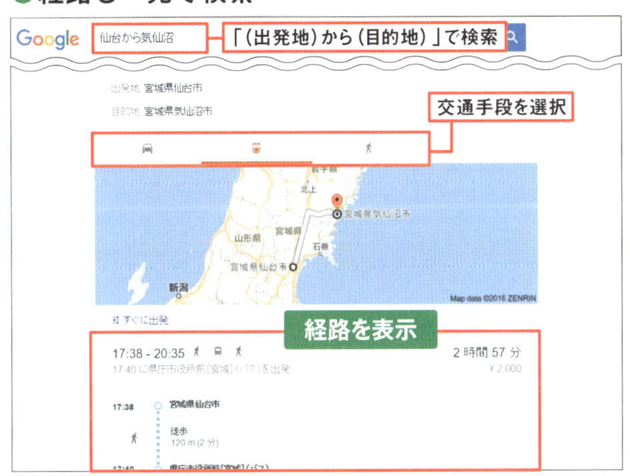

←図4 「東京から大阪」などと、出発地と目的地の間に「から」を付けて検索すると、それだけで移動経路を調べられる

「お気に入り」よりも賢いページ登録方法

ニュースや地図、辞書などのよく見るウェブページを「お気に入り」に登録——これは正しい。だが、「面白いページを見つけたが、外出するのでお気に入りに登録して終了」——これはウィンドウズ10のエッジでは正しくない。ページの登録方法が6つもあり、TPOで使い分けるのが正解だ(**図1**)。

ページの登録方法	特徴
お気に入り	ニュースや天気、ショッピングなど頻繁に使うページを登録するのに向く。登録したものは順番を変えたり、フォルダー分けして整理したりできる
リーディングリスト	後で読み直したいページを一時的に登録するのに向く。「お気に入り」に登録するまでもないようなページの保管庫。ページはサムネイル表示される
タブのピン留め	開いているタブをエッジ上に固定する機能。「保存して閉じたタブ」とは違い、エッジを終了しても消えない。検索サイトでの検索結果を何度も確認したいときなどに向く
保存して閉じたタブ	複数のタブをまとめて登録・復元する機能。復元すると登録解除される。ネットサーフィンを中断して、後で再開したいようなときに向く
タスクバーにピン留め	タスクバーにページをアイコンとして登録する機能。クリックするとエッジが起動して当該ページを開く。地図や辞書サイトなどに向く
スタートメニューにピン留め	スタートメニューにページをタイルとして登録する機能。クリックするとエッジが起動して当該ページを開く。タスクバーとどちらを使うかはお好みで

図1 ウィンドウズ10のエッジではウェブページを登録する方法が6種類もある。それぞれの長所短所を理解して使い分けるとよい。少なくとも、「何でも『お気に入り』に登録」だけはやめよう

大御所が並ぶお気に入りを汚さないリーディングリスト

基本となるのは「お気に入り」と「リーディングリスト」の2つ（**図2**）。後者は、図1の特徴のように「後で読み直すが、お気に入りに登録するまでもない」ページを一時的に登録したいときに使う。これなら、地図や辞書などの大御所が並ぶ"お気に入り"を汚さずに済む。

リーディングリストではページのサムネイルが表示されるので、どんなページだったかがすぐわかる。ただし、あくまでも一時用途なので、フォルダーによる整理はできない。整理したいようなサイトはお気に入りに登録しよう（次ページ**図3、図4**）。

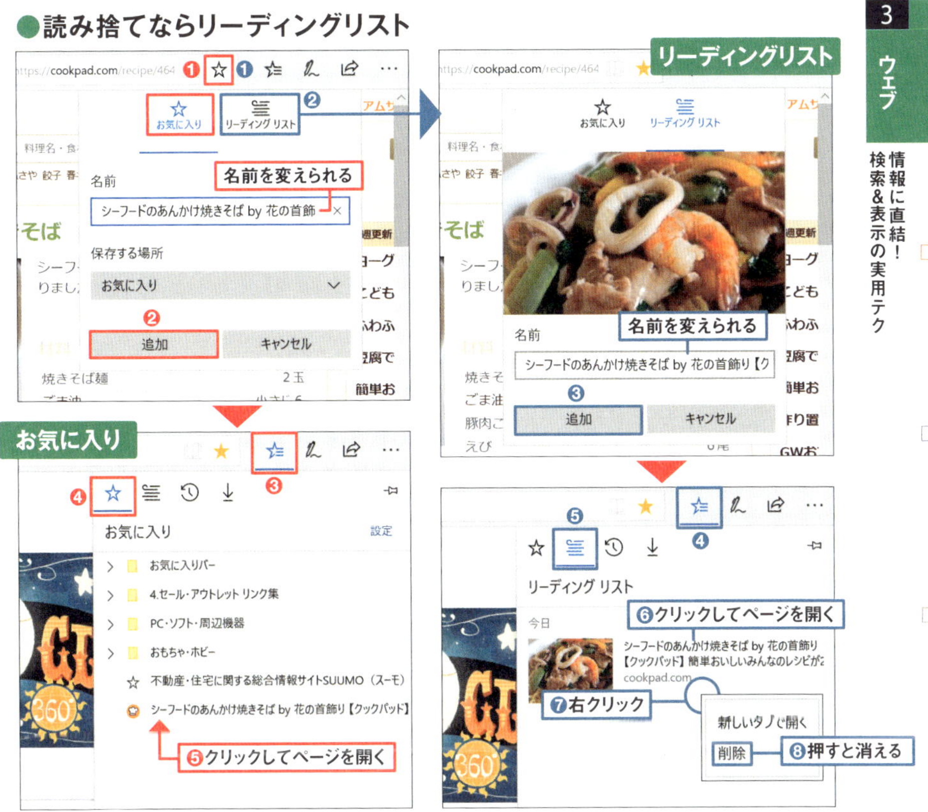

図2 エッジで開いているページを「お気に入り」に登録するには、「お気に入りまたは…」を押し（❶）、「追加」を押す（❷）。再表示するには「ハブ」を押してページを選べばよい（❸～❺）。「リーディングリスト」に登録するには、「お気に入りまたは…」を押し、「リーディングリスト」に登録する（❶～❸）。再表示する際は「ハブ」を表示して「リーディングリスト」を開く（❹～❻）。削除はどちらも右クリックメニューから行う（❼❽）

●「お気に入り」はフォルダーで整理できる

図3 図2左下の「お気に入り」を開き、右クリックして「新しいフォルダーの作成」を選択（❶❷）。フォルダーの名前を入力する（❸）

図4 作成したフォルダーにお気に入りをドラッグして移動できる（❶）。フォルダーをクリックすると（❷）、中身が一覧表示される

タブの保存やピン留めも便利

残りの4つの方法はお気に入りやリーディングリストの代替だ。常に開いておきたいページは「タブのピン留め」がお薦め（**図5**）。エッジ起動時に自動で開くので、検索サイトなどを登録するとよいだろう。

作業を中断して後で再開したいときは、「保存して閉じたタブ」機能の出番（**図6**）。クリック一発で現在のタブを一括登録できる。リーディングリストの複数タブ版だと思えばよい。

本当によく使うページはタスクバーやスタートメニューに登録しよう（**図7**）。クリック一発で開けるので、地図や辞書など業務で多用するサイトに向く。

●何度も使うなら「タブのピン留め」

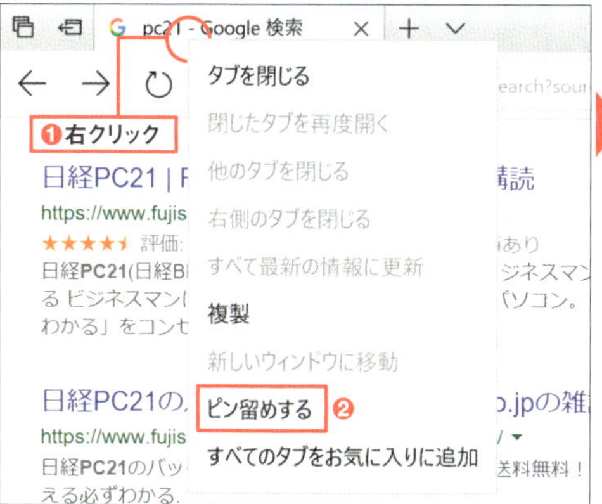

⬅⬆ 図5 グーグルなどの検索結果を何度も再利用するなら、タブをピン留めするとよい。タブを右クリックして「ピン留めする」を選ぶ（❶❷）。タブが小さくなって左端に固定され、エッジを起動すると常に同じページが開く（❸）

●読み直すページが複数なら「タブの保存」

⬆ 図6 作業を中断したいときは、現在開いているタブをまとめて登録するとよい。「表示中のタブを保存して閉じる」をクリックするだけだ（❶）。作業を再開するときは、「保存して閉じたタブ」を押し（❷）、「タブの復元」を押す（❸）。登録したタブがすべて復元される。1つのサイトのみを個別に復元することも可能だ

●使用頻度最高のサイトはタスクバーに

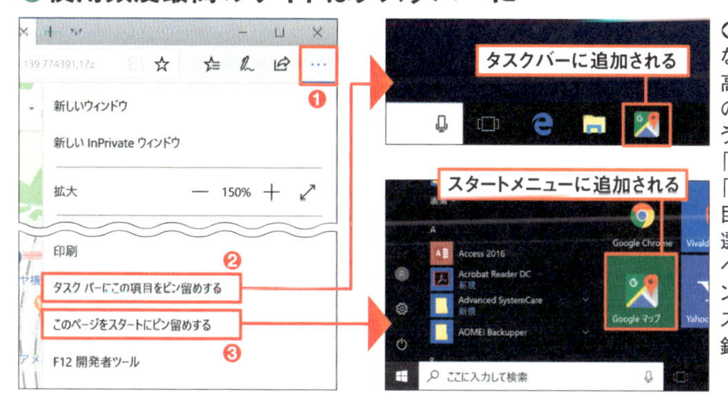

⬅ 図7 地図や辞書など使用頻度が最も高いサイトは特等席のタスクバーに置こう。ページを開き、「…」をクリックして「タスクバーにこの項目をピン留めする」を選ぶ（❶❷）。「このページをスタートにピン留めする」を選ぶとスタートメニューに登録される（❸）

Section 031 ウェブページを素早くスクロールする

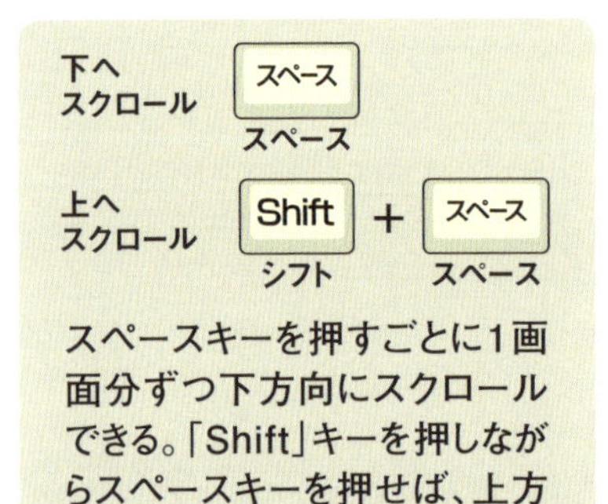

ウェブページのスクロールは、キーボードでも操作が可能だ。

スペースキーを押すと、1画面面分だけ下にスクロールできる（**図1**）。スペースキーを押し続けると連続してスクロールするので、かなり先の部分も素早く表示できる。逆に、上に1画面分スクロールするには「Shift」キーを押しながらスペースキーを押す。

図1 スペースキーを押すと、下方向に1画面分スクロールする。スペースキーを押し続けると、連続してスクロールできる。「PageDown」キーでも同じ結果になる。上方向へスクロールするには、「Shift」キーを押しながらスペースキーを押す。「PageUp」キーを押してもよい

Section 032

ページの先頭や末尾に瞬間移動

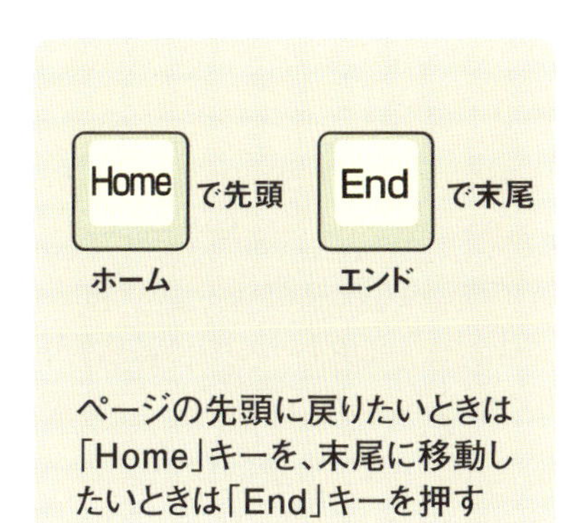

ウェブページを最後まで見た後、再度先頭に戻って内容を確認したいことがよくある。マウスのホイールを回転させても、長いページだと先頭に戻るには時間がかかってしまう。

こんなときは、「Home」キーを押そう。一発で先頭に戻ることができる（**図1**）。逆に、ページの末尾へ一発で移動したい場合は「End」キーを押せばよい。

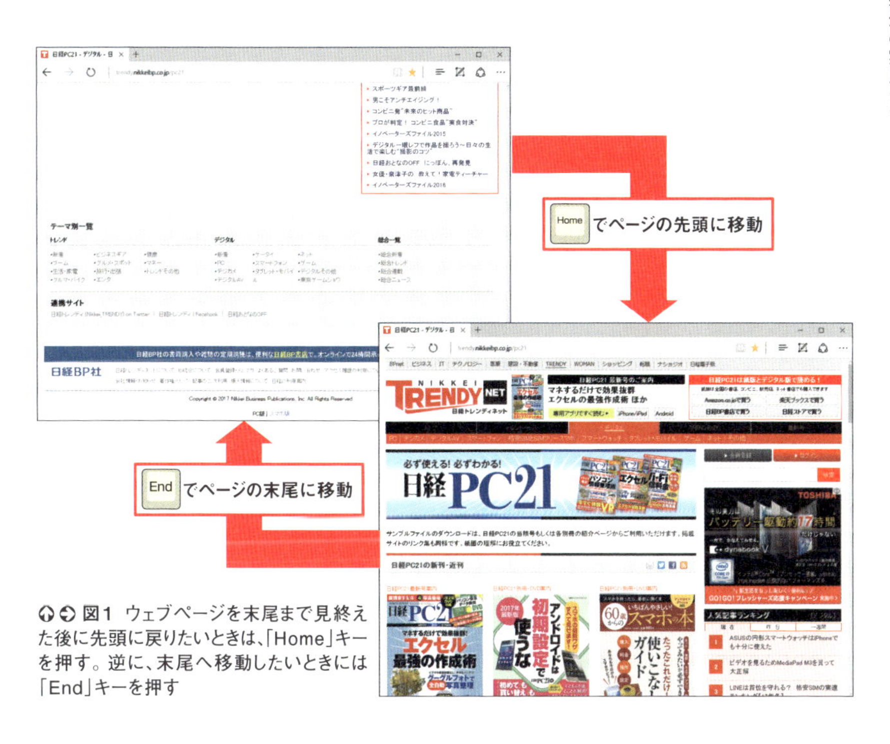

図1 ウェブページを末尾まで見終えた後に先頭に戻りたいときは、「Home」キーを押す。逆に、末尾へ移動したいときには「End」キーを押す

直前に見ていたページを再表示する

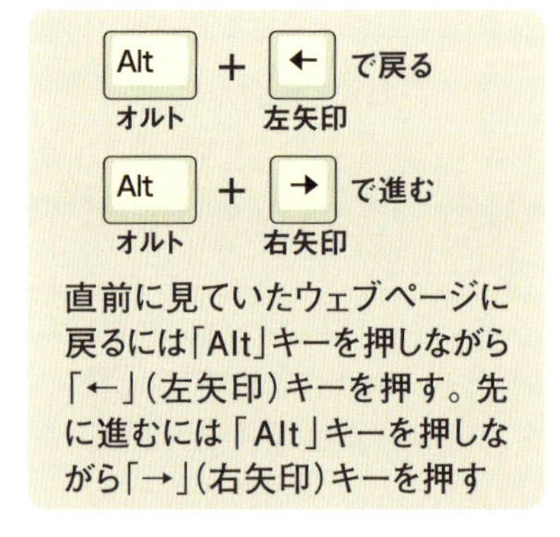

直前に見ていたウェブページに戻るには「Alt」キーを押しながら「←」(左矢印)キーを押す。先に進むには「Alt」キーを押しながら「→」(右矢印)キーを押す

リンクをクリックして別ページを表示した後、直前に表示していたページに戻りたいことがある。ブラウザーの「戻る」ボタンを押す手もあるが、キー操作でも可能だ。

「Alt」キーを押しながら「←」(左矢印)キーを押すと、直前のページに表示を戻せる(**図1**)。この後、元のページに戻る(進む)には、「Alt」キーを押しながら「→」(右矢印)キーを押す。

⬆➡ **図1** 直前に見たウェブページを再表示するには、「Alt」キーを押しながら「←」(左矢印)キーを押す。その後、もう一度先ほどのページに戻りたい(進みたい)場合は「Alt」キーを押しながら「→」(右矢印)キーを押す

Section 034

リンク先を新しいタブで開く

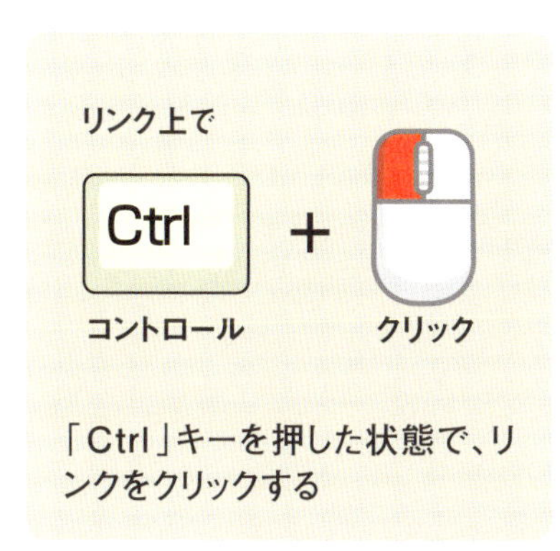

ウェブ検索の結果のように、大量のリンク先を次々と見るような場合、結果のページは残しておき、リンク先を別のタブで表示すると便利だ。リンク先を別のタブで表示するには、「Ctrl」キーを押した状態でリンクをクリックする（**図1**）。そしてタブを切り替えて、内容を確認しよう（**図2**）。新規タブで開き、そのタブを即表示したい場合は、次ページのワザを使おう。

図1 リンク先を新しいタブで開くには、「Ctrl」キーを押した状態で、リンクをクリックする

図2 リンク先が新規タブで開く。そのページを見たい場合は、タブを切り替えればよい。新規タブで開き、すぐにそのタブに切り替えたい場合は、次ページのワザを使おう

Section 035 リンク先を新しいタブで開いて即表示する

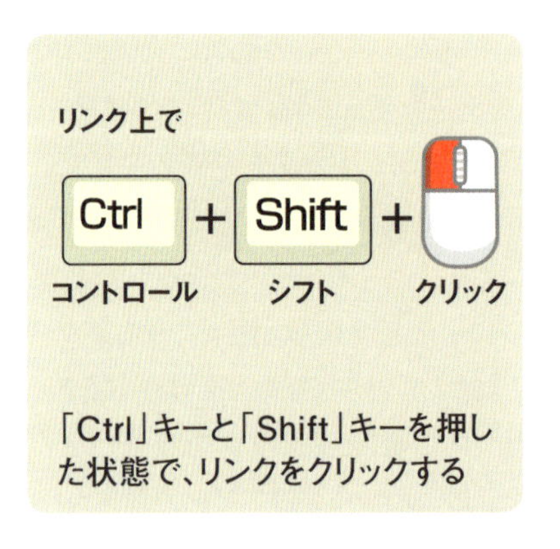

前ページで紹介した方法だと、リンク先は新規タブで開くものの、表示は元のウェブページのまま。リンク先のタブへ表示を即座に切り替えたいときは、「Ctrl」キーと「Shift」キーを押した状態で、リンクをクリックすればよい（**図1**）。新規タブでリンク先のウェブページが開き、そのタブへ自動で表示が切り替わる（**図2**）。非常に便利なのでぜひ覚えておこう。

図1 リンク先を新しいタブで開き、すぐにそのタブへ表示を切り替えるには、「Ctrl」キーと「Shift」キーを押した状態で、リンクをクリックすればよい

図2 リンク先が新規タブで開き、同時にそのタブを表示する

Section 036

複数のタブを素早く切り替える

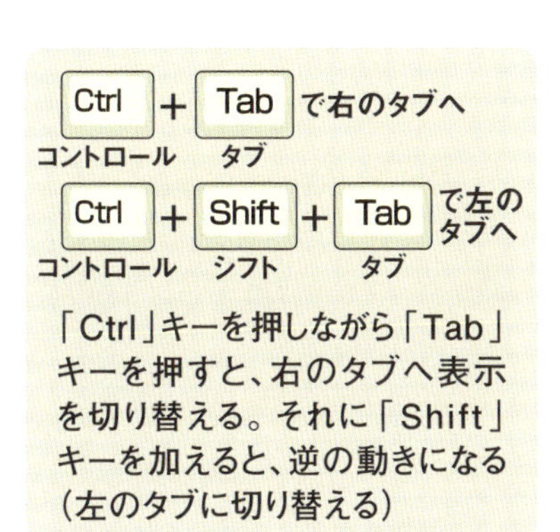

複数のタブを開いているときに表示を切り替えるには、タブをクリックするのが一般的。しかし、キー操作をメインに作業しているとき、いちいちマウスに持ち替えるのは面倒。キー操作で素早く切り替えて時短しよう。右のタブへ切り替えるには「Ctrl」キーを押しながら「Tab」キーを押す。左のタブへ切り替えるには、「Ctrl」+「Shift」+「Tab」キーでOKだ(**図1**)。

図1 すぐ右のタブへ表示を切り替えるには、「Ctrl」キーを押しながら「Tab」キーを押せばよい。逆に、左のタブに切り替えたい場合は、「Ctrl」キーと「Shift」キーを押しながら「Tab」キーを押す

カーソルをアドレスバーに瞬時に移動する

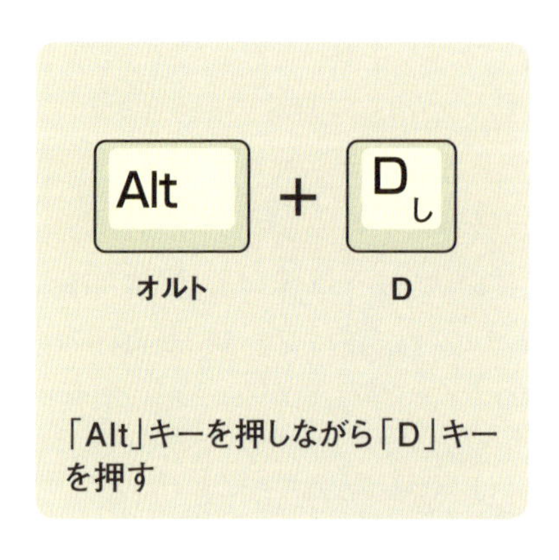

「Alt」キーを押しながら「D」キーを押す

ウェブページを閲覧している最中に、ほかのキーワードで検索したくなることは多い。そんなとき、いちいちアドレスバーをマウスでクリックするより、キー操作一発でカーソルを移動するほうが手っ取り早い。

それには、「Alt」キーを押しながら「D」キーを押す（**図1**）。そのままURLや検索したい文字列を入力すればよい（**図2**）。

図1 アドレスバーに即座にカーソルを移動するには、「Alt」キーを押しながら「D」キーを押す

図2 アドレスバーが選択された状態になるので、URLや文字列を入力しよう

Section 038 ページ内の文字列を検索する

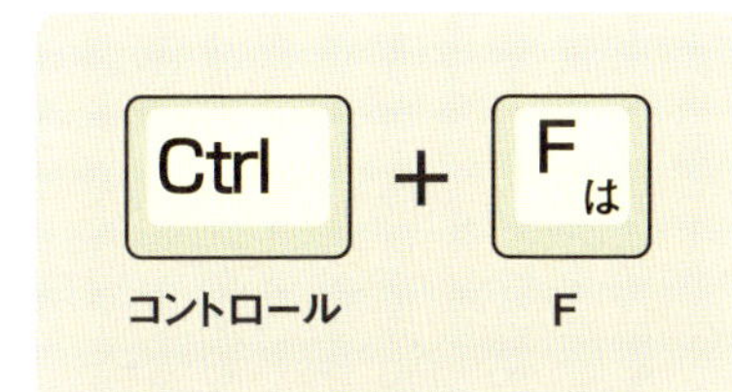

「Ctrl」キーを押しながら「F」キーを押すと、検索窓が表示されるので、文字列を入力してページ内を検索する

ウェブページが長すぎてどこに必要な情報があるのか見つけられない——。そんなときは、そのページ内で文字検索をするとよい。

「Ctrl」キーを押しながら「F」キーを押すと、上部に検索窓が現れる（**図1**）。そこに検索したいキーワードを入力すれば、表示中のページ内で一致する文字列が強調表示される（**図2**）。

図1 「Ctrl」キーを押しながら「F」キーを押すと（❶）、検索窓が表示されるので、検索したい文字列を入力して「Enter」キーを押す（❷）。「Find」（見つける）の「F」と覚えておこう

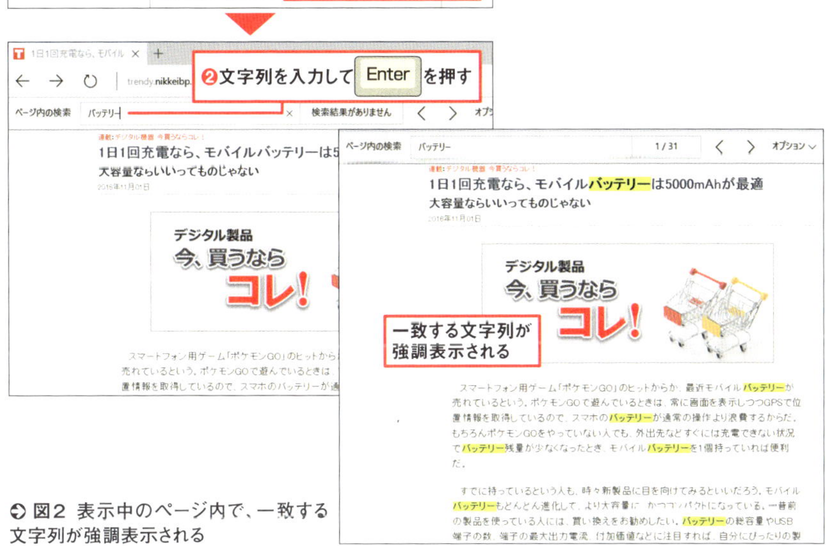

図2 表示中のページ内で、一致する文字列が強調表示される

忘れない、見逃さない メール整理法

文／石坂 勇三

Desktop File Web Mail Excel Word

メールに時間を奪われない

- 宛先は「表示名」で一発入力
- 重要メールを忘れない、見逃さないタスク管理術
- 迷惑メールに埋もれたメールを救う
- 古いメールを整理すればメールソフトが安定する

メールの送信や受信は現代の仕事には欠かせない作業です。その効率化は業務全体の効率を左右します。例えば宛先の入力一つにしても、素早く済ませられるか手間取るかで大きな違いになります。従来のやり方で十分だと思っていると進歩はありません。より効率の良い手法を学んで業務を効率化しましょう。

重要なメールを見逃していたり、忘れていたでは済まされないこともあります。かといって、メールのチェックや整理にばかり時間をかけるのは本末転倒。メールソフトの機能を上手に活用し、手間をかけずにメールやタスクを管理して、未然に失敗を防ぎましょう。

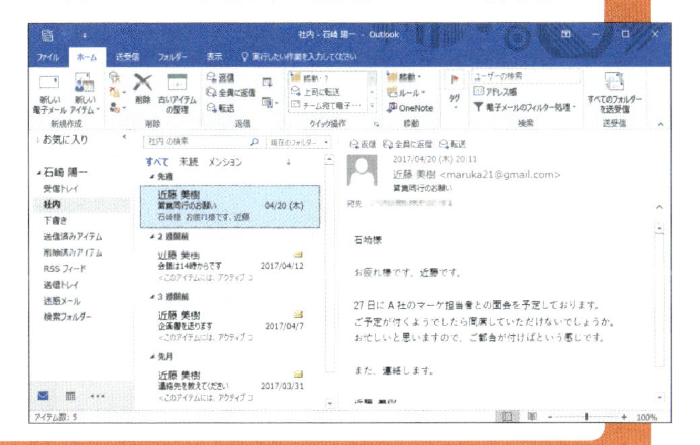

これが正解! メール作成「時短」の秘訣

まず、時間や手間をかけずにメールを送れるワザを身に付けよう。

最も効果が大きいのは、送信先のメールアドレスを素早く入力することだ。宛先を入力する際、作成画面で「宛先」ボタンをクリックして「連絡先」の画面を開いてアドレスを選ぶ…、という手順を毎回踏んでいる人は時間を無駄にしている。宛先欄に送信者の名前の一部を入力して呼び出すほうがずっと早い。名前と一緒にアドレスも表示されるので、似た名前の人がいてもアドレスで確認できる（**図1**）。

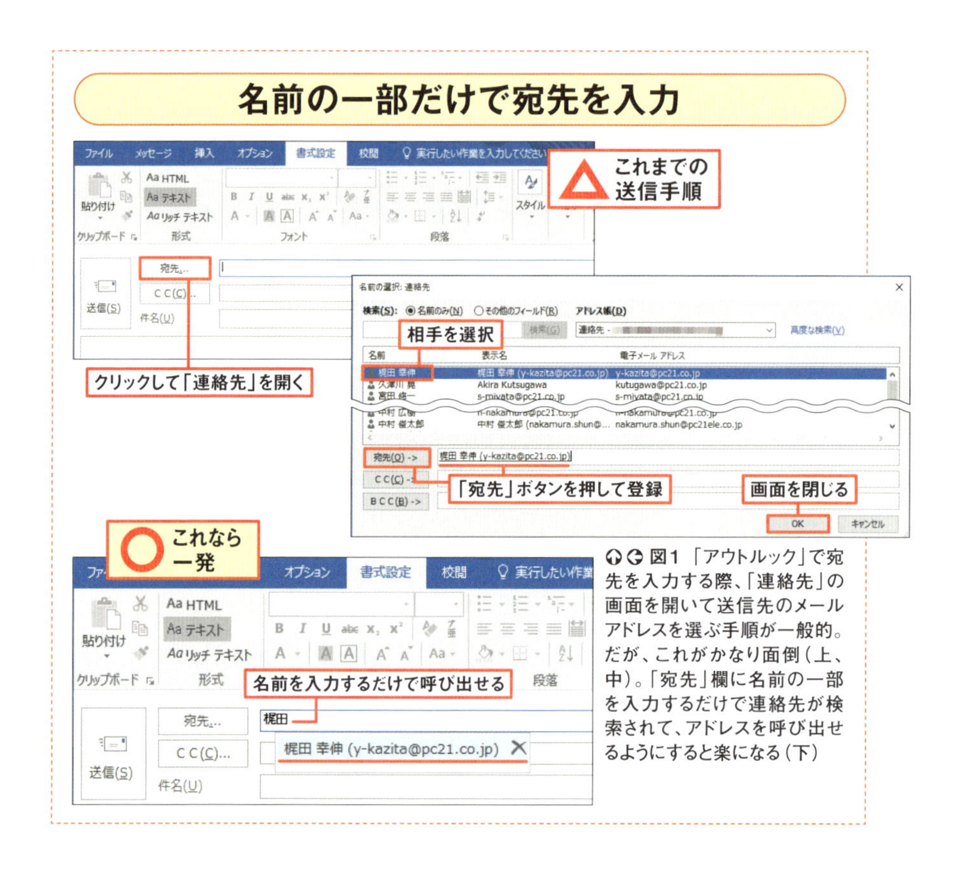

図1 「アウトルック」で宛先を入力する際、「連絡先」の画面を開いて送信先のメールアドレスを選ぶ手順が一般的。だが、これがかなり面倒（上、中）。「宛先」欄に名前の一部を入力するだけで連絡先が検索されて、アドレスを呼び出せるようにすると楽になる（下）

連絡先の「表示名」を確認、「名前（メールアドレス）」に修正

ただし、この方法で宛先を素早く入力するには条件がある。連絡先の「表示名」の登録内容が「名前（メールアドレス）」という表記になっていること（**図2**）。それ以外で登録されていたら、宛先に入力しても正しく検索できないので修正しよう。

操作は簡単だ。連絡先の詳細画面を開き、名前とメールアドレスが正しく入力されているかを確認（**図3**）。問題なければ「表示名」をすべて消して「Enter」キーを押せば、「名前（メールアドレス）」の組み合わせで自動登録される。一人ずつ詳細画面を開く必要はあるが、修正自体は短時間で済むのでまとめて直しておこう。

●重要なのは「表示名」の登録

○ 梶田 幸伸（y-kazita@pc21.co.jp）

名前とメールアドレスの両方が登録されている

✕ Kazita Yukinobu

アルファベット（ローマ字表記）で登録されていると日本語で呼び出せない

✕ y-kazita@pc21.co.jp

メールアドレスだけでは日本語で呼び出せない

✕ 課長

日本語だが、名前ではないため呼び出せない

図2 簡単に入力するには、入力した名前が連絡先に登録した情報にヒットするようにしておくことが大事。「連絡先」に登録した人の「表示名」が「名前（メールアドレス）」という表記になっていればよい。これがアルファベットやメールアドレスだけになっている場合は修正する

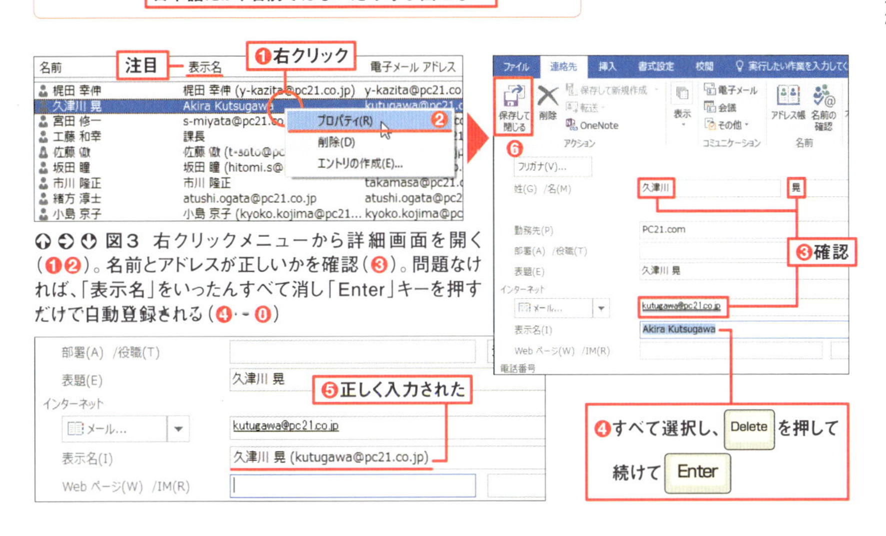

図3 右クリックメニューから詳細画面を開く（❶❷）。名前とアドレスが正しいかを確認（❸）。問題なければ、「表示名」をいったんすべて消し「Enter」キーを押すだけで自動登録される（❹～❻）

複数の人に同じメールを送るなら「連絡先グループ」

部署のメンバーなど、複数の人に同じ内容のメール（同報メール）を送る機会が多いなら、「連絡先グループ」機能を使おう。全員分のアドレスをいちいち宛先に入力しなくても、事前に作ったグループ名を入力するだけで、全員にメールを送れる（**図4**）。「あ、Aさんに送れていない」というミスも防げる。

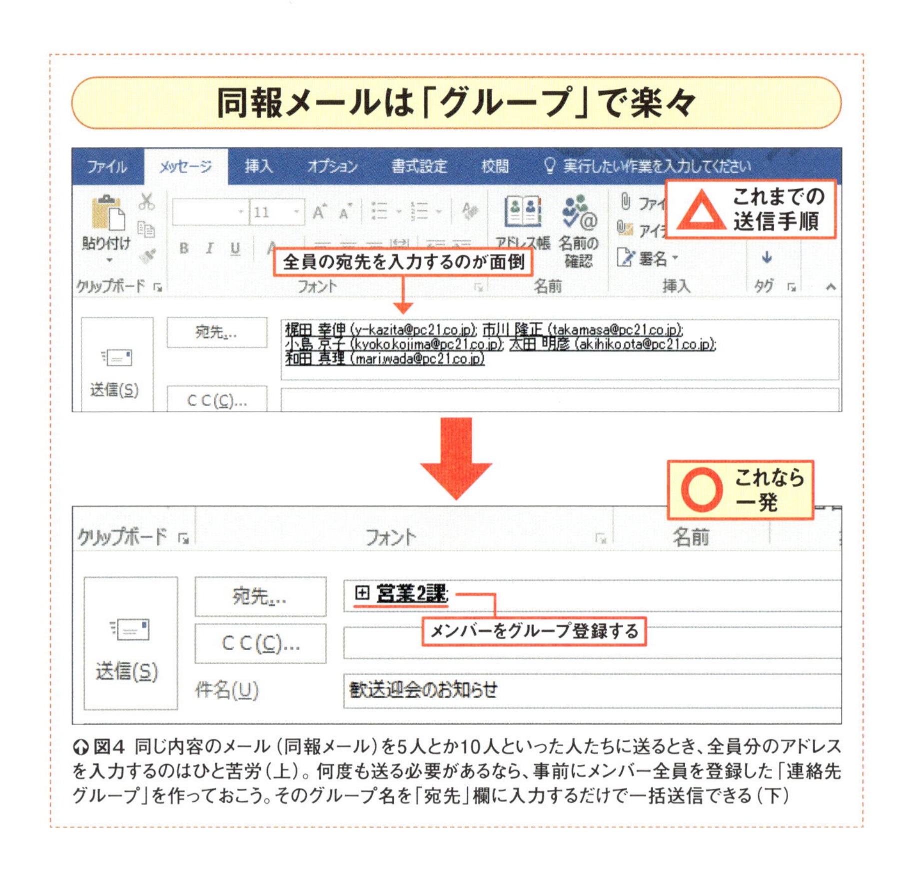

図4 同じ内容のメール（同報メール）を5人とか10人といった人たちに送るとき、全員分のアドレスを入力するのはひと苦労（上）。何度も送る必要があるなら、事前にメンバー全員を登録した「連絡先グループ」を作っておこう。そのグループ名を「宛先」欄に入力するだけで一括送信できる（下）

グループは「新しい連絡先グループ」で作る。最初は何もないが、グループの名前を付けて連絡先のリストから1人ずつ選んで追加すればよい（**図5～図7**）。完成したグループは、「連絡先」と同じ場所に保存される。同報メールを送るときは、宛先欄にグループ名の一部を入力するだけで自動的に検索されて表示される（**図8**）。後から管理画面でグループのメンバーを追加したり減らしたりすることも可能だ。

●わかりやすい名前でグループを作る

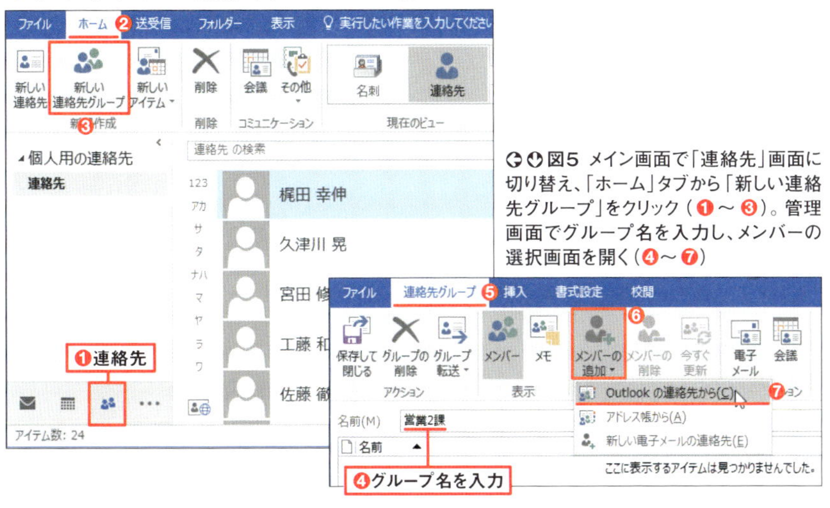

⊖⊕図5 メイン画面で「連絡先」画面に切り替え、「ホーム」タブから「新しい連絡先グループ」をクリック（❶～❸）。管理画面でグループ名を入力し、メンバーの選択画面を開く（❹～❼）

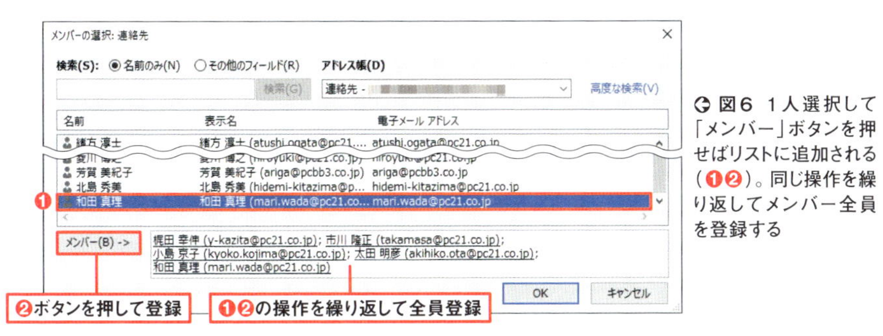

⊖ 図6 1人選択して「メンバー」ボタンを押せばリストに追加される（❶❷）。同じ操作を繰り返してメンバー全員を登録する

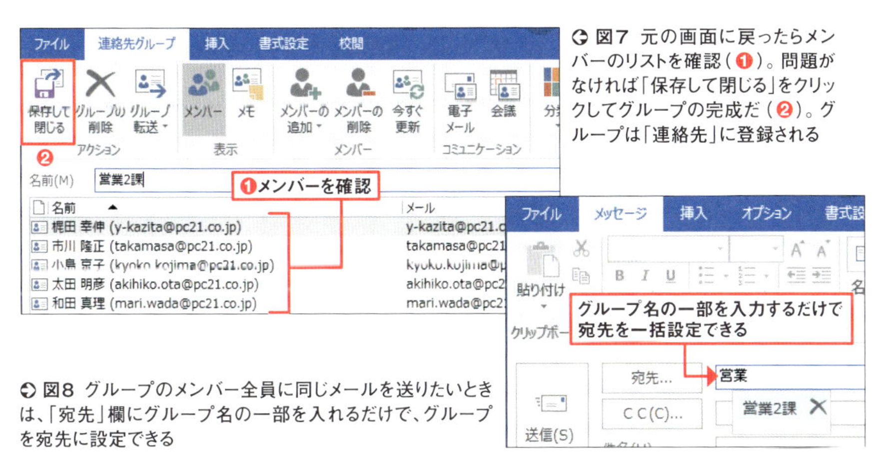

⊖ 図7 元の画面に戻ったらメンバーのリストを確認（❶）。問題がなければ「保存して閉じる」をクリックしてグループの完成だ（❷）。グループは「連絡先」に登録される

⊖ 図8 グループのメンバー全員に同じメールを送りたいときは、「宛先」欄にグループ名の一部を入れるだけで、グループを宛先に設定できる

ショートカットから一発作成! 件名や挨拶文も自動で入る

頻繁にメールを送る相手がいる人は、デスクトップ上にアウトルック用のショートカットアイコンを作ると省力化になる（**図9**）。アイコンをダブルクリックするだけでアドレスが入力されてメール作成画面が開く。宛先のほかに、CC/BCC、件名、本文（挨拶文程度）も一緒に登録できる。

ショートカットアイコンの作成には少しコツがいる。最初に右クリックメニューからウィザード画面を開く（**図10**）。

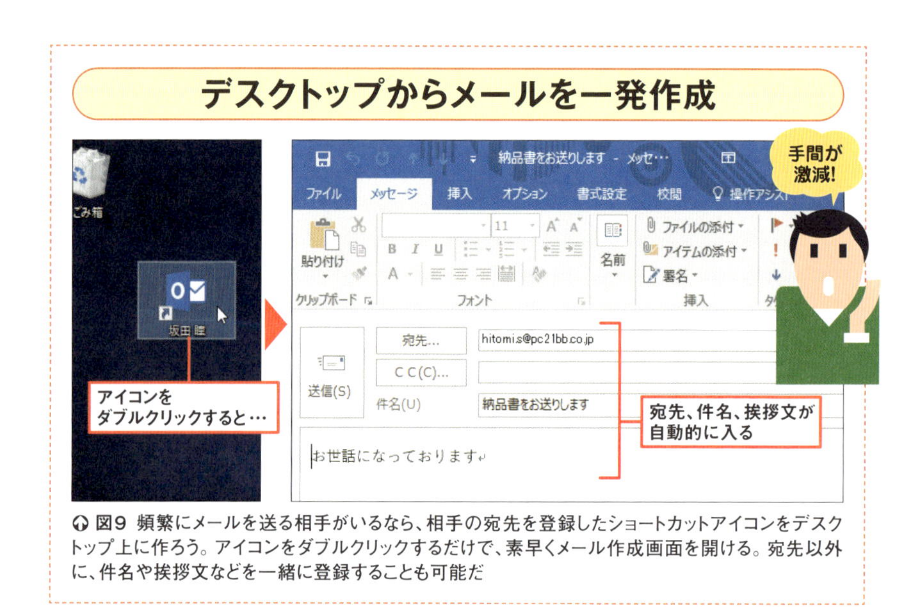

図9 頻繁にメールを送る相手がいるなら、相手の宛先を登録したショートカットアイコンをデスクトップ上に作ろう。アイコンをダブルクリックするだけで、素早くメール作成画面を開ける。宛先以外に、件名や挨拶文などを一緒に登録することも可能だ

●右クリックメニューからショートカットを作成

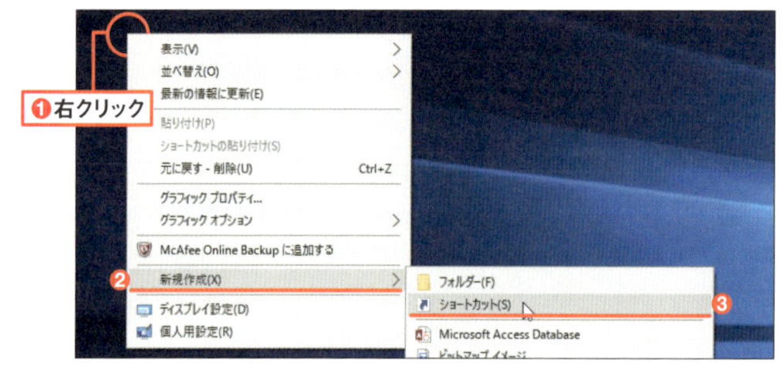

図10 最初にショートカットアイコンを作る。デスクトップ上で右クリックしてメニューをたどり、「ショートカットの作成」画面を開く（❶〜❸）

本来はここでコマンドを入力するのだが、文字数制限があるため「mailto:」とだけ入力して画面を閉じる。その後、プロパティ画面で残りのコマンドを入力する（**図11～図13**）。「mailto:」の直後にアドレスを入力しておけば、メールの作成画面が開くのと同時にアドレスが入力される。

時短を突き詰めるなら、アドレスのほかに件名や挨拶文も入力するとよい。アドレスの後に半角の「&」を挿入してルールに従って入力する。完成したショートカットアイコンをダブルクリックしても起動しなかったり、アドレスに抜けがあったときは入力内容が間違っているので修正しよう。

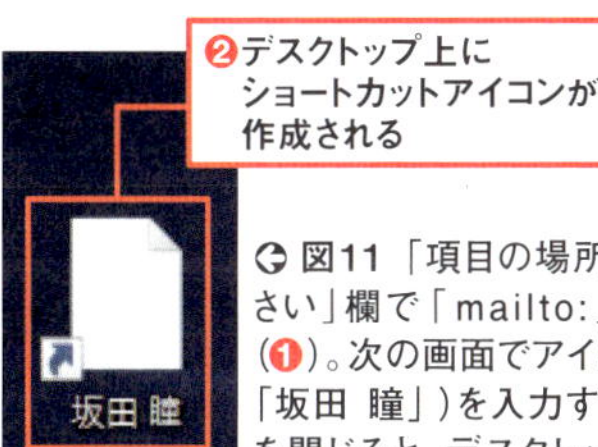

図11 「項目の場所を入力してください」欄で「mailto:」と半角で入力（❶）。次の画面でアイコン名（ここでは「坂田 瞳」）を入力すればよい。画面を閉じると、デスクトップ上にショートカットアイコンが作成される（❷）

●アイコンに宛先や件名を登録する

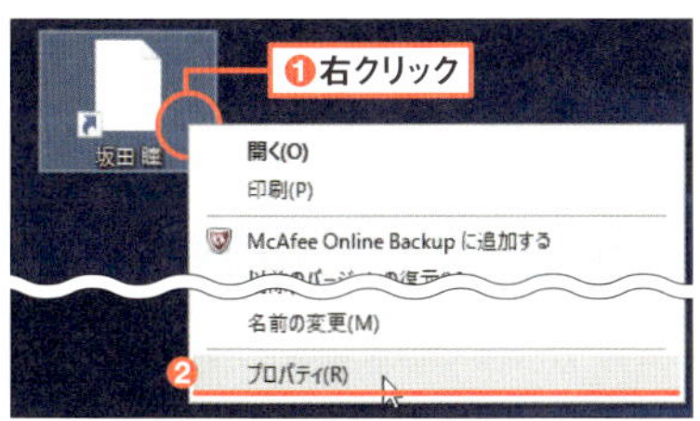

図12 次に、ショートカットアイコンに宛先などの情報を登録する。アイコンを右クリックし、プロパティ画面を開く（❶❷）

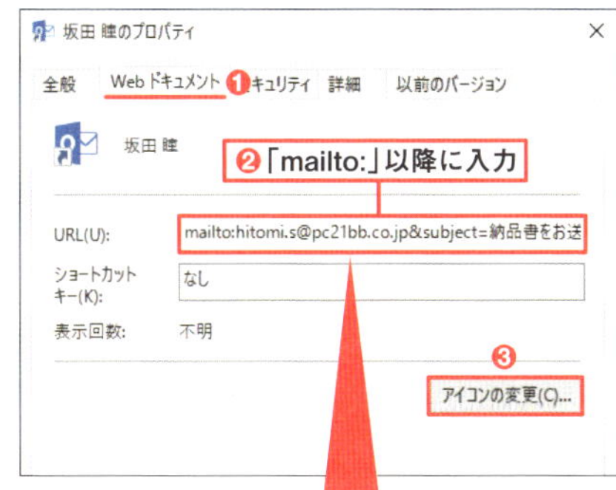

図13 「Webドキュメント」タブの「URL」欄に「mailto:」と表示されるので、直後に相手のメールアドレスを入力する（❶❷）。件名や挨拶文を追加するには、半角の「&」に続けて入力する。アイコンは、一覧の中から好きなデザインに変更できる（❸❹）［注］

［注］ショートカットアイコンをダブルクリックして別のメールソフトの作成画面が開いた場合は、関連付けを変更する必要がある。ウィンドウズ10（クリエーターズアップデート後）では、「スタート」メニューから「設定」を開き、「アプリ」を選ぶ。「既定のアプリ」を選び、「メール」欄をクリックして「Outlook…」に切り替える

もう重要なメールを「忘れない」「見逃さない」

ここからは、受信したメールの見逃しや返信忘れといったミスを防ぐコツを紹介しよう。

うっかりミスを防ぐには、「フラグ」機能を使うのが一番の近道（**図1**）。フラグと聞くと、「メールに赤い旗の目印が付くだけ」と思う人もいるだろう。だが、フラグの真骨頂は「タスク」との連携。フラグを付けたメールは同時にタスク欄にも登録される。「タスクにあるメール＝未処理」と覚えておけば、時間がたっても忘れにくい。

アウトルックでは、メールのプレビュー欄などを広くするために標準ではタスク欄を非表示にしている。フラグ機能を使う際は、「To Doバー」からリストを表示すればよい（**図2**）。

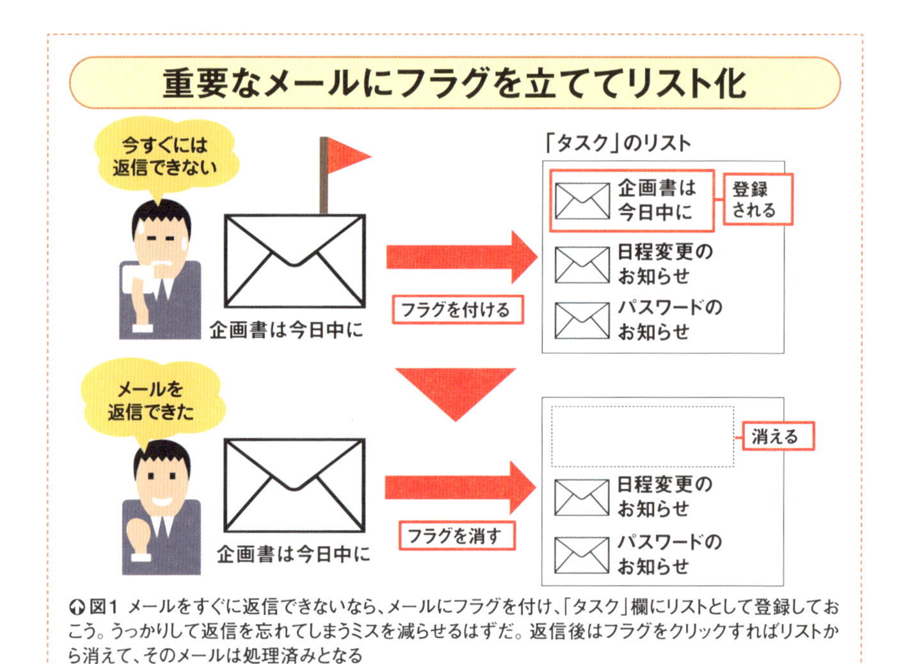

図1 メールをすぐに返信できないなら、メールにフラグを付け、「タスク」欄にリストとして登録しておこう。うっかりして返信を忘れてしまうミスを減らせるはずだ。返信後はフラグをクリックすればリストから消えて、そのメールは処理済みとなる

登録するには、「旗」マークを右クリックするのが素早い（**図3**）。期限を設定できるが、こだわりがなければ「日付なし」を選べばよい。タスク欄にメールを直接ドラッグしてもリストに登録できる（**図4**）。メールの用件が済んで消すときは、もう一度、旗マークをクリックすればよい（**図5**）。

なお、タスク欄を追加してアウトルックの画面が狭く感じたら、「閲覧ウィンドウ」でレイアウト変更するのも手だ。見やすい形に変更しよう。

●右クリックでもドラッグでもOK

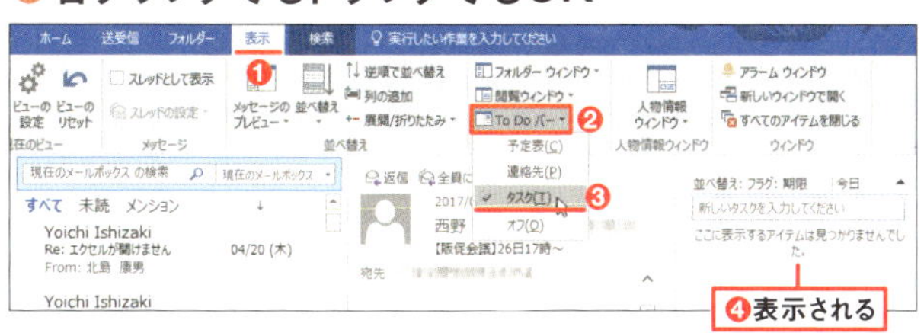

図2 初めに、メイン画面に「タスク」欄を表示させる。「表示」タブの中にある「To Doバー」→「タスク」とクリックすれば、画面の右端に現れる（❶～❹）。一度設定すればアウトルックを再起動しても表示される

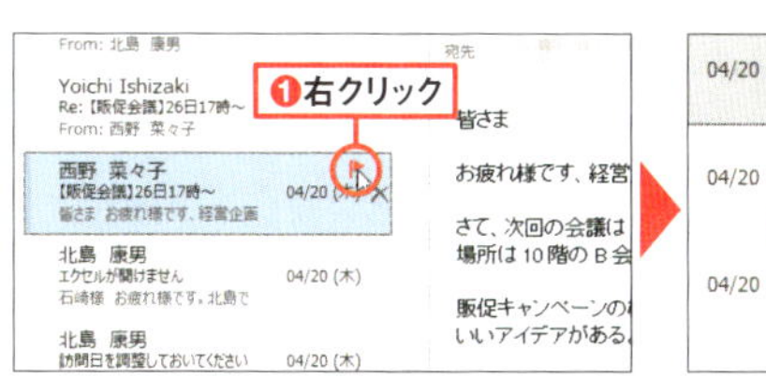

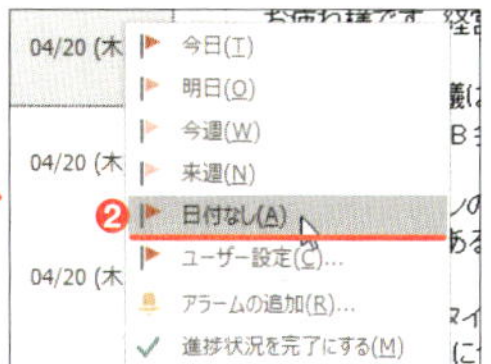

図3 タスクに登録するには、メールにマウスポインターを合わせ、表示された旗の上で右クリックして「日付なし」を選べばよい（❶❷）

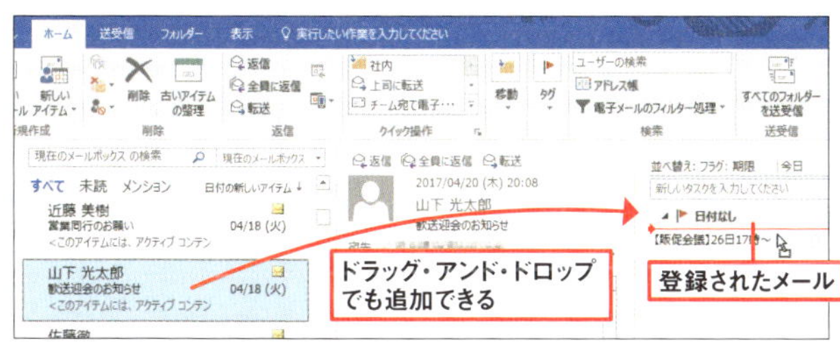

図4 メールをタスク欄にドラッグ・アンド・ドロップして追加する方法もある。タスクにあるメールはダブルクリックして開ける

●用件が済んだものはタスクから消して見やすく

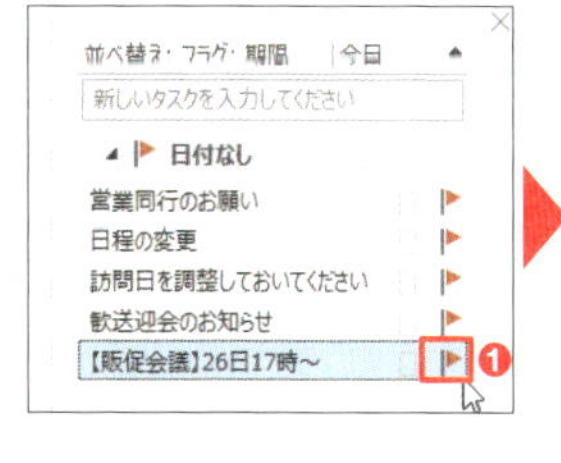

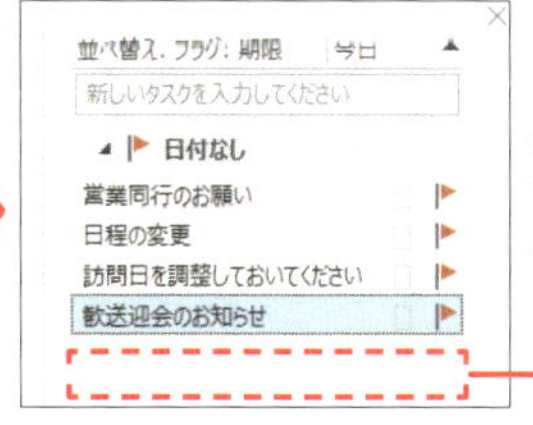

図5 用件が済んだメールはタスクから消していく。リストでメールの横にある旗をクリックすればよい（❶❷）

送信者のアドレスで判別、仕分けルールで作業を自動化

メールをフォルダーに仕分けるのも、後から見つけやすくするコツだ。読み終わったら手動で仕分けている人もいるだろう。だが、1日に数件程度ならいいが、数十件ともなると、仕分けだけでもひと苦労。そんなときは「仕分けルール」で作業を自動化しよう。仕分けのルールを作れば、指定した送信者からのメールを受信すると、常に同じフォルダーに入る（**図6**）。

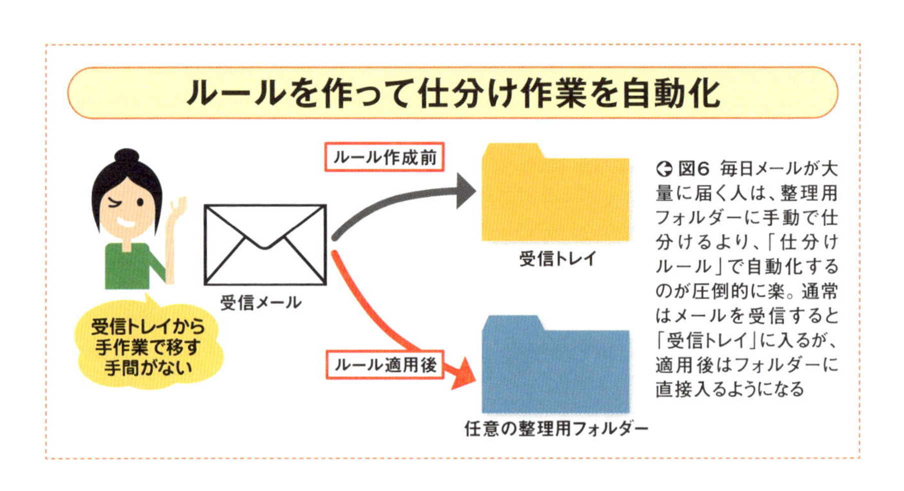

図6 毎日メールが大量に届く人は、整理用フォルダーに手動で仕分けるより、「仕分けルール」で自動化するのが圧倒的に楽。通常はメールを受信すると「受信トレイ」に入るが、適用後はフォルダーに直接入るようになる

●受信メールから作るのが手っ取り早い

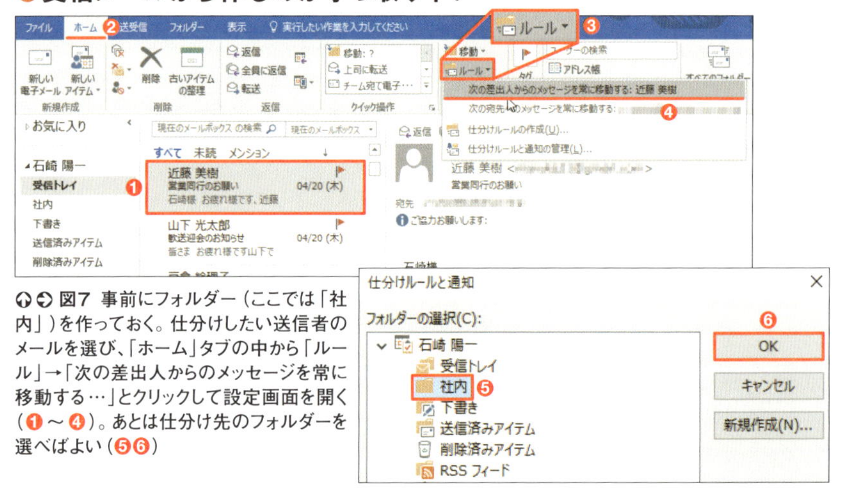

図7 事前にフォルダー（ここでは「社内」）を作っておく。仕分けしたい送信者のメールを選び、「ホーム」タブの中から「ルール」→「次の差出人からのメッセージを常に移動する…」とクリックして設定画面を開く（❶～❹）。あとは仕分け先のフォルダーを選べばよい（❺❻）

図8 ルールがすぐに適用され、「受信トレイ」にあった同一の送信者のメールが自動で「社内」フォルダーに移動する。以降は、メールを受信すると直接「社内」フォルダーに入る

ルールの作り方はいくつかあるが、手っ取り早いのは、振り分けたい送信者のアドレスを使う方法。送信者のメールを選んでから「仕分けルールと通知」画面でフォルダーを選べばよい（**図7**）。過去のメールも指定フォルダーに振り分けられ、新しいメールは直接フォルダーに入る（**図8**）。

細かいルール作りは手動で

条件を細かく指定してルールを作りたいときは「自動仕分けウィザード」を使う。ここでは、「@pc21.co.jp」のように、ドメインが共通するメールをすべて同じフォルダーに仕分ける。次ページ**図9**～**図12**のように進めよう。「文字の指定」でドメイン名を入力するのがポイント。あとは振り分け先のフォルダーを設定すればよい。過去のメールは自動的には移動しないので、一度だけ手動でルールを実行しておこう（**図13、図14**）。

複数のルールを作ったときは注意が必要。ルールの実行順が不適切だと、メールが目的のフォルダーに入らない可能性がある。振り分け先が間違っていることに気付いたら、管理画面で実行順を変更するとよい（**図15**）。

●自分でルールをイチから作る

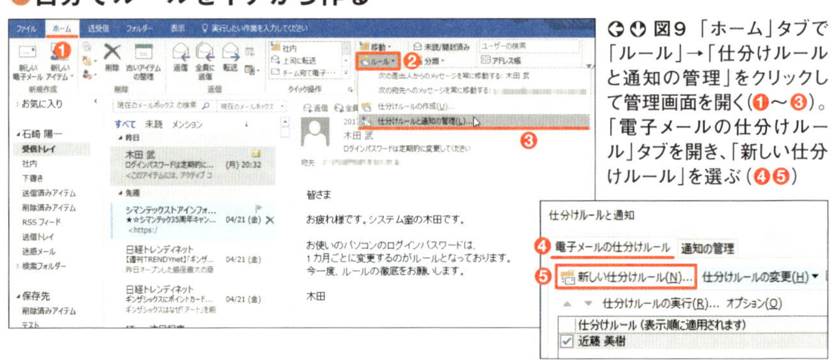

図9 「ホーム」タブで「ルール」→「仕分けルールと通知の管理」をクリックして管理画面を開く(❶〜❸)。「電子メールの仕分けルール」タブを開き、「新しい仕分けルール」を選ぶ(❹❺)

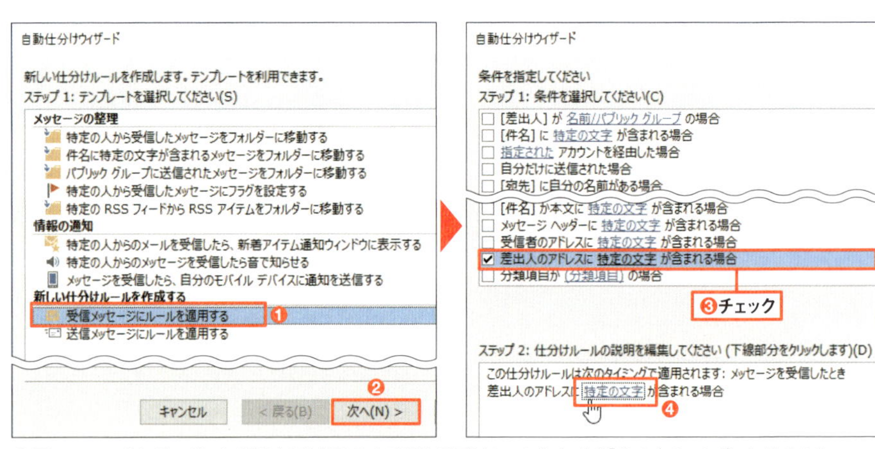

図10 ここでは、ドメイン名(「@」より後ろの文字列)が同じメールをすべて「社内」フォルダーに入るように設定する。「自動仕分けウィザード」画面で「受信メッセージにルールを適用する」を選ぶ(❶❷)。続いて、「差出人のアドレスに特定の文字が含まれる場合」にチェックを入れ、「特定の文字」のリンクをクリック(❸❹)

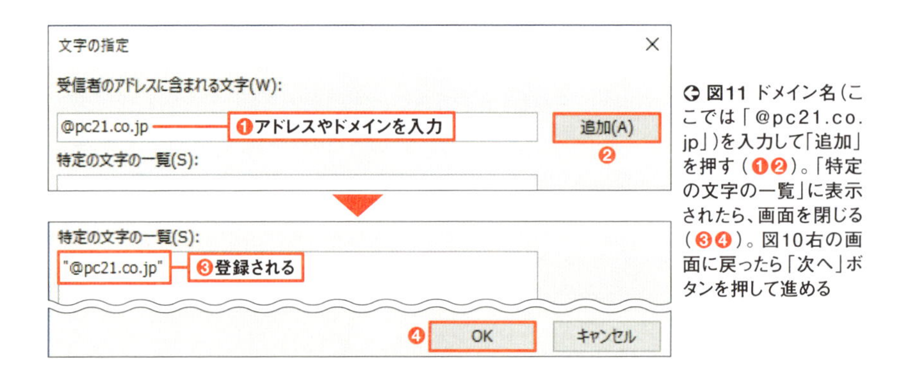

図11 ドメイン名(ここでは「@pc21.co.jp」)を入力して「追加」を押す(❶❷)。「特定の文字の一覧」に表示されたら、画面を閉じる(❸❹)。図10右の画面に戻ったら「次へ」ボタンを押して進める

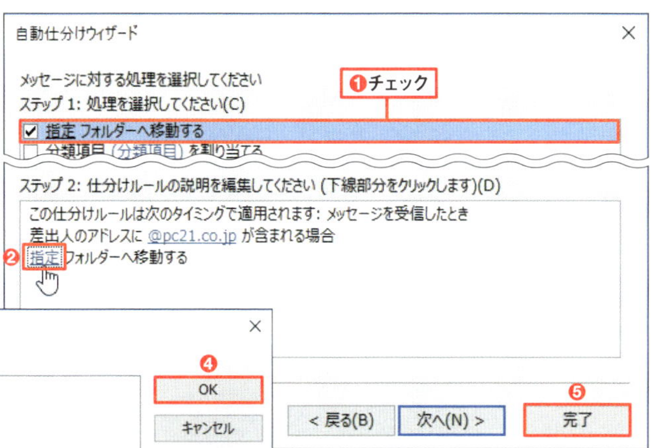

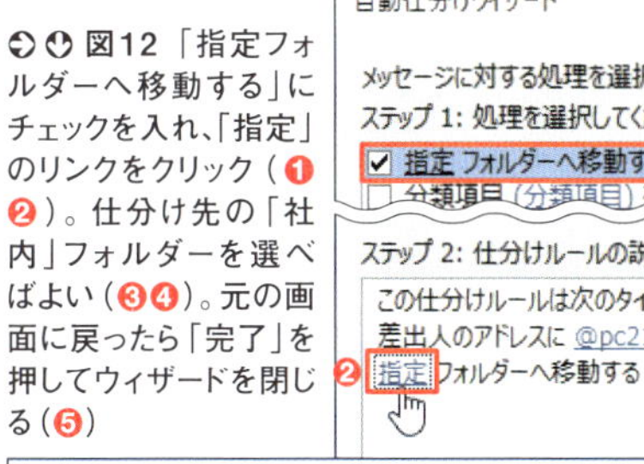

➲➲ 図12 「指定フォルダーへ移動する」にチェックを入れ、「指定」のリンクをクリック（❶❷）。仕分け先の「社内」フォルダーを選べばよい（❸❹）。元の画面に戻ったら「完了」を押してウィザードを閉じる（❺）

初回だけ手動での実行が必要

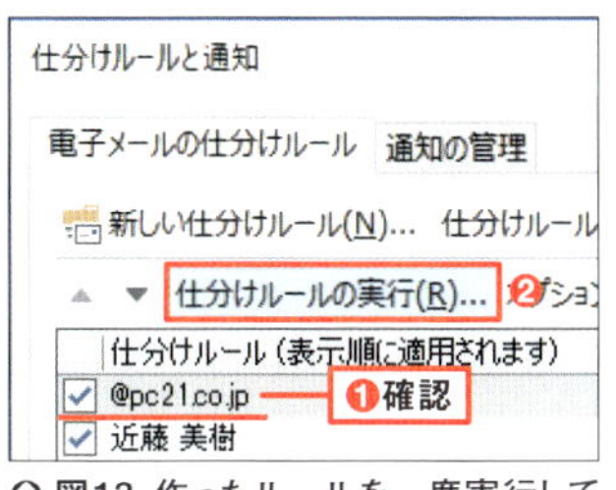

➲ 図13 作ったルールを一度実行しておこう。図9右の管理画面に戻ったら、登録されたことを確認して「仕分けルールの実行」ボタンを押す（❶❷）

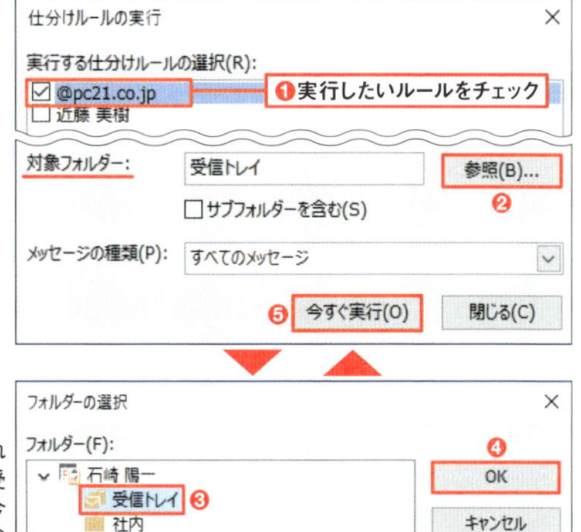

➲ 図14 実行したいルールにチェックを入れる（❶）。「フォルダーの選択」画面を開き、「受信トレイ」を選ぶ（❷〜❹）。元の画面で「今すぐ実行」をクリックすると、受信トレイ内の該当メールが「社内」フォルダーに移る（❺）

ルールの実行順には気を配ろう

➲ 図15 複数のルールを作ったら、図9の要領で開いた管理画面で実行順を変更できる。最初に実行したいルールを選択し、「▲」を押して最上段まで動かせばよい（❶❷）

迷惑メールの誤判定に注意、確実に届くように設定する

普段からメールを整理しているのに、相手が送ってくれたはずのメールが見つからないときは、真っ先に「迷惑メール」フォルダーの中をチェックしよう（**図16**）。

迷惑メールフォルダーに重要なメールが紛れ込んでいたら、その送信元からのメールが迷惑メールではないという設定をしておこう（**図17**）。登録したアドレスは、「迷惑メールのオプション」で確認できる（**図18**）。

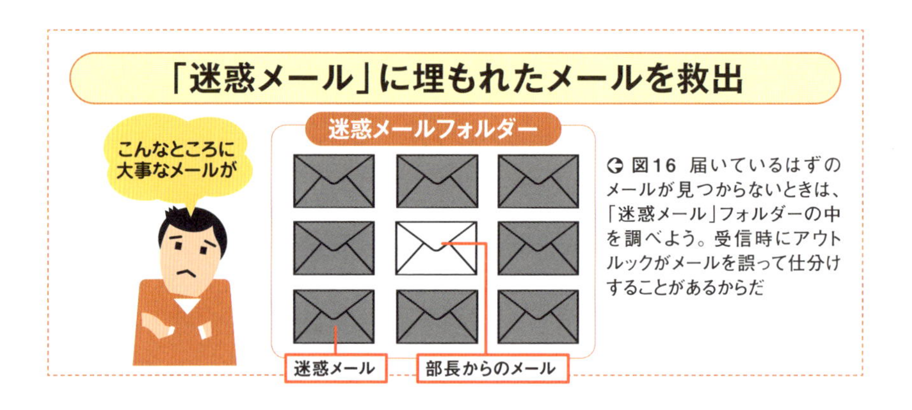

図16 届いているはずのメールが見つからないときは、「迷惑メール」フォルダーの中を調べよう。受信時にアウトルックがメールを誤って仕分けすることがあるからだ

●アウトルックの誤判定を正す

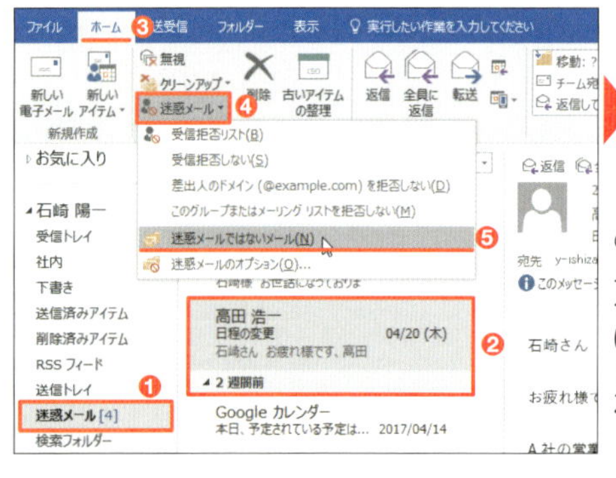

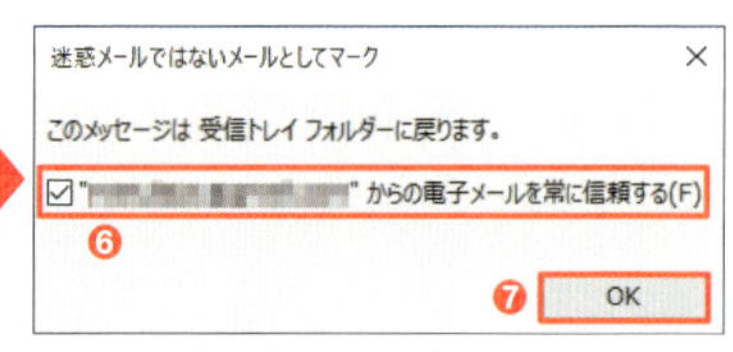

図17 大切なメールが紛れ込んでいたら、メールを選んで「迷惑メールではないメール」をクリック（❶～❺）。確認画面で「…信頼する」にチェックを入れて「OK」ボタンを押せばよい（❻❼）。メールは自動で「受信トレイ」に戻り、次から誤判定されなくなる

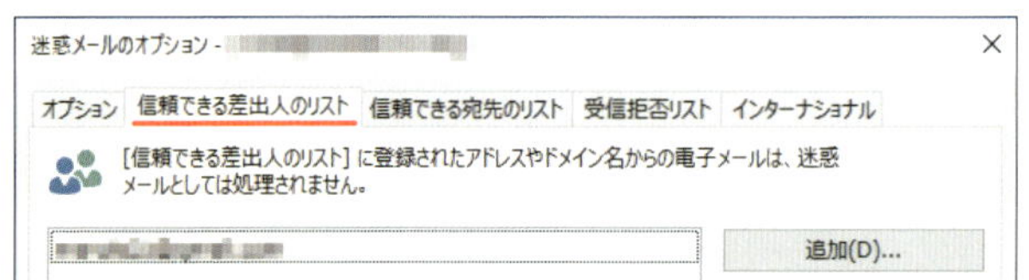

図18 信頼できる差出人のリストに登録したメールアドレスは、図17左のメニューにある「迷惑メールのオプション」を開いて確認できる

目的のメールが見つからないときは「検索」

メールの一覧を見ても目的のメールが見つからないときは、何度も探すより検索機能を使ったほうが早い（**図19**）。まずは「クイック検索ボックス」に関連するキーワードを入力（**図20**）。すぐに検索が始まり、件名、本文、添付ファイルなどが参照されてキーワードを含むメールだけが表示される。それでも数が多い場合は、さらに条件を追加して絞り込むとよい。新たなキーワードを入力してもよいし、「検索ツール」を活用するのも手だ（**図21**）。

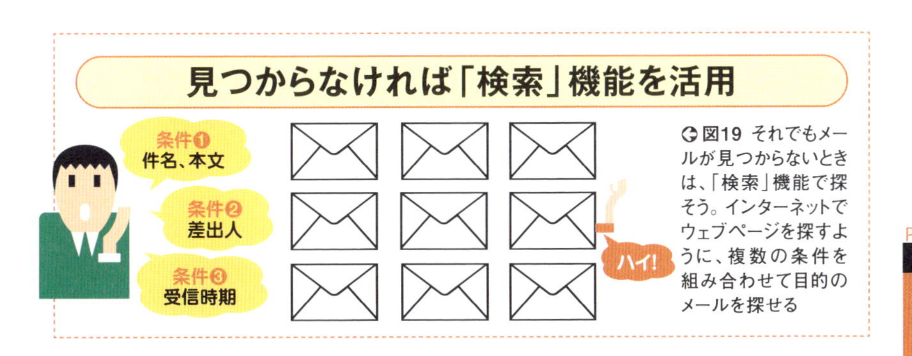

図19 それでもメールが見つからないときは、「検索」機能で探そう。インターネットでウェブページを探すように、複数の条件を組み合わせて目的のメールを探せる

さまざまな方法で絞り込める

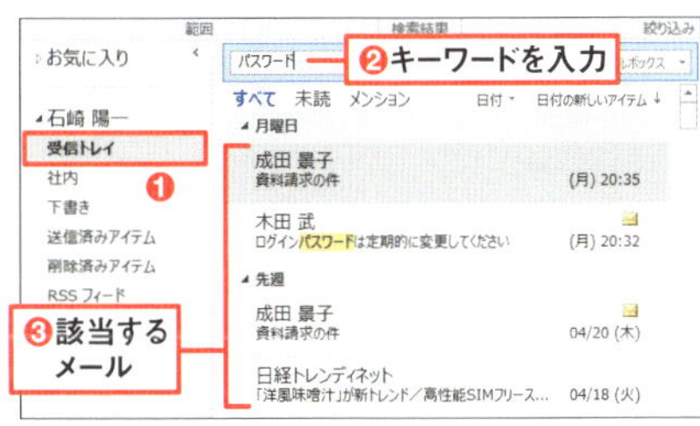

図20 検索するフォルダーを選び（ここでは「受信トレイ」）、検索欄にキーワード（ここでは「パスワード」）を入力する（❶❷）。件名や本文などにキーワードを含むメールが一覧表示される（❸）

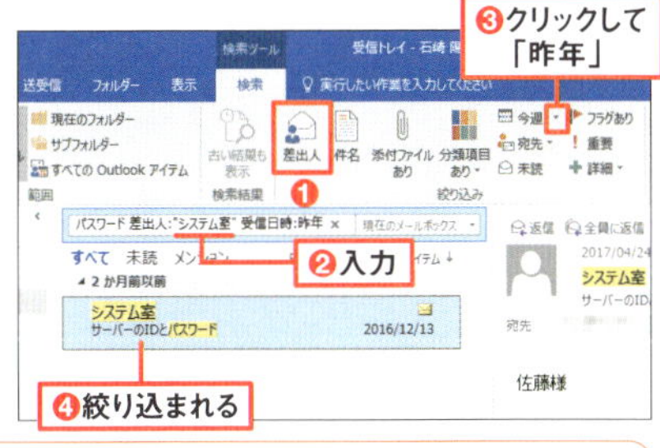

図21 検索したメールの数が多いときは、絞り込み機能を活用しよう。ここでは、「差出人」を「システム室」、受信時期を「昨年」にして絞り込んだ（❶〜❹）。利用できる絞り込み機能には右表のものがある

差出人	送信者の名前を入力
件名	件名を入力
添付ファイルあり	添付ファイルがあるもの
分類項目あり	自分で設定した「分類項目」
今週	その週に受信したメール（期間は変更できる）
宛先	宛先／CCでの自分の名前の有無
未読	未開封のメール
フラグあり	フラグ付きのメール
重要	重要度が設定されたメール
詳細	そのほかの条件

Section 041 古いメールの整理で「遅い・不安定」を解消

「アウトルックの起動が遅い」「フォルダーを開いてもメールがなかなか表示されない」などと感じたときは、保存するメールの数が多すぎて、動作が遅くなっている可能性がある。アウトルックでは、アカウントごとに「アウトルックデータファイル」（以下、データファイル）という1つのファイルにすべてのメールを格納する仕組みになっている。メールの数が増えるほどデータファイルが肥大化し、読み込みに時間がかかるようになる。送受信したメールが合計数千件というレベルの人は要注意。1万件以上あるなら早急な対策が必要だ。

●ごみ箱に入れただけでは削除されない

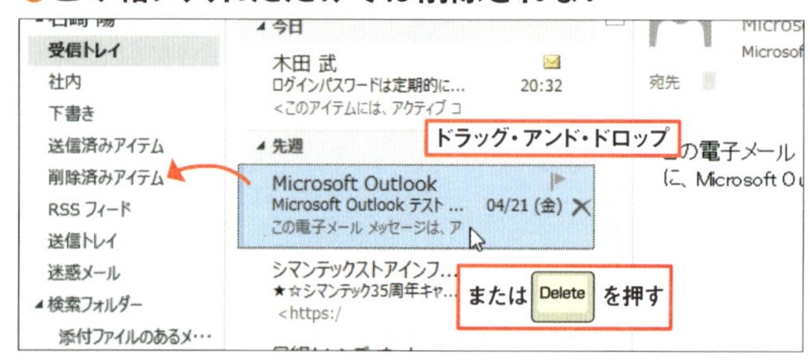

図1 メールを捨てるには、「削除済みアイテム」にドラッグ・アンド・ドロップする。または選択して「Delete」キーを押してもよい

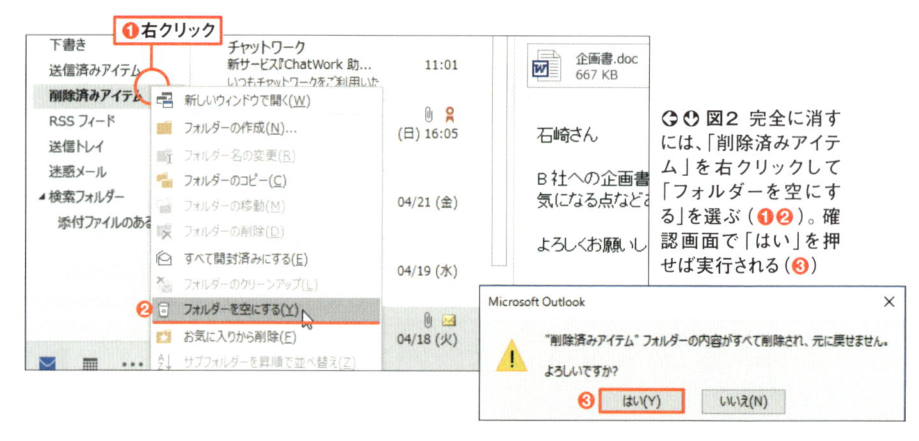

図2 完全に消すには、「削除済みアイテム」を右クリックして「フォルダーを空にする」を選ぶ（❶❷）。確認画面で「はい」を押せば実行される（❸）

真っ先に手を付けたいのが不要なメールの削除だ。メールを削除するほど、データファイルのサイズが小さくなる。例えば古いメールマガジン、各種サービスからのお知らせなど、もう読むことがないメールはすべて削除しよう。これらを「削除済みアイテム」に移したら右クリックメニューの「フォルダーを空にする」を選べば完全に削除できる（**図1、図2**）。

逆に、知り合いから受け取ったメールを捨てるときは慎重に操作しよう。捨ててよいかすぐに判断できなければ「フォルダーのクリーンアップ」機能を使うとよい。同じフォルダー内のメールの中で、本文が重複する古いものだけを自動で削除できる（**図3、図4**）。

●本文が重複する古いメールを自動削除

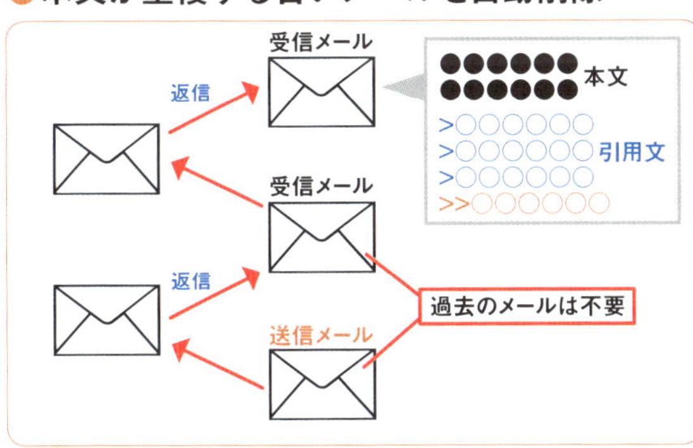

図3 メールを相手と何度もやり取りした場合、新しいメールには古いメールが引用されていることが多い。最新のメールさえあればやり取りの内容はわかるので、それ以外の古いメールは削除しても構わない

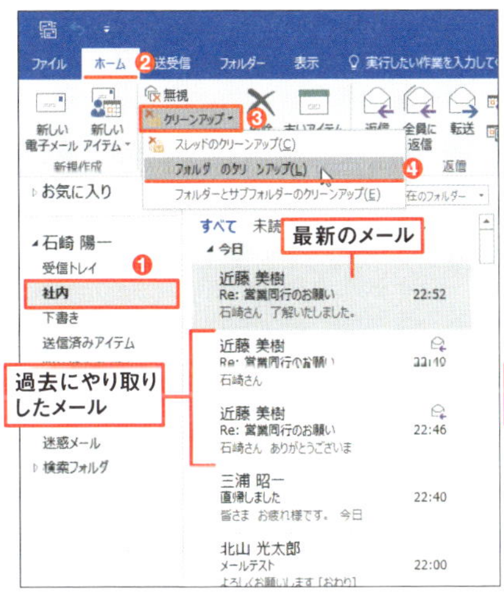

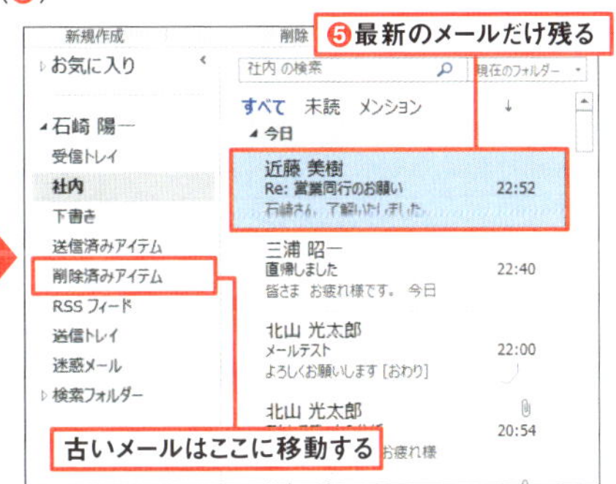

図4 フォルダーを選択してから「ホーム」タブの中にある「フォルダーのクリーンアップ」を選ぶ（❶～❹）。確認画面で「フォルダーのクリーンアップ」をクリックすればよい。これで最新のメールだけ残り、古いメールは自動的に「削除済みアイテム」に移動する（❺）

古いメールは保管庫へ、データサイズを一気に削減

削除できるメールがなければ、昔のメールを「古いアイテムの整理」機能で"保管庫"に移そう。保管庫に移したメールは、アカウントとは別ファイルで保存されるので、データファイルのサイズを一気に減らせる。

「古いアイテムの整理」の設定画面では、整理対象になるまでの期間とその実行頻度を設定する（**図5、図6**）。その後、フォルダーごとにプロパティ画面を開き、整理機能を有効にする（**図7**）。すると、実行のタイミングになれば、利用者が意識せずに自動で整理が進む。古いメールを読みたいときは、アカウント一覧に追加された「保存先」のフォルダーを開けばよい（**図8**）。

●50日以上前のメールは自動で保管庫へ

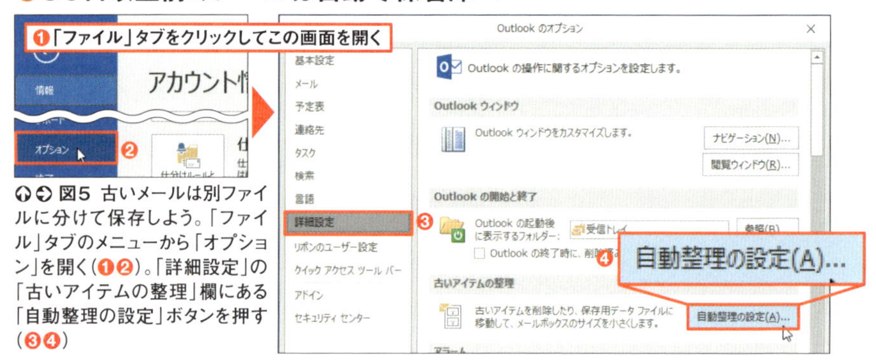

↑→ 図5 古いメールは別ファイルに分けて保存しよう。「ファイル」タブのメニューから「オプション」を開く（❶❷）。「詳細設定」の「古いアイテムの整理」欄にある「自動整理の設定」ボタンを押す（❸❹）

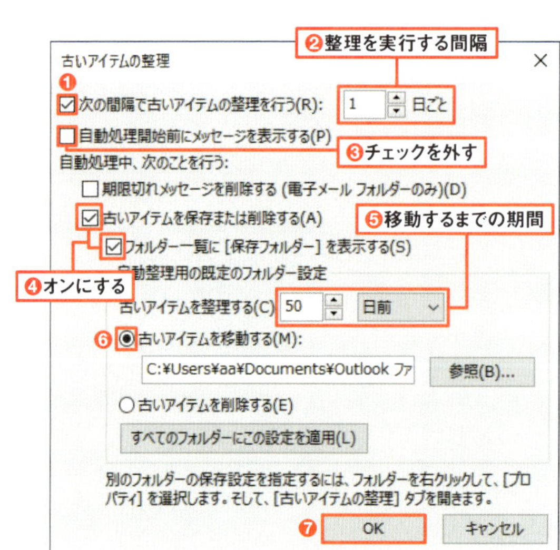

← 図6 「古いアイテムの整理」画面で、「次の間隔で…」にチェックを入れ、整理を実行する間隔を決める（❶❷）。「自動処理開始前…」のチェックは外す（❸）。「古いアイテム…」「フォルダー一覧…」をいずれも有効にしておき、メールを移すまでの期間を指定する（❹❺）。あとは「古いアイテムを移動する」を選べば完了だ（❻❼）

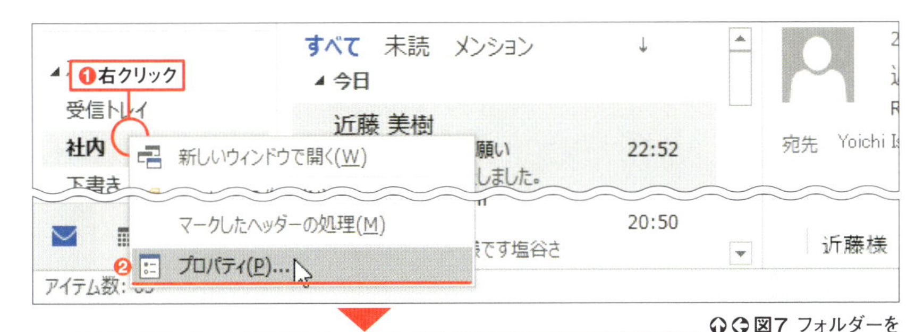

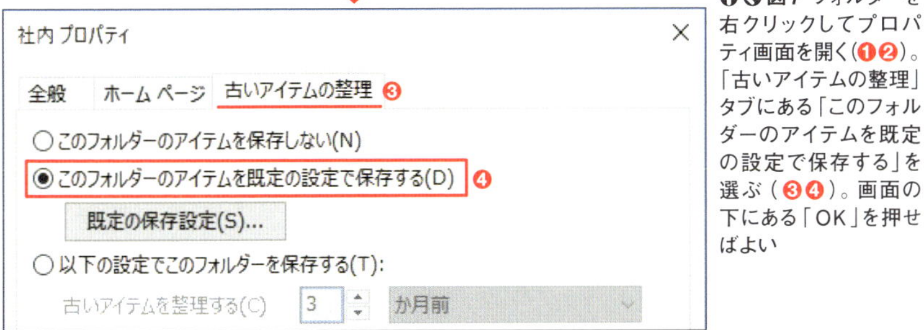

⬆⬅図7 フォルダーを右クリックしてプロパティ画面を開く(❶❷)。「古いアイテムの整理」タブにある「このフォルダーのアイテムを既定の設定で保存する」を選ぶ(❸❹)。画面の下にある「OK」を押せばよい

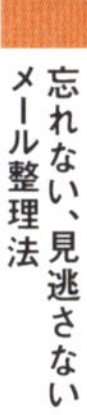

●保管庫のメールもすぐ確認できる

⬅図8 図6❷で設定したタイミングになると、アウトルックの起動時などに整理が実行され、図6❺に該当する古いメールが「保存先」に移る。古いメールを読むには「保存先」にある各フォルダーを選べばよい

最後の仕上げは「データの圧縮」

ここまでのスリム化作業でメールの数が減ったら、最後の仕上げにデータファイルを圧縮する。データファイルの管理画面を開いたら、「今すぐ圧縮」ボタンを押そう(次ページ**図9～図11**)。すぐに圧縮が実行されて、データファイルのサイズが小さくなる。

●整理後はデータの「圧縮」が必要

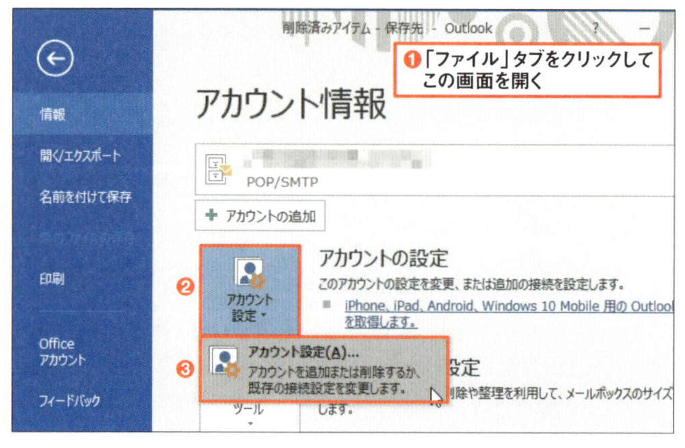

図9 仕上げは、メールを保存しているデータファイルの圧縮だ。「ファイル」タブをクリックしてメニューを切り替え、「アカウント設定」画面を開く（❶〜❸）

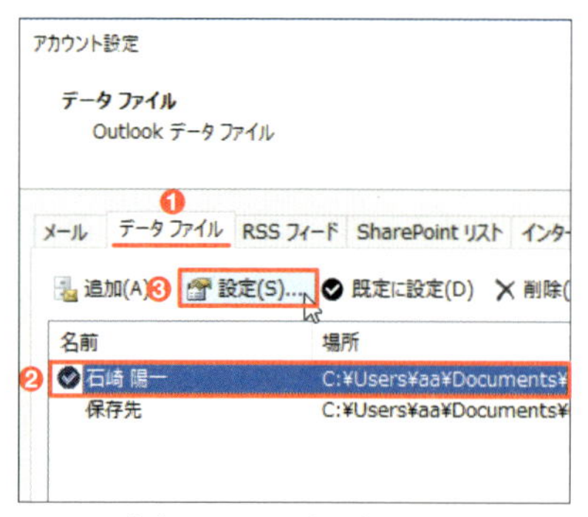

図10 「データファイル」タブの中にあるアカウント一覧から、メールを整理したアカウントを選んで「設定」をクリック（❶〜❸）

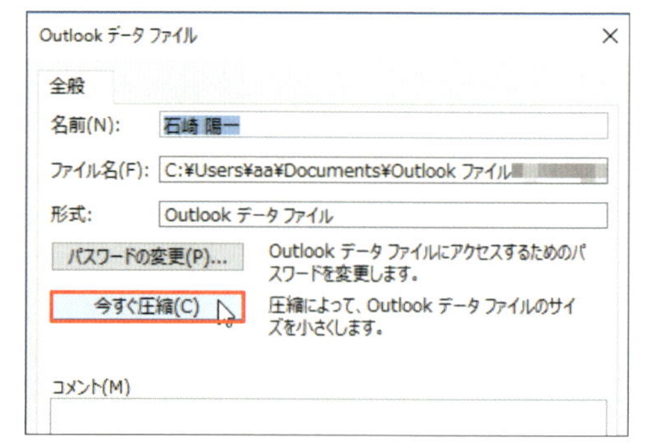

図11 「今すぐ圧縮」ボタンを押すと、圧縮が実行される。これでアウトルックの動作の重さが解消されて、快適に使えるようになる

直前にインストールしたアドインから停止してみる

使用中に突然、**図12**のようなエラー画面が出てソフトが終了する不具合が起きたら、拡張ソフト「アドイン」を疑おう。アドインを停止するだけで調子が良くなることも多い。

まずは「COMアドイン」画面でアドインのリストを確認する。不調になる直前にアドインをインストールしていれば、それが原因で不具合が起きている可能性が高い（**図13、図14**）。チェックマークを外して画面を閉じ、アウトルックを再起動して正常に動くか確認しよう。

アウトルックの起動中にエラーが出て終了する場合は、「セーフモード」を使う。セーフモードならアドインを読み込まずに起動できる。「スタートメニュー」のアイコンを「Ctrl」キーを押しながらクリックすればよい。セーフモードで起動後、「COMアドイン」で無効にしよう。

●不調が続いたらアドインを疑う

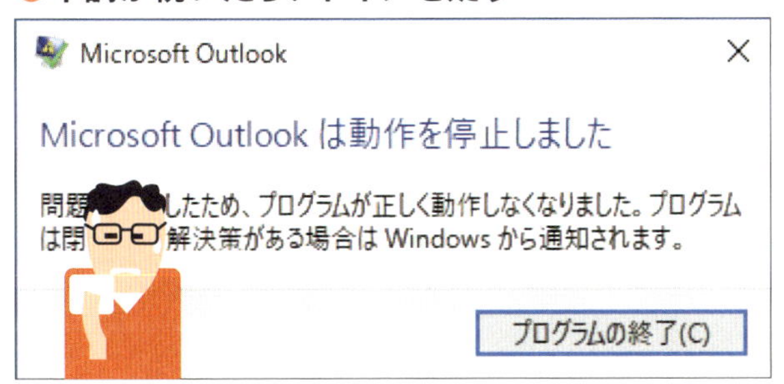

図12 アウトルックが突然終了するといった不調が続く場合は、拡張ソフトである「アドイン」が原因かもしれない。アドインを無効にするだけで改善できる場合も多い

●直前にインストールしたアドインを無効に

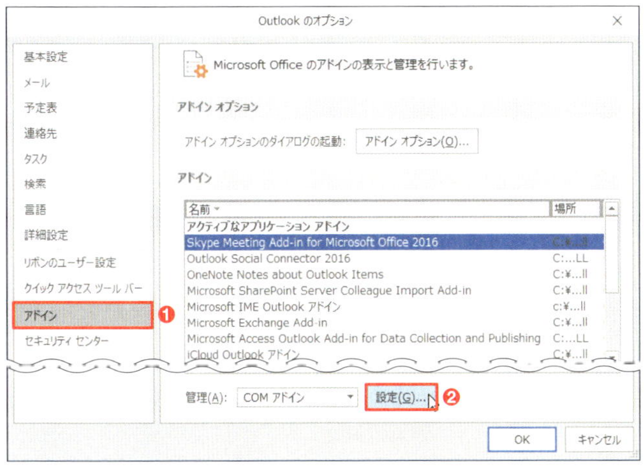

図13 154ページ図5の要領で、「オプション」画面を開く。「アドイン」のメニューの画面下部にある「COMアドイン」の設定画面を開く(❶❷)

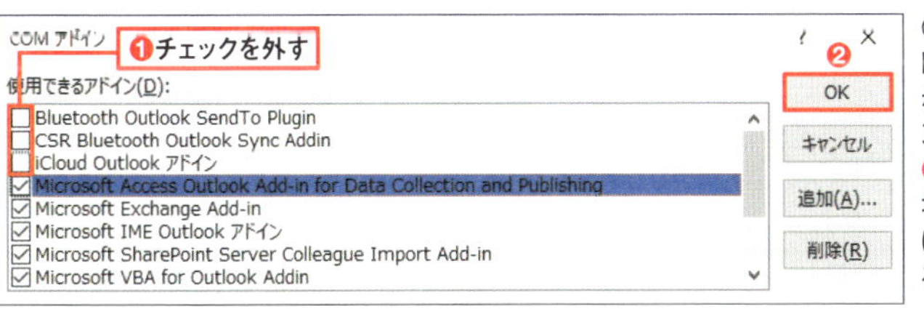

図14 直前にインストールしたアドインがあれば、まずはそのアドインを無効にする(❶❷)。それで改善しない場合は、1つずつ無効にして、正常に動作するか試そう

表作成&データ整理の達人ワザで時短

文/阿部 香織、岡野 幸治、土屋 和人

Desktop File Web Mail Excel Word

エクセルは時短の強力な武器

- カレンダー不要! 今日の日付を一発入力
- 表の選択はマウスよりキー操作で
- 「表示形式」の活用が入力も計算も楽にする
- 大きな表も見やすく印刷するワザ

エクセルはビジネスを進めるためになくてはならないアプリです。強力な機能を数多く備え、あらゆる作業をこなします。応用できる分野が広いだけに、ほんの少しでも効率的な操作方法をマスターすれば、作業全体の効率を大幅に改善できます。

同じ結果を出すために、エクセルでは数種類の操作方法が用意されています。本書では、エクセルを使った仕事を効率的に進めるために、最短でその作業を実行できる方法をご紹介します。

大きな表を効率良く扱うための操作や連続したデータを瞬時に入力する方法などに加え、複数の担当者が扱う表では、入力できる文字列や数字の範囲を制限するなど、結果的に正しい表が作成できるやり方なども解説します。

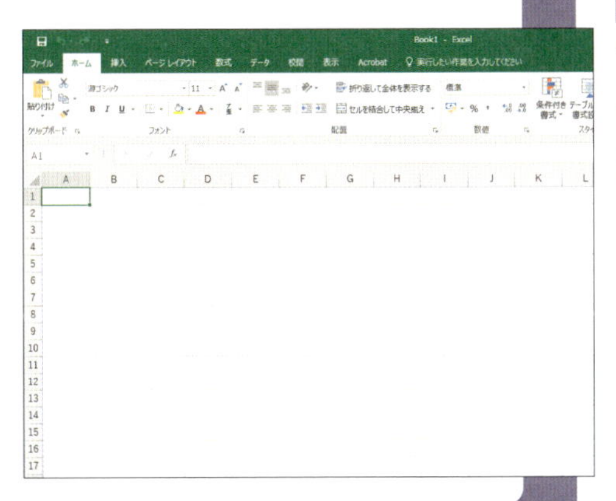

Section 042 今日の日付／現在の時刻を入力する

ショートカット 「Ctrl」+「;」／「Ctrl」+「:」

エクセルでは、パソコンに内蔵する時計に基づいて、「今日の日付」や「現在の時刻」を自動入力できる。

関数では、TODAY（トゥデイ）関数、NOW（ナウ）関数を使って表示できるが、関数で入力した場合、シートを開くたびに更新されてしまう。

更新されない作業時点での今日の日付や現在の時刻を入力したいなら、ショートカットキーを使おう。「Ctrl」キーを押しながら「;」キーを押せば今日の日付（**図1**）、「Ctrl」キーを押しながら「:」キーを押せば現在の時刻を入力できる（**図2**）。

●「Ctrl」+「;」で日付を入力

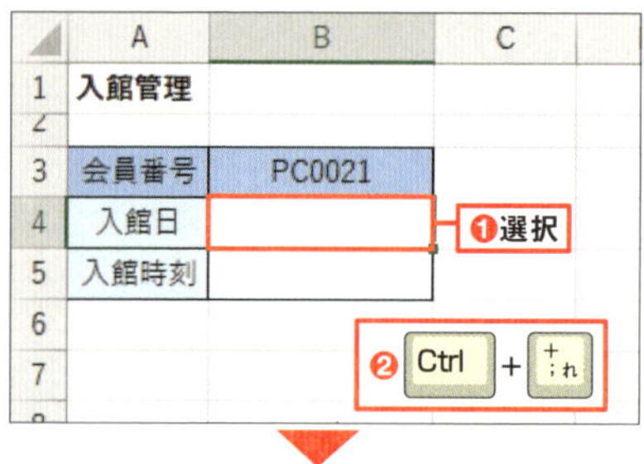

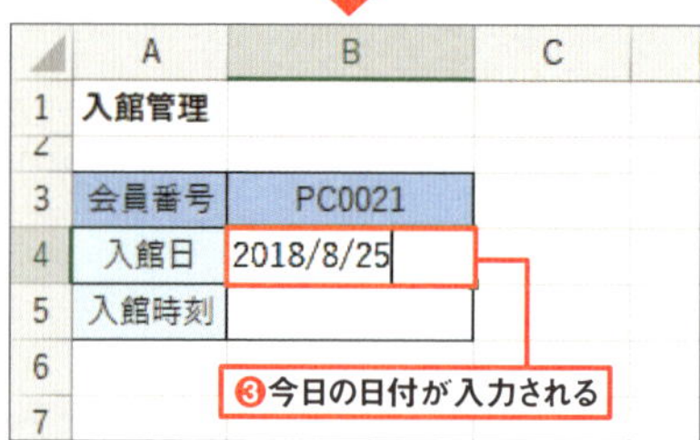

図1 「Ctrl」キーを押しながら「;」（セミコロン）キーを押すと（❶❷）、選択中のセルに今日の日付を入力できる（❸）。あとは「Enter」キーで確定すればよい

●「Ctrl」+「:」で時刻を入力

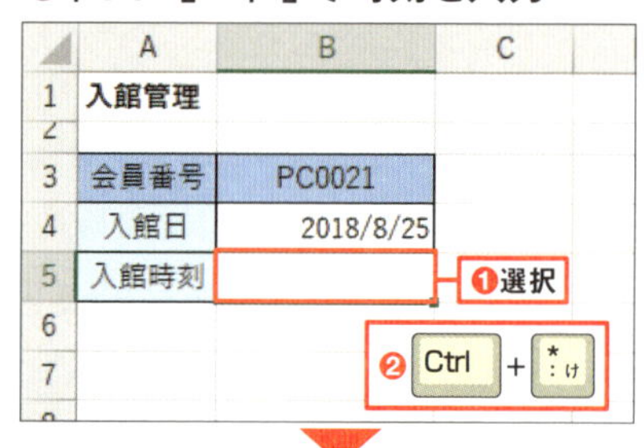

図2 「Ctrl」キーを押しながら「:」（コロン）キーを押すと（❶❷）、選択セルに現在の時刻を入力できる（❸）。「:」は「17:39」のように時刻表示に使う記号なので覚えておこう

Section 043

すぐ上と同じデータを一発で入力する

ショートカット 「Ctrl」+「D」

名簿などを作成するときに、会社名や部署名など、同じデータを何人分も繰り返し入力するようなことがある。**選択したセルの「すぐ上のセル」のコピーなら、「Ctrl」キーを押しながら「D」キーを押す**（**図1**）。同じ行の複数のセルを選択して「Crtl」+「D」キーを押せば、各セルのすぐ上のデータを一気にコピーできる（**図2**）。

なお、**「Ctrl」+「R」キーを押せば、「すぐ左のセル」のデータがコピーできる**。すぐ上の数式の計算結果をコピーするなら、「Ctrl」+「Shift」+「"」（ダブルクォーテーション）キーを押す。

●下方向に一発でコピーする

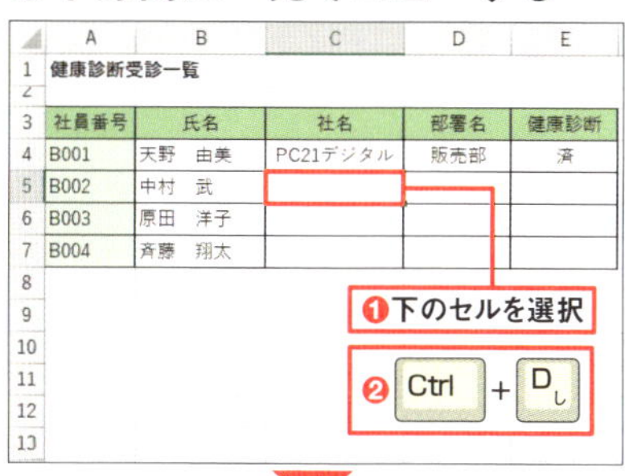

	A	B	C	D	E
1	健康診断受診一覧				
2					
3	社員番号	氏名	社名	部署名	健康診断
4	B001	天野　由美	PC21デジタル	販売部	済
5	B002	中村　武			
6	B003	原田　洋子			
7	B004	斉藤　翔太			

	A	B	C	D	E
1	健康診断受診一覧				
2					
3	社員番号	氏名	社名	部署名	健康診断
4	B001	天野　由美	PC21デジタル	販売部	済
5	B002	中村　武	PC21デジタル		
6	B003	原田　洋子			
7	B004	斉藤　翔太			

❸上のセルのデータがコピーされた

図1 すぐ下のセルを選択し（❶）、「Ctrl」キーを押しながら「D」キーを押すと（❷）、すぐ上のセルの内容を一発でコピーできる（❸）

●複数のセルでも一発でコピー

	A	B	C	D	E
1	健康診断受診一覧				
2					
3	社員番号	氏名	社名	部署名	健康診断
4	B001	天野　由美	PC21デジタル	販売部	済
5	B002	中村　武			
6	B003	原田　洋子			
7	B004	斉藤　翔太			

❶下のセル範囲を選択

❷ Ctrl + D

	A	B	C	D	E
1	健康診断受診一覧				
2					
3	社員番号	氏名	社名	部署名	健康診断
4	B001	天野　由美	PC21デジタル	販売部	済
5	B002	中村　武	PC21デジタル	販売部	済
6	B003	原田　洋子			
7	B004	斉藤　翔太			

❸上のセル範囲のデータがコピーされた

図2 複数列のデータを繰り返し入力したいときは、入力する範囲をまとめて選択してから（❶）、「Ctrl」+「D」キーを押せばよい（❷❸）

選択範囲に一括して同じデータを入力する

ショートカット 入力範囲を選択→「Ctrl」+「Enter」

同じデータを繰り返し入力するのは、面倒だ。複数のセルに同じデータを入力したいなら、事前にそのセル範囲を選択する。選択したまま、データを入力後、「Enter」キーを押す代わりに、「Ctrl」キーを押しながら「Enter」キーを押す（**図1**）。すると、選択したセルすべてに同じデータが入力される。

離れた範囲なら「Ctrl」キーを押しながら選択する。入力後は同様の操作で一括入力が可能だ。

●確定時に「Ctrl」+「Enter」

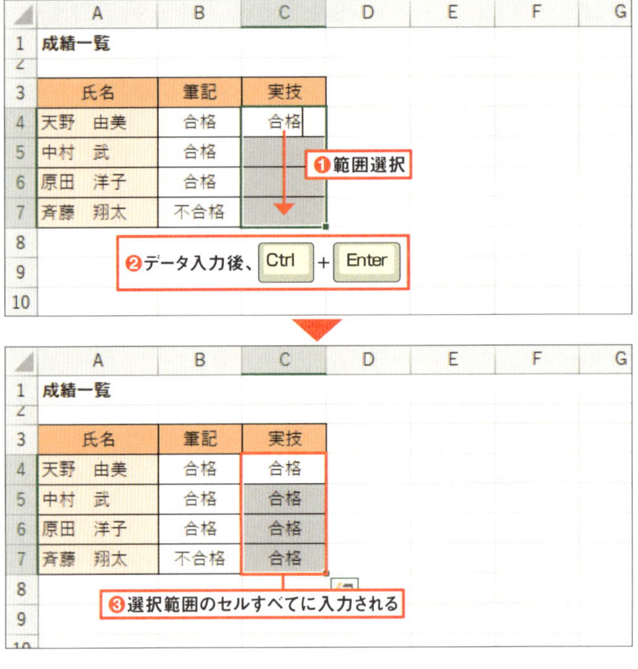

図1 データを入力する前に、同じデータを入力するセル範囲を選択する（❶）。アクティブセルにデータを入力後、「Ctrl」キーを押しながら「Enter」キーを押す（❷）。すると、選択した範囲に同じデータが入力される（❸）

Section 045

同じ文字列を繰り返し入力する

ショートカット「オートコンプリート」／「Alt」+「↓」

すでに入力した文字列を何度も繰り返し入力するのは、効率が悪い。「オートコンプリート」機能なら、先頭の文字を入力するだけで、列内の入力済みの文字列と同じ文字列データを呼び出せる（**図1**）。候補が複数あれば、次に続く文字を入力すると、目的の文字列を呼び出せる。この機能は解除も可能（**図2**）。また、「Alt」+「↓」キーを押すと、入力済みデータをリストにして表示できる（**図3**）。

●先頭文字から同じ文字列を入力

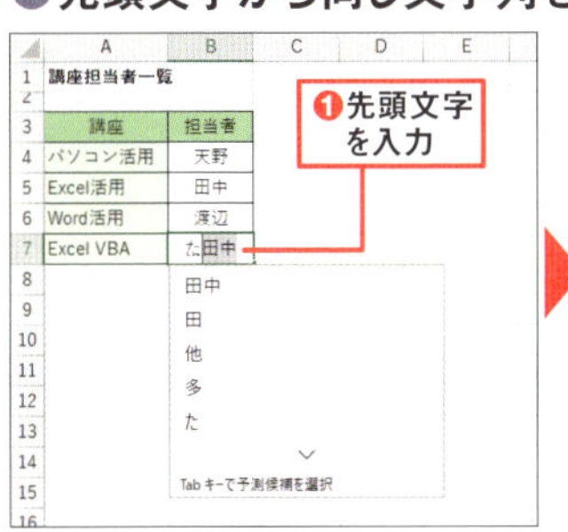

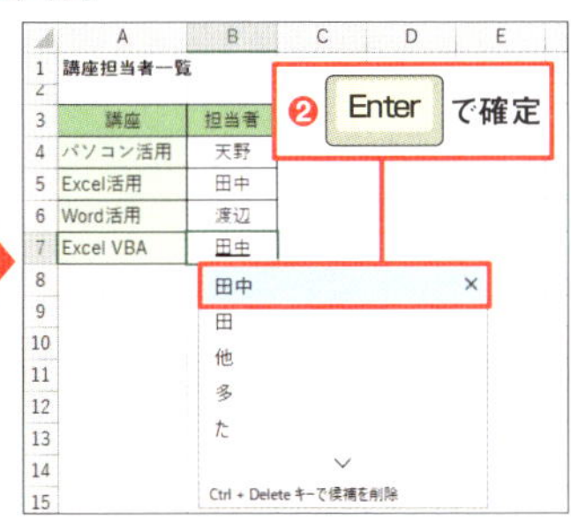

図1 「担当者」欄にすでに「田中」という名前を入力済みの場合（B5セル）、その下にあるセルに「た」と入力すると「田中」という文字が表示される（❶）。「Enter」キーを押すと、「田中」の文字列をセルに入力できる（❷）

●不要な場合は解除できる

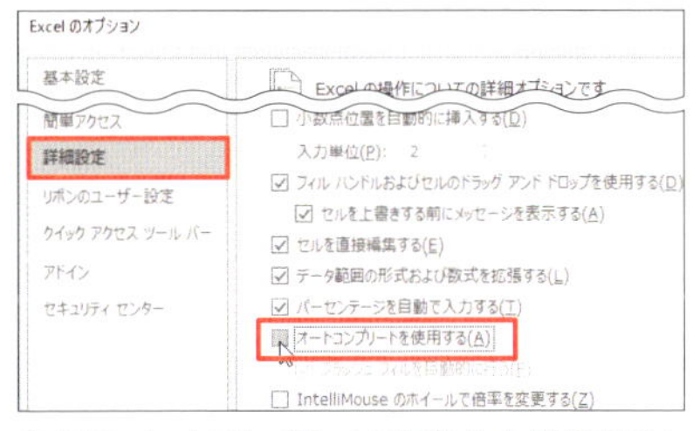

図2 オートコンプリートの自動入力機能を煩わしく感じるときは、「ファイル」タブにある「オプション」→「詳細設定」で開く画面から、「オートコンプリートを使用する」のチェックを外そう

●「Alt」+「↓」キーでリストを表示

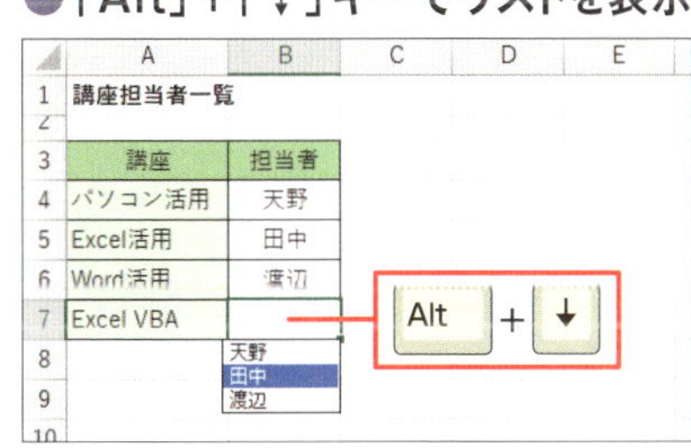

図3 同じ列に入力済みのデータを繰り返し入力したいときは、セルを選択して「Alt」キーを押しながら「↓」キーを押す。リストが表示され、選択して入力できる

連続するデータを入力する

エクセルでは、連続した番号や日付を入力したいケースがよくある。こんなときは、ドラッグとキー操作を使いこなせば、いろいろな種類の連続データを簡単に入力可能だ。

セルの右下隅にある「■」(フィルハンドル)にマウスポインターを合わせ、「+」マークに変わったら、ドラッグする。これが「オートフィル」機能だ。よく利用する機能なので、覚えておこう。

数値の場合は、数値が入ったセルの右下隅にマウスポインターを合わせてドラッグすると、セルをコピーできる(**図1**)。「Ctrl」キーを押しながらドラッグすると1ずつ増える連番になる(**図2**)。2つのデータを入力し、選択後、右下隅をダブルクリックすることでも連続データを入力できる(**図3**)。

●コピーならセルの右下隅をドラッグ

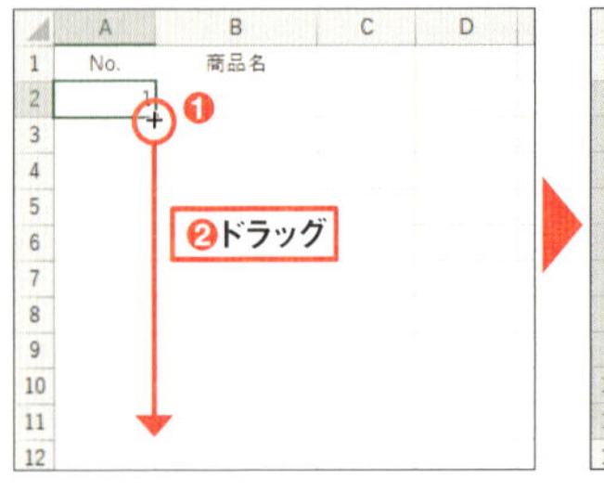

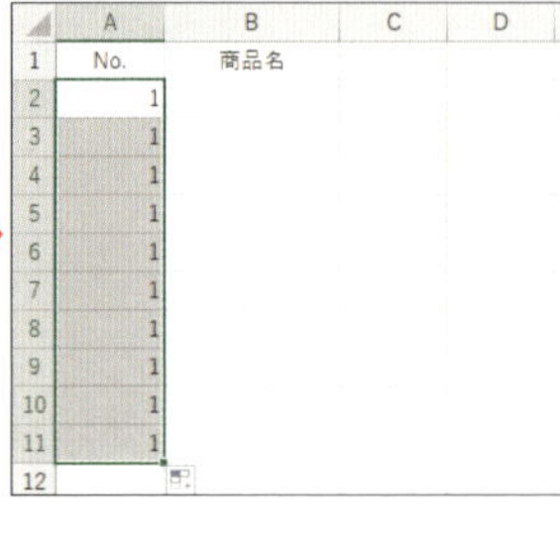

図1 選択したセルの右下隅にマウスポインターを合わせると「+」マークに変わる(❶)。この状態でマウスの左ボタンを押しながらドラッグすると(❷)、セルをコピーできる(右)

●「Ctrl」+ドラッグで連番入力

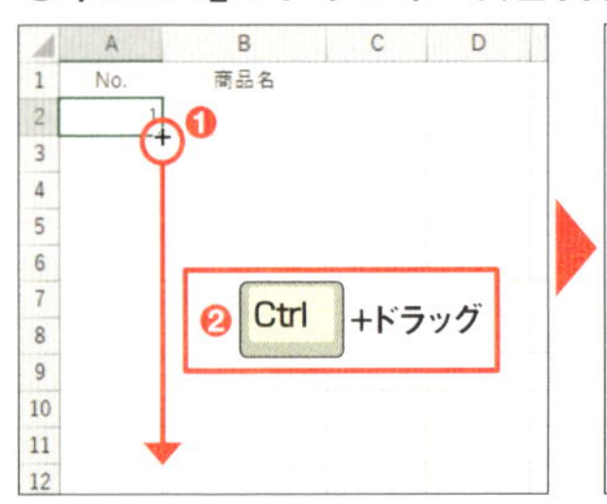

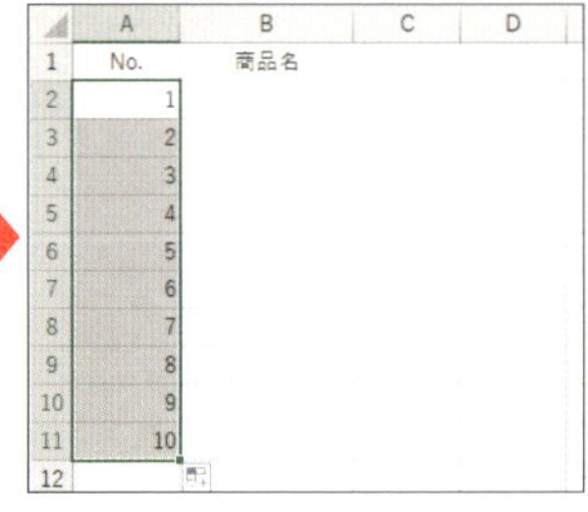

図2 数値を入力したセルを選択し(❶)、その右下隅を「Ctrl」キーを押しながらドラッグすると(❷)、1ずつ増える連番が入力される(右)

●「Ctrl」キーを使わずに数値を連番入力するには

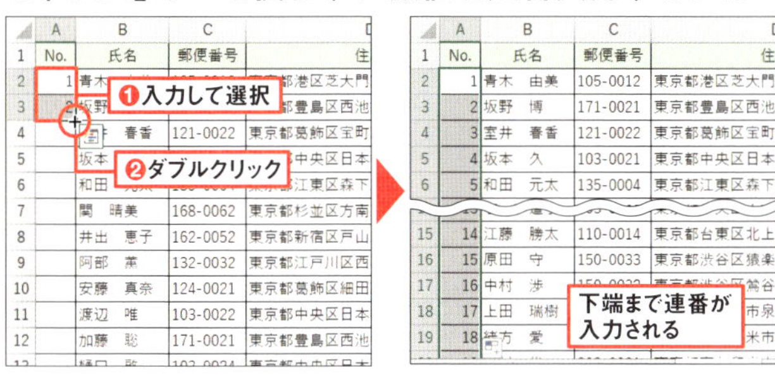

➔図3 表に最初の数値と2番目の数値を入力（❶）。この2つのセルを選択し、セル範囲の右下隅をダブルクリックする（❷）。連続データが表の下端まで自動入力される（右）。この方法が使えるのは、隣の列に表の下端までデータが入力されている場合に限られる

図4のような「文字列+数値」のデータはドラッグするだけで数値の部分が連番になる。日付の場合も、ドラッグするだけ。月をまたぐ場合でも、自動的に翌月の日付が正しく入力される。

「1日ずつ」ではなく、「毎月の同じ日付」や「平日だけの日付」の連続データを作成するには、マウスの右ボタンでドラッグし、開くメニューで指定する（**図5**）。連続した日付ではなく、同じ日付をコピーするなら「Ctrl」キーを押しながらオートフィルを実行しよう。

●文字列+数値はドラッグで連番に

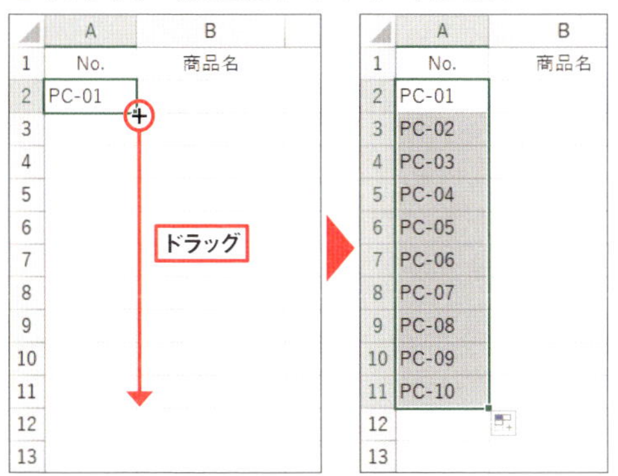

➔図4 文字列と数値を組み合わせたデータの場合、セルの右下隅をドラッグするだけで数値の部分が連番になる（右）。「Ctrl」キー+ドラッグではコピーになる

●「月単位」も自動で入力

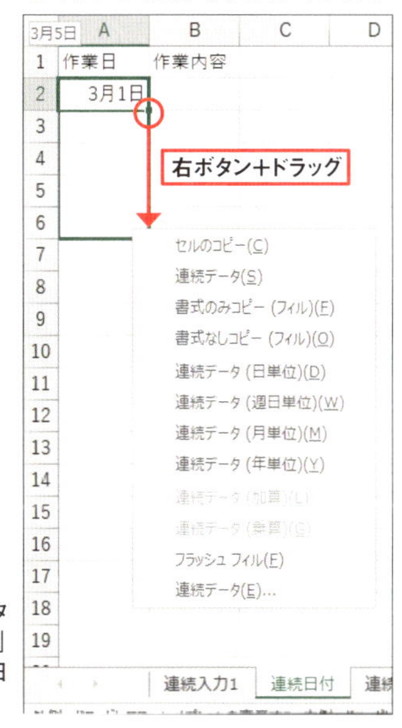

➔図5 日付の入ったセルの右下隅をマウスの右ボタンでドラッグすると、メニューが開く。ここで「月単位」を選ぶと「毎月の同じ日」、「週日単位」を選ぶと「平日だけの日付」の連続データを入力できる

連続データの「増分」を指定する

一定の間隔で増えたり、1000までの連番といった場合、ドラッグ操作だけで入力するのは大変だ。

「連続データ」画面を使えば、連続データを作成する方向を指定したり、日付なら増加の単位などを指定できる。例えば、20ずつ増える連番なら、「増分値」で数値を指定する。増やすならプラスの値、減らすならマイナスの値だ（**図1**）。

300までの連番で終わりにしたいなら、「停止値」を指定する（**図2**）。

●セルの右下隅を右ボタンでドラッグ

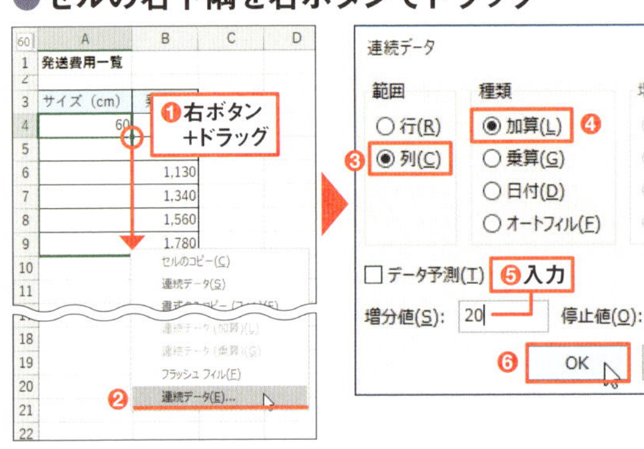

◀図1 指定した間隔で増減する連続データを作るには、先頭の数値を入力したセルを選択し、右下隅をマウスの右ボタンでドラッグ（❶）。メニューから一番下の「連続データ」を選び（❷）、開く画面で「範囲」を「列」、「種類」を「加算」、「増分値」を「20」として「OK」をクリック（❸～❻）。すると、60、80、100と20ずつ増える連番を簡単に入力できる

●停止値を指定してぴったり入力

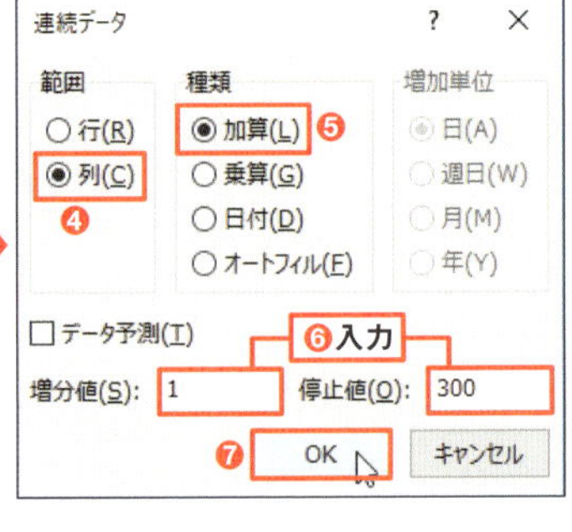

◀図2 まず先頭の「1」を入力したセルを選択し（❶）、「ホーム」タブの「フィル」→「連続データの作成」を選ぶ（❷❸）。開く画面で「範囲」を「列」、「種類」を「加算」、「増分値」を「1」、「停止値」を「300」として「OK」をクリック（❹～❼）。するとぴったり「300」になるまで連続データを入力できる

Section 048

自動入力する連続データを登録する

オートフィルで作成できる連続データは、あらかじめエクセルに定義されている。「ユーザー設定リストの編集」画面を開き（**図1**）、「ユーザー設定リスト」欄で確認できる。独自のリストを登録することも可能だ。

いつも利用する支店名や担当者などをオートフィルで簡単に入力したい場合は、「リストの項目」欄に1行1項目で直接入力するか、すでにあるデータをインポートする（**図2**）。最初の項目を入力して、オートフィルすると、登録した項目順で連続データを入力できる（**図3**）。

●独自のリストを登録

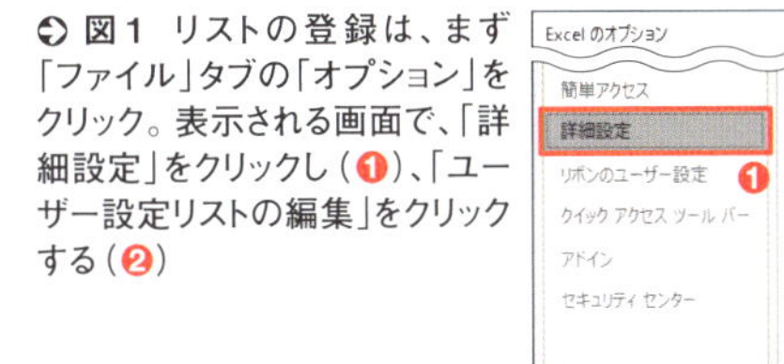

➲ 図1　リストの登録は、まず「ファイル」タブの「オプション」をクリック。表示される画面で、「詳細設定」をクリックし（❶）、「ユーザー設定リストの編集」をクリックする（❷）

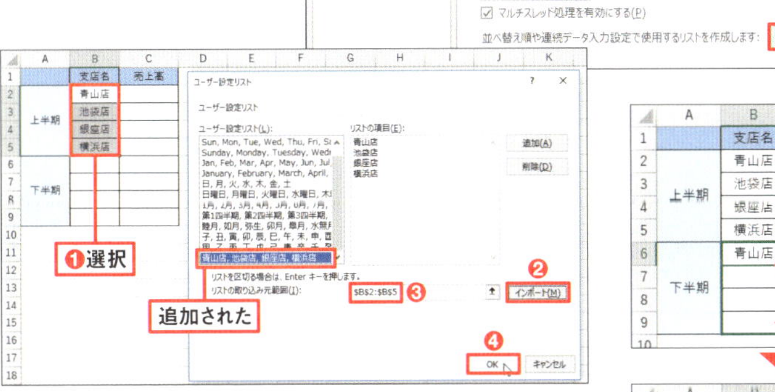

➲ 図2 「ユーザー設定リスト」画面の「リストの取り込み元範囲」欄にカーソルを置いて、リストにする範囲を選択し（❶）、「インポート」をクリックし、「OK」をクリック（❷～❹）。「リストの項目」欄に選択したデータがリストとして追加され、オートフィルの操作で入力できる。この欄に直接データを入力してもよい

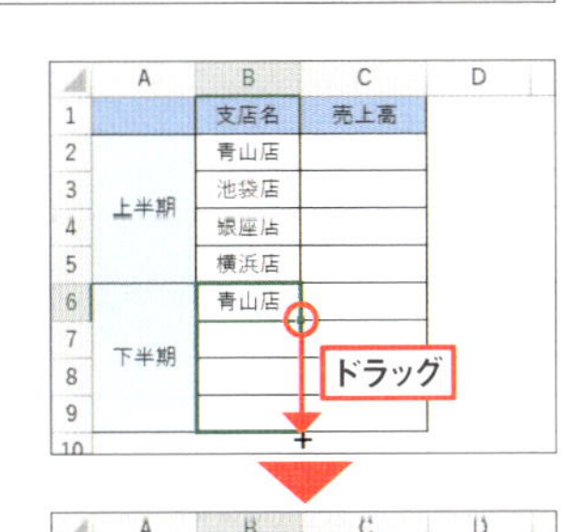

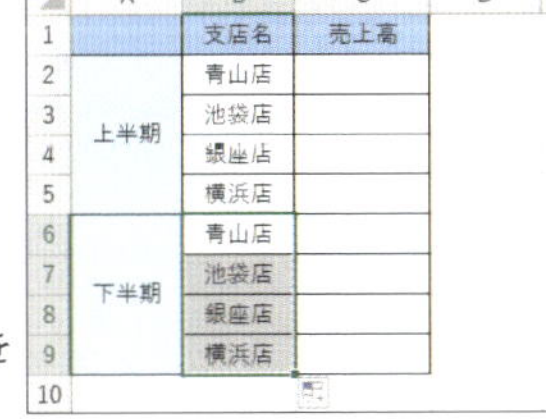

➲ 図3 最初のセルに入力後、セルの右下隅をドラッグすると、登録したリストが入力される

右方向へ入力し、改行して次行の先頭へ

ショートカット 「Tab」→「Enter」

データ入力後、「Enter」キーを押すと、下のセルに移動する。このとき、右のセルに移動したいなら、「Tab」キーを使う(**図1**)。さらに、右端まで入力して「Enter」キーを押すと、最初に「Tab」キーを押したセルの下、つまり次行の先頭セルに移動する(**図2**)。矢印キーやマウスを使うよりもかなり時短になる。

入力の途中で左のセルに戻りたくなったときは、「Shift」+「Tab」キーを使おう(**図3**)。ただし、左にセルがない場合は戻れない。

●「Tab」で右、「Enter」で次行へ

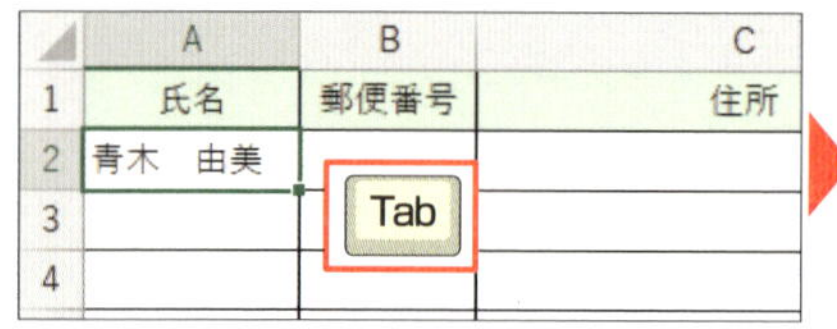

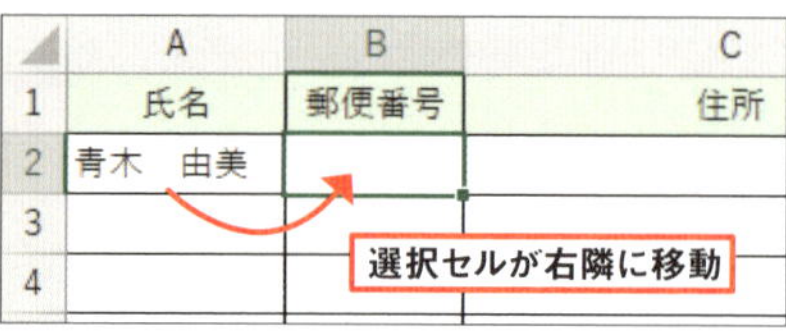

図1 右方向に入力していくときは、データの入力後に「Tab」キーを押す(左)。確定と同時に右隣のセルに選択セルが移動する(右)

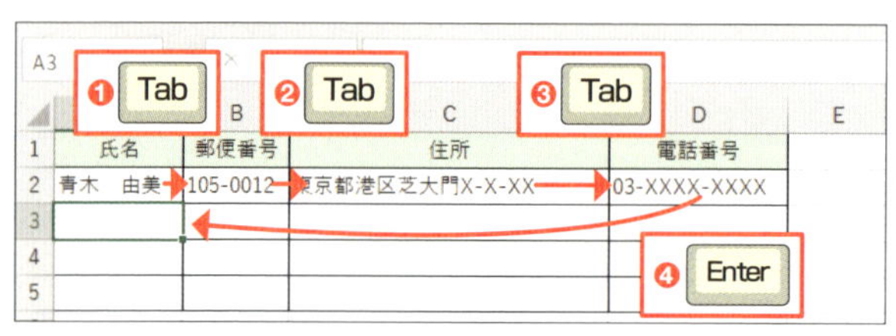

図2 入力後の「Tab」キーで右端のセルまで入力したら(❶〜❸)、「Enter」キーで確定する(❹)。すると、選択セルが次行の先頭に移動して、すぐに入力が始められる

●「Shift」+「Tab」で左に戻る

	A	B	C	D
1	氏名	郵便番号	住所	電話番号
2	青木　由美	105-0012	東京都港区芝大門X-X-XX	03-XXXX-XXXX
3	坂野　博	171-0021		
4				
5				

Shift + Tab

図3 前のセルを入力し直したいときは、矢印キーやマウス操作ではなく、「Shift」キーを押しながら「Tab」キーを押す。修正後も「Tab」キーで右へ、「Enter」キーで次行の先頭へ移動できる

Section 050 「Enter」キーだけで次列の先頭へ移動

ショートカット 入力範囲を選択→「Enter」

表にデータを入力するとき、入力するセルだけに移動できれば便利だ。それには、入力範囲をあらかじめ選択した状態でデータを入力する（**図1**）。「Enter」キーを押すと、次行のセルに入力でき、最下行まで入力したら自動的に次の列の先頭に移動できる（**図2、図3**）。「Tab」キーを押せば、右のセルにも移動できる。

範囲選択していないセルには移動しないので、ほかのセルに誤って入力するのを防げる。ぜひ、活用しよう。

●範囲選択してから入力を開始

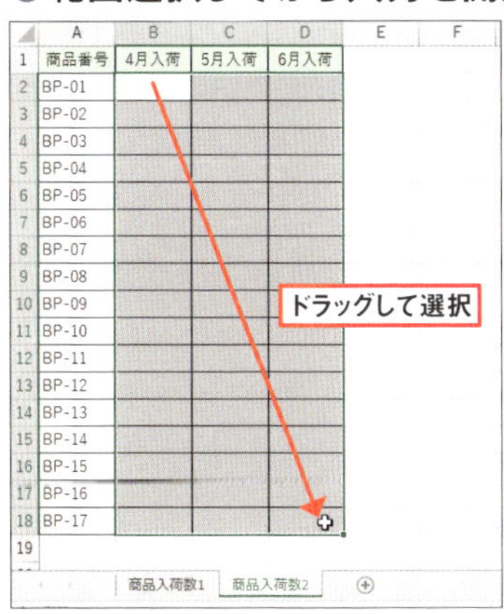

図1 データを入力する前に、これから入力するセル範囲を選択しておく

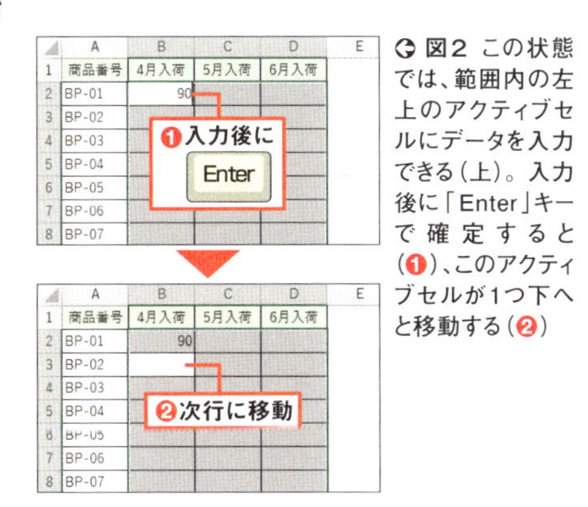

図2 この状態では、範囲内の左上のアクティブセルにデータを入力できる（上）。入力後に「Enter」キーで確定すると（❶）、このアクティブセルが1つ下へと移動する（❷）

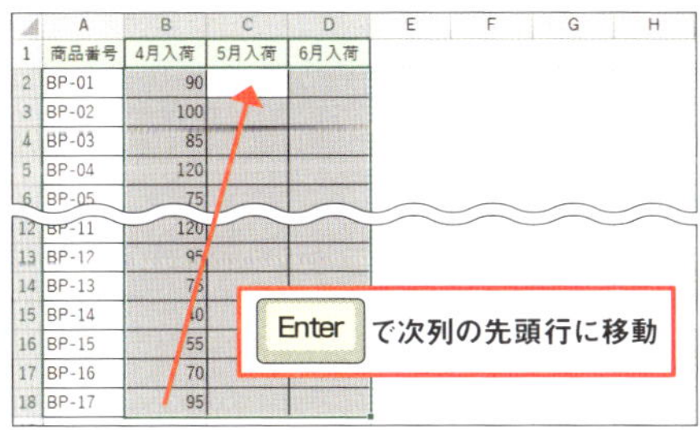

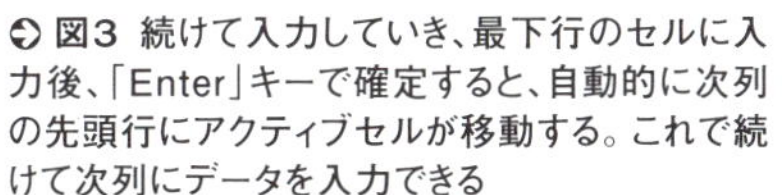

図3 続けて入力していき、最下行のセルに入力後、「Enter」キーで確定すると、自動的に次列の先頭行にアクティブセルが移動する。これで続けて次列にデータを入力できる

表の左上や右下の隅へ移動する

ショートカット 「Ctrl」+「Home」/「Ctrl」+「End」

表の先頭や末尾に素早く移動するなら、ショートカットキーが手早い。「Ctrl」+「Home」キーでシートの左上端へ、「Ctrl」+「End」キーで、表の右下端へ移動できる(**図1**)。表の外に1つでも入力したセルがある場合、「Ctrl」+「End」キーを押すと、それを含めた右下端に移動する(**図2**)。

●「Ctrl」+「Home」で先頭に

↑**図1** シートの先頭(A1セル)に戻るには、「Ctrl」キーを押しながら「Home」キーを押す。反対に「Ctrl」キーを押しながら「End」キーを押すと、表の末尾(右下端)に移動する

●基準はデータの右端、下端

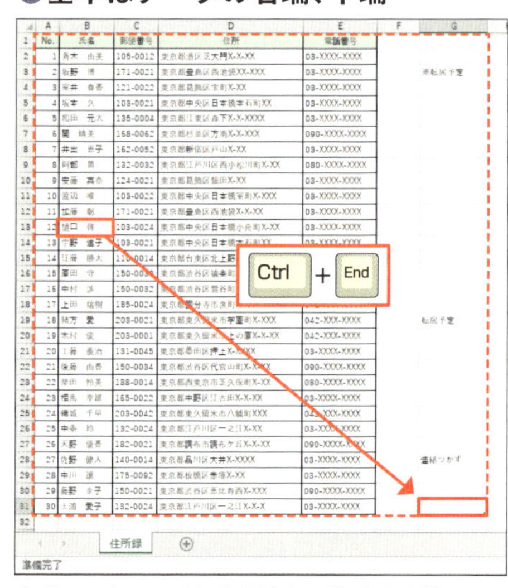

↑**図2** エクセルでは、入力済みのデータの右端列で最下行にあるセルを「最後のセル」と判断する。シート中にメモ書きや別のデータなどがあると、「Ctrl」+「End」キーを押したときにそれらのセルを含む範囲の右下端へ移動する

表の上下左右の端へ移動する

ショートカット 「Ctrl」＋矢印キー／セルの4辺をダブルクリック

表の上下左右の端へ素早く移動したいなら、「Ctrl」キーを押しながら、上下左右の矢印キーを押す。矢印キーと同じ方向の端のセルに、一発で移動する（**図1**）。

マウスで操作している最中なら、セルの上下左右の辺の部分をダブルクリックするとよい（**図2**）。ダブルクリックした辺の方向の端のセルに移動できる。ただし、途中に空欄のセルがあると、その手前を「表の端」と認識して、そこまでしかジャンプしないので注意しよう。

●「Ctrl」＋矢印キーで瞬時に移動

	A	B	C	D	E
1	No.	氏名	郵便番号	住所	電話番号
2	1	青木　由美	105-0012	東京都港区芝大門X-X-XX	03-XXXX-XXXX
3	2	坂野　博	171-0021	東京都豊島区西池袋XX-XXX	03-XXXX-XXXX
4	3	室井　春香	121-002	[illegible]	03-XXXX-XXXX
5	4	坂本　久	103-002	[illegible]	03-XXXX-XXXX
6	5	和田　元太	135-000	[illegible]	03-XXXX-XXXX
7	6	関　晴美	168-0062	[illegible]	090-XXXX-XXXX
8	7	井出　恵子	162-0052	東京都新宿区戸山X-XX	03-XXXX-XXXX
9	8	阿部　薫	132-0032	東京都江戸川区西小松川町X-XX	080-XXXX-XXXX
10	9	安藤　真奈	124-0021	東京都葛飾区細田X-XX	03-XXXX-XXXX
11	10	[illegible]	103-0022	[illegible]	03-XXXX-XXXX
12	11	加藤　聡	171-0021	東京都豊島区西池袋X-X-XX	[illegible]
13	[illegible]	[illegible]	103-0024	東京都中央区日本橋小[illegible]	[illegible]
14	[illegible]	[illegible]	103-0021	東京都中央区日本橋本[illegible]	[illegible]
15	[illegible]	[illegible]	110-0014	東京都台東区北上野XX[illegible]	[illegible]
16	15	原田　守	150-0033	東京都渋谷区猿楽町X-X-XX	03-XXXX-XXXX
17	16	中村　渉	150-0032	東京都渋谷区鶯谷町X-X-XXX	090-XXXX-XXXX
18	17	上田　瑞樹	185-0024	東京都国分寺市泉町X-XX	042-XXX-XXXX
19	18	緒方　愛	203-0021	東京都東久留米市学園町X-XXX	042-XXX-XXXX
20	19	木村　俊	203-0001	東京都東久留米市上の原X-X-XX	042-XXX-XXXX
21	20	工藤　義治	131-0045	東京都墨田区押上X-XXXX	03-XXXX-XXXX
22	21	後藤　由香	150-0034	東京都渋谷区代官山町X-X-XX	090-XXXX-XXXX
23	22	柴田　怜美	188-0014	東京都西東京市芝久保町X-XX	080-XXXX-XXXX
24	23	相馬　幸雄	165-0022	東京都中野区江古田X-X-XX	03-XXXX-XXXX
25	24	結城　千早	203-0042	東京都東久留米市八幡町XXX	042-XXX-XXXX
26	25	中条　玲	132-0024	東京都江戸川区一之江X-XX	03-XXXX-XXXX
27	26	天野　優香	182-0021	東京都調布市調布ケ丘X-X-XX	090-XXXX-XXXX
28	27	佐野　健人	140-0014	東京都品川区大井X-XXXX	03-XXXX-XXXX
29	28	中川　譲	175-0092	[illegible]	03-XXXX-XXXX
30	29	藤野　幸子	150-0021	[illegible]	090-XXXX-XXXX
31	30	土浦　愛子	132-0024	[illegible]	03-XXXX-XXXX
32					

住所録

準備完了

図1 表内のいずれかのセルを選択した状態で「Ctrl」キーを押しながら矢印キーを押すと、矢印の方向の表内の端のセルに一発で移動できる

●ダブルクリックで端に移動

	A	B	C	D	E
1	No.	氏名	郵便番号	住所	電話番号
2	1	青木　由美	105-0012	東京都港区芝大門X-X-XX	03-XXXX-XXXX
3	2	坂野　博	171-0021	東京都豊島区西池袋XX-XXX	03-XXXX-XXXX
4	3	室井　春香	121-0022	東京都葛飾区宝町X-XX	03-XXXX-XXXX
5	4	坂本　久	103-0021	東京都中央区日本橋本石町XX	03-XXXX-XXXX
6	5	和田　元太	135-0004	東京都江東区森下X-X-XXXX	03-XXXX-XXXX
7	6	関　晴美	168-0062	東京都杉並区方南X-X-XXX	090-XXXX-XXXX
8	7	井出　恵子	162-0052	東京都新宿区戸山X-XX	03-XXXX-XXXX
9	8	阿部　薫	132-0032	東京都江戸川区西小松川町X-XX	080-XXXX-XXXX
10	9	安藤　真奈	124-0021	[illegible]	[illegible]
11	10	渡辺　唯	103-0022	[illegible]	[illegible]
12	11	加藤　聡	171-0021	[illegible]	[illegible]
13	12	樋口　啓	103-0024	[illegible]	[illegible]
14	13	宇野　道子	103-0021	東京都中央区日本橋本石町XX	03-XXXX-XXXX
15	14	江藤　勝大	110-0014	東京都台東区北上野XXX	080-XXXX-XXXX
16	15	原田　守	150-0033	東京都渋谷区猿楽町X-X-XX	03-XXXX-XXXX
17	16	中村　渉	150-0032	東京都渋谷区鶯谷町X-X-XXX	090-XXXX-XXXX
18	17	上田　瑞樹	185-0024	東京都国分寺市泉町X-XX	042-XXX-XXXX
19	18	緒方　愛	203-0021	東京都東久留米市学園町X-XXX	042-XXX-XXXX
20	19	木村　俊	203-0001	東京都東久留米市上の原X-X-XX	042-XXX-XXXX
21	20	工藤　義治	131-0045	東京都墨田区押上X-XXXX	03-XXXX-XXXX
22	21	後藤　由香	150-0034	東京都渋谷区代官山町X-X-XX	090-XXXX-XXXX
23	22	柴田　怜美	188-0014	東京都西東京市芝久保町X-XX	080-XXXX-XXXX
24	23	相馬　幸雄	165-0022	東京都中野区江古田X-X-XX	03-XXXX-XXXX
25	24	結城　千早	203-0042	東京都東久留米市八幡町XXX	042-XXX-XXXX
26	25	中条　玲	132-0024	東京都江戸川区一之江X-XX	03-XXXX-XXXX
27	26	天野　優香	182-0021	東京都調布市調布ケ丘X-X-XX	090-XXXX-XXXX
28	27	佐野　健人	140-0014	東京都品川区大井X-XXXX	03-XXXX-XXXX
29	28	中川　譲	175-0092	東京都板橋区赤塚X-XX	03-XXXX-XXXX
30	29	藤野　幸子	150-0021	東京都渋谷区恵比寿西X-XXX	090-XXXX-XXXX
31	30	土浦　愛子	132-0024	東京都江戸川区一之江X-X-X	03-XXXX-XXXX
32					

住所録

図2 表の上下左右の端に移動するには、セルの各辺をダブルクリックする方法もある。例えばセルの下辺をダブルクリックすると、その列の最下行に一気に移動できる

キー操作で表全体を選択する

ショートカット 「Ctrl」+「Shift」+「:」/「Ctrl」+「A」

ドラッグ操作が大変な大きな表でも、ショートカットキーなら一気に全体を選択できる。「Ctrl」キーと「Shift」キーを押しながら「:」キーを押すと、表全体が選択できる(**図1**)。テンキーがある場合は「Ctrl」+「*」(アスタリスク)でもよい。

「Ctrl」キーと「A」キーを押せば表全体、さらにシート全体を選択することができる(**図2**)。

●「Ctrl」+「Shift」+「:」で一発選択

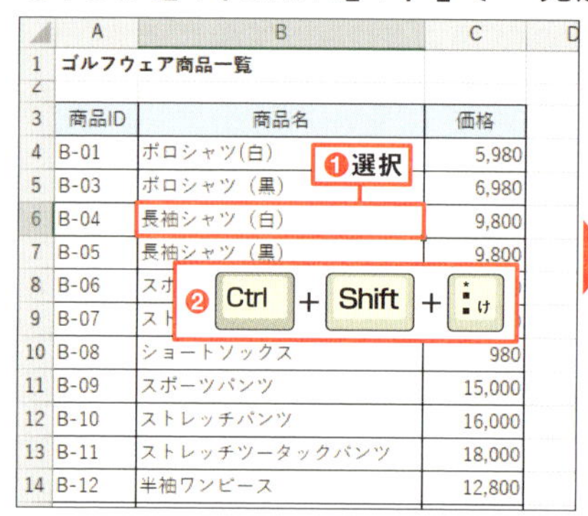

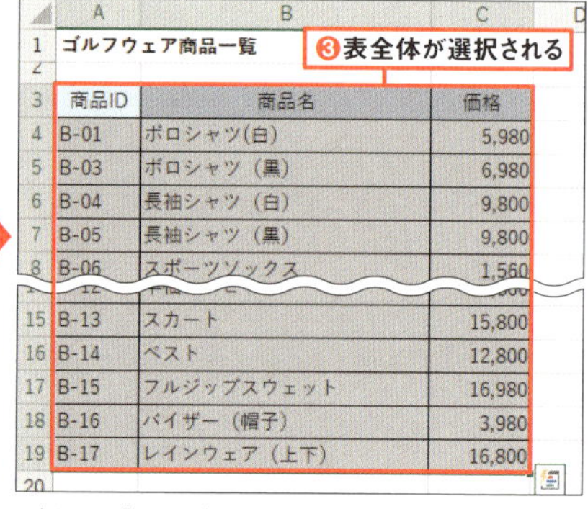

図1 表内のいずれかのセルを1つ選択し(❶)、「Ctrl」キーと「Shift」キーを押しながら「:」(コロン)キーを押す(❷)。これで表全体が選択範囲となる(❸)。大きな表を選択するときに便利だ

●「Ctrl」+「A」でシート全体も

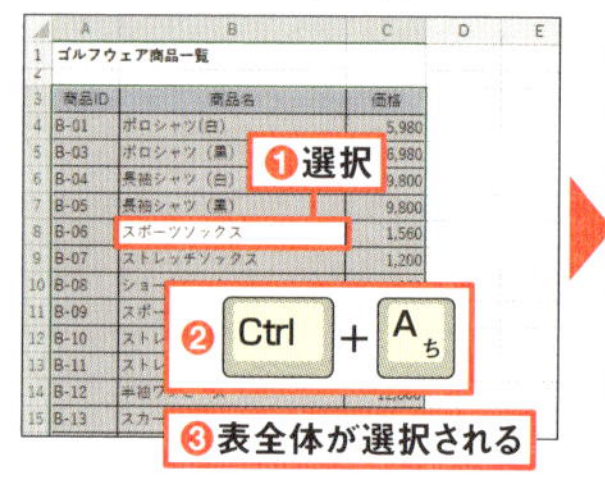

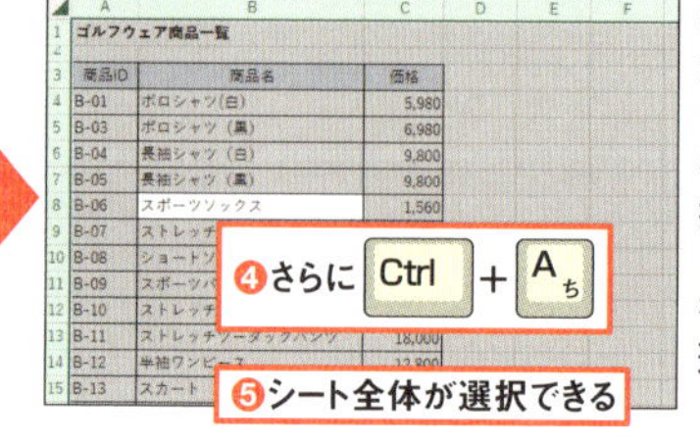

図2 表内のいずれかのセルを選択し(❶)、「Ctrl」キーと「A」キーを押すと、表全体を選択できる(❷❸)。さらに「Ctrl」キーと「A」キーを押すと、シート全体が選択できる(❹❺)

Section 054 表の中で列・行を素早く選択する

ショートカット 「Ctrl」+「Shift」+「↓」／「Ctrl」+「Shift」+「→」

表内で、列単位、行単位でまとめて一気に選択したい場合は、ショートカットキーを使おう。**表の1列を選択したい場合は、選択したい列の先頭のセルをクリックし、「Ctrl」キーと「Shift」キーを押しながら「↓」キーを押す**（**図1**）。**行選択の場合は、行の先頭のセルをクリックし、「Ctrl」キーと「Shift」キーを押しながら「→」キーを押せばよい**（**図2**）。複数の行や列も選択可能だ。

●表内の列や行を自動選択

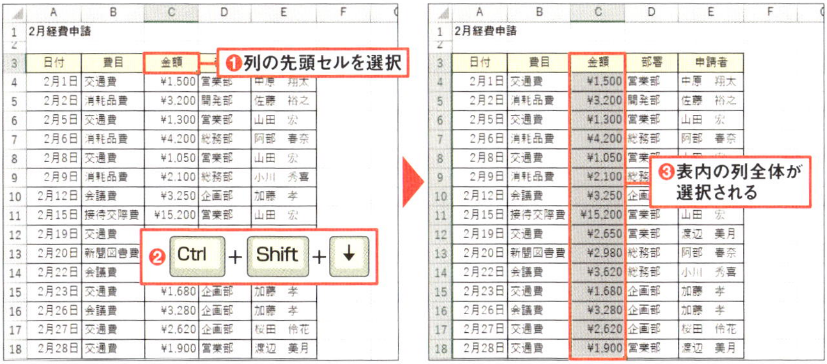

2月経費申請

日付	費目	金額	部署	申請者
2月1日	交通費	¥1,500	営業部	中原　翔太
2月2日	消耗品費	¥3,200	開発部	佐藤　裕之
2月5日	交通費	¥1,300	営業部	山田　宏
2月6日	消耗品費	¥4,200	総務部	阿部　春奈
2月8日	交通費	¥1,050	営業部	山田　宏
2月9日	消耗品費	¥2,100	総務部	小川　秀喜
2月12日	会議費	¥3,250	企画部	加藤　孝
2月15日	接待交際費	¥15,200	営業部	山田　宏
2月19日	交通費	¥2,650	営業部	渡辺　美月
2月20日	新聞図書費	¥2,980	総務部	阿部　春奈
2月22日	会議費	¥3,620	総務部	小川　秀喜
2月23日	交通費	¥1,680	企画部	加藤　孝
2月26日	会議費	¥3,280	企画部	加藤　孝
2月27日	交通費	¥2,620	企画部	桜田　伶花
2月28日	交通費	¥1,900	営業部	渡辺　美月

図1　表の中で1列のデータのみを選択したい。選択したい列の先頭のセルを選んで、「Ctrl」キーと「Shift」キーと「↓」キーの3つを同時に押すと、その列全体を選択できる（❶～❸）

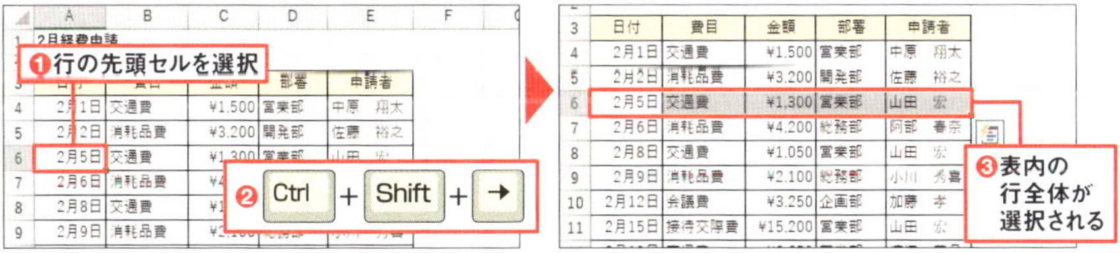

図2　1行分のデータをまとめて選択したい場合は、行の先頭のセルを選び、列と同様に「Ctrl」キーと「Shift」キーと「→」キーを同時に押せばよい（❶～❸）

シートの行全体・列全体を素早く選択する

ショートカット 「Shift」+スペース／「Ctrl」+スペース

シート全体を行単位で選択したいなら行番号を、列単位の選択なら列番号をクリックする。ノートパソコンなどを使っていてマウス操作で選択しづらい場合は、ショートカットキーでも選択できる。

行全体なら、その行のセルを選択し、「Shift」キーを押しながらスペースキーを押す（**図1**）［注］。列全体なら、「Ctrl」キーを押しながらスペースキーを押せば、選択できる（**図2**）。

●行全体を素早く選択

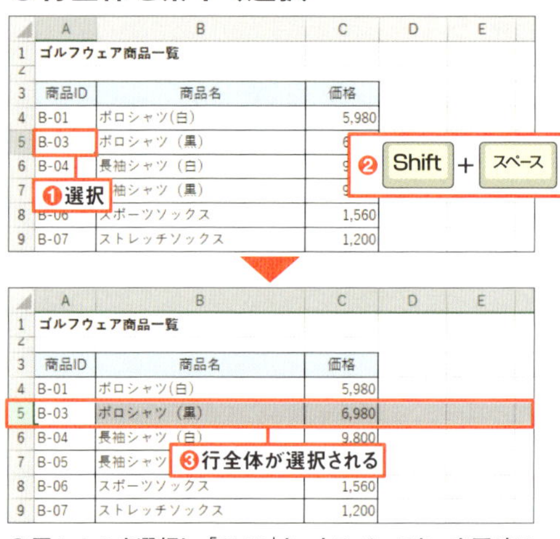

図1　セルを選択し、「Shift」キーとスペースキーを同時に押すと、選択したセルの行全体が選択される（❶～❸）

●列全体を素早く選択

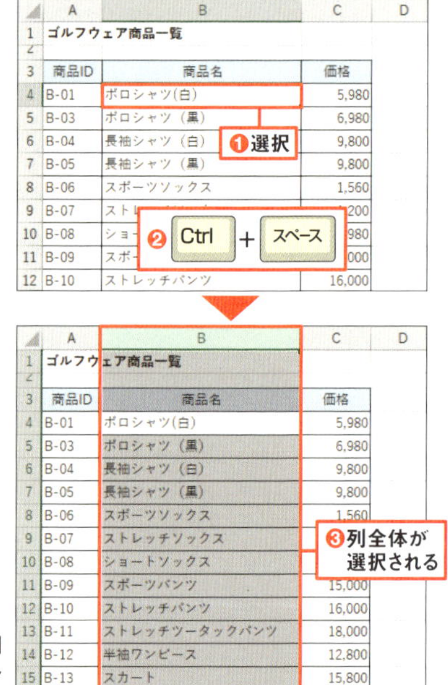

図2　セルを選択し、「Ctrl」キーとスペースキーを同時に押すと、選択したセルの列全体が選択される（❶～❸）。複数の行や列を選択したい場合は、複数のセルを同時選択してから操作すればよい

［注］日本語入力をオンにしていると選択できないので、オフにしてから実行する

画面に収まらない範囲を選択する

ショートカット 「Shift」＋クリック

ドラッグが必要な大きな表の一部を選択する場合、ドラッグ操作だと画面が一気に表の外までスクロールしてしまい、うまくいかないことがある。そんな場合は「Shift」キーを使おう。

まず選択範囲の左上端のセルをクリックする。その後、選択したい範囲の右下端のセルが画面に表示されるまで画面をスクロールし、選択範囲の右下端のセルを「Shift」キーを押しながらクリックすればよい（**図1**）。これで、選択した左上端のセルから右下端のセルまでの範囲を簡単に選択できる（**図2**）。

●範囲の右下端を「Shift」＋クリック

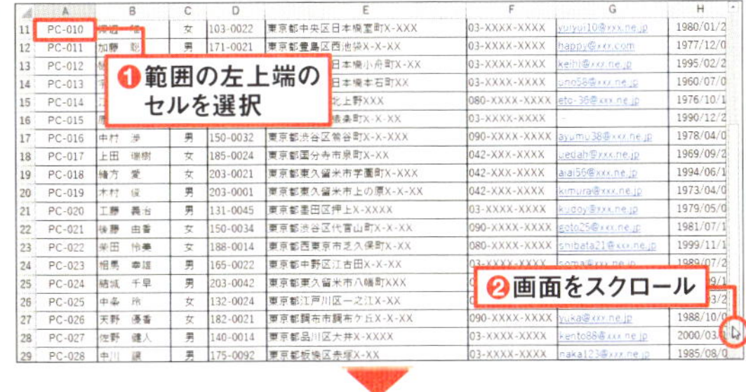

➡ 図1 まず、選択したい範囲の左上端のセルを選択し（❶）、そのままスクロールバーで選択範囲の右下端まで画面を移動する（❷）。選択したい範囲の右下端のセルが表示されたら、「Shift」キーを押しながらクリックする（❸）

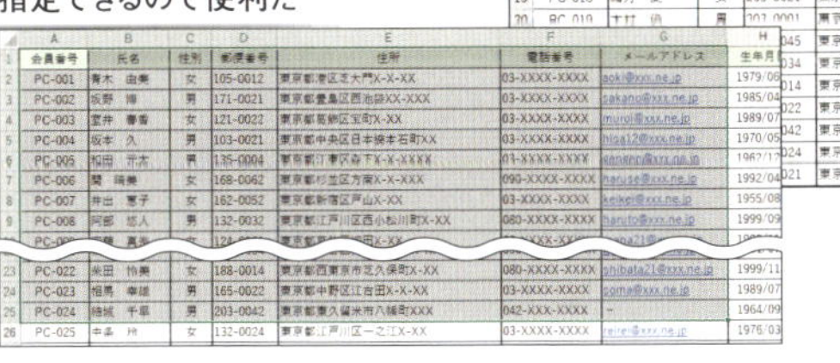

➡ 図2 右下端のクリックしたセルまでが選択範囲となる。画面にすべて収まりきらない大きな範囲でも、ドラッグせずに指定できるので便利だ

キー操作で選択範囲を広げる／狭める

ショートカット 「Shift」+「→」、「↓」／「Shift」+「←」、「↑」

セルを選択した後から、行単位または列単位で選択範囲を広げたり、狭めたりしたいことがある。一から選択し直してもよいが、「Shift」キーと上下左右の矢印キーで、選択範囲を簡単に拡大／縮小できる（**図1、図2**）。

●「Shift」+矢印キーで範囲調整

	A	B	C	D	E	F
1	会員番号	氏名	性別	郵便番号	住所	電話番号
2	PC-001	青木　由美	女	105-0012	東京都港区芝大門X-X-XX	03-XXXX-XX
3	PC-002	坂野　博	男	171-0021	東京都豊島区西池袋XX-XXX	03-XXXX-XX
4	PC-003	室井　春香	女	121-0022	東京都葛飾区宝町X-XX	03-XXXX-XX
5	PC-004	坂本　久	男	103-0021	東京都中央区日本橋本石町XX	03-XXXX-XX
6	PC-005	[illegible]　元太	男	135-0004	東京都江東区森下X-X-XXXX	03-XXXX-XX
7	PC-006	[illegible]　晴美	女	168-0062	東京都杉並区方南X-X-XXX	090-XXXX-X
8	PC-007	[illegible]	[illegible]	[illegible]	東京都新宿区戸山X-XX	03-XXXX-XX
9	PC-008	[illegible]	[illegible]	[illegible]	東京都江戸川区西小松川町X-XX	080-XXXX-X
10	PC-009	[illegible]	[illegible]	[illegible]	東京都葛飾区細田X-XX	03-XXXX-XX
11	PC-010	[illegible]	[illegible]	[illegible]	東京都中央区日本橋室町X-XXX	03-XXXX-XX
12	PC-011	[illegible]	[illegible]	[illegible]	東京都豊島区西池袋X-X-XX	03-XXXX-XX
13	PC-012	[illegible]	[illegible]	[illegible]	東京都中央区日本橋小舟町X-XX	03-XXXX-XX
14	PC-013	[illegible]　道子	女	103-0021	東京都中央区日本橋本石町XX	03-XXXX-XX
15	PC-014	[illegible]　勝太	男	110-0014	東京都台東区北上野XXX	080-XXXX-X
16	PC-015	原田　守	男	150-0033	東京都渋谷区猿楽町X-X-XX	03-XXXX-XX
17	PC-016	中村　渉	男	150-0032	東京都渋谷区鶯谷町X-X-XXX	090-XXXX-X
18	PC-017	上田　瑞樹	女	185-0024	東京都国分寺市泉町X-XX	042-XXX-XX
19	PC-018	緒方　愛	女	203-0021	東京都東久留米市学園町X-XXX	042-XXX-XX

Shift + ↑
Shift + ↓

図1 上下の選択範囲を変更する場合は、「Shift」キーと「↓」キーを同時に押せば、下方向に範囲が広がる。縮小するには「Shift」キーと「↑」キーで範囲を調整する

	A	B	C	D	E	F
1	会員番号	氏名	性別	郵便番号	住所	電話番号
2	PC-001	青木　由美	女	105-0012	東京都港区芝大門X-X-XX	03-XXXX-XX
3	PC-002	坂野　博	男	171-0021	東京都豊島区西池袋XX-XXX	03-XXXX-XX
4	PC-003	室井　春香	女	121-0022	東京都葛飾区宝町X-XX	03-XXXX-XX
5	PC-004	坂本　久	[illegible]	[illegible]	[illegible]本石町XX	03-XXXX-XX
6	PC-005	和田　元太	男	135-0004	東京都江東区森下X-X-XXXX	03-XXXX-XX
7	PC-006	関　晴美	女	168-0062	東京都杉並区方南X-X-XXX	090-XXXX-X
8	PC-007	井出　恵子	女	162-0052	[illegible]都新宿区戸山X-XX	03-XXXX-XX
9	PC-008	阿部　[illegible]	[illegible]	[illegible]	[illegible]X-XX	080-XXXX-X
10	PC-009	安藤　[illegible]	[illegible]	[illegible]	[illegible]	03-XXXX-XX
11	PC-010	渡辺　[illegible]	[illegible]	[illegible]	[illegible]XXX	03-XXXX-XX
12	PC-011	加藤　聡	男	171-0021	東京都豊島区西池袋X-X-XX	03-XXXX-XX

Shift + ←
Shift + →

図2 左右の選択範囲を変更する場合は、「Shift」キーを押しながら、「→」キーで拡大、「←」キーで縮小できる

離れた範囲を選択する

ショートカット 「Ctrl」＋ドラッグ／「Ctrl」＋クリック

離れた位置にあるセルやセル範囲をまとめて選択したい場合は、「Ctrl」キーを使う。最初のセルやセル範囲をクリックまたはドラッグしたら、次からは「Ctrl」キーを押しながらクリックまたはドラッグして選択すればよい（**図1**）。

複数のセル範囲を選択しておけば、書式の変更などの操作が1回で済む（**図2**）。罫線を引いたり、グラフの作成でも使えるワザだ。

●「Ctrl」キーでセルを選択

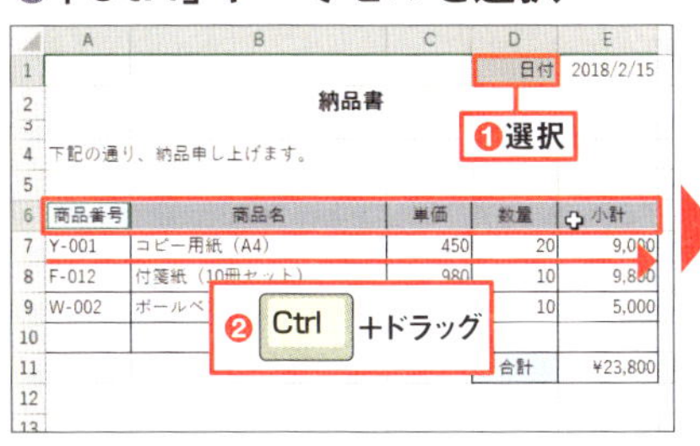

図1 離れた位置のセルを選ぶときは、まず1つめのセルを選ぶ（❶）。それ以降は、「Ctrl」キーを押しながらクリックまたはドラッグしてセルやセル範囲を選択する（❷❸）

●選択範囲にまとめて書式設定

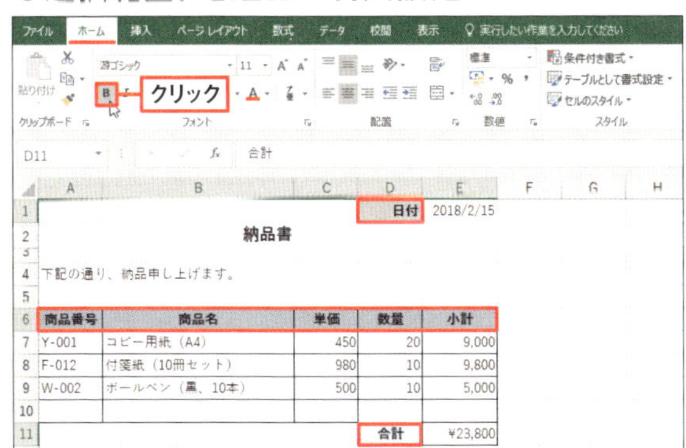

図2 複数のセル範囲を選んだ状態で「太字」や「塗りつぶしの色」などのボタンを押せば、それぞれのセル範囲にまとめて書式を設定できる

表の中の「空白セル」だけを選択する

表の中の空白セルを選択したいとき、離れた位置にあった場合は、1つひとつのセルを、「Ctrl」キーを押しながらクリックあるいはドラッグして選択していくのは面倒だ。

表の中の空白セルだけを選びたいときは、特定の条件に該当するセルを自動選択できる「ジャンプ」機能を利用する。

それにはまず、表全体の範囲を選択して、「ホーム」タブの「検索と選択」のメニューから「条件を選択してジャンプ」を選ぶ（**図1**）。続けて開く画面で「空白セル」を選ぶと、選択範囲のすべての空白セルが選択された状態になる（**図2**）。

選択した複数の空白セルに同じデータを入力したい場合は、この状態で文字を入力し、「Ctrl」キーを押しながら「Enter」キーを押す（162ページ）。これで一気にデータを入力できる。

●「ジャンプ」機能で空白を選択

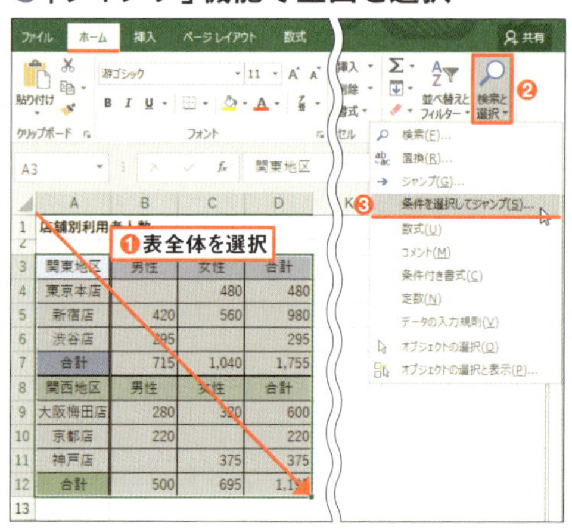

図1 まず、空白セルを探す表全体を範囲選択する（❶）。「ホーム」タブの「検索と選択」から「条件を選択してジャンプ」を選ぶ（❷❸）

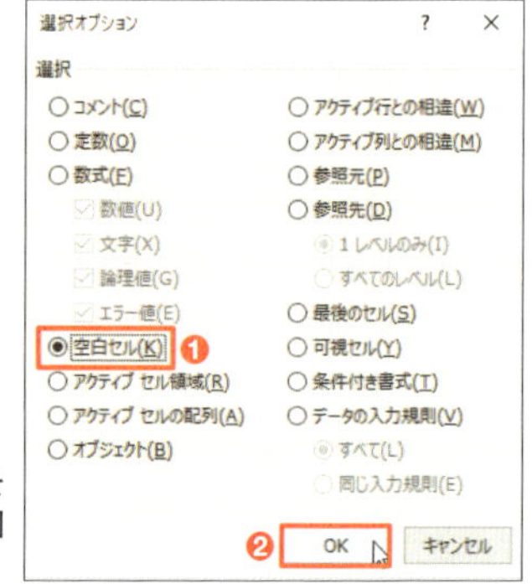

図2 表示された「選択オプション」画面で 、セルの選択条件を設定する。「空白セル」を選んで「OK」ボタンを押すと（❶❷）、図1の表内の空白セルがすべて選択される

Section 060

よく利用する範囲に名前を付ける

よく利用するセルやセル範囲に、あらかじめ名前を付けておくと、次からは、その名前をクリックするだけで選択できて便利だ。

名前を付けるには、名前ボックスに名前を入力する（**図1**）。次からは名前ボックスから選択するだけだ。

関数を使う際にも範囲指定の代わりに名前が使えるので、わかりやすくなりミスも軽減できる。

●よく使う範囲に名前を付ける

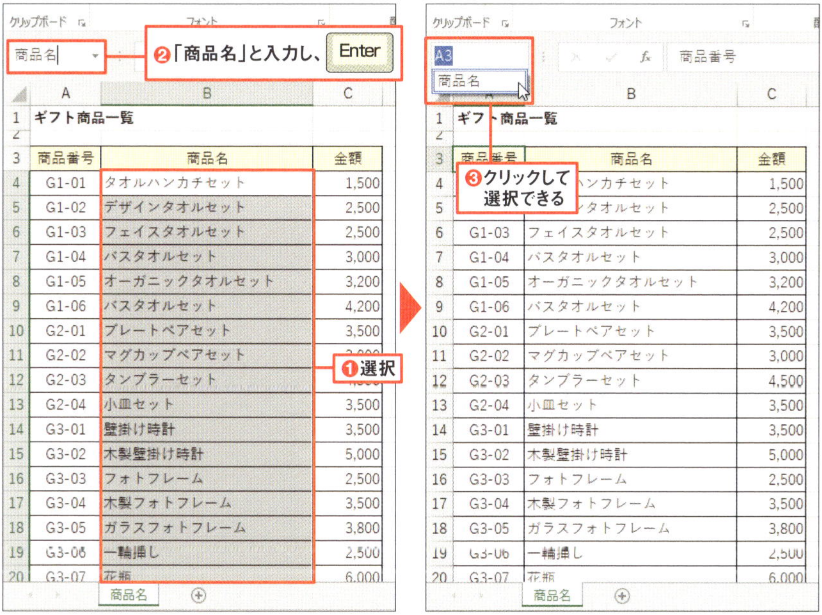

	A	B	C
1	ギフト商品一覧		
2			
3	商品番号	商品名	金額
4	G1-01	タオルハンカチセット	1,500
5	G1-02	デザインタオルセット	2,500
6	G1-03	フェイスタオルセット	2,500
7	G1-04	バスタオルセット	3,000
8	G1-05	オーガニックタオルセット	3,200
9	G1-06	バスタオルセット	4,200
10	G2-01	プレートペアセット	3,500
11	G2-02	マグカップペアセット	3,000
12	G2-03	タンブラーセット	4,500
13	G2-04	小皿セット	3,500
14	G3-01	壁掛け時計	3,500
15	G3-02	木製壁掛け時計	5,000
16	G3-03	フォトフレーム	2,500
17	G3-04	木製フォトフレーム	3,500
18	G3-05	ガラスフォトフレーム	3,800
19	G3-06	一輪挿し	2,500
20	G3-07	花瓶	6,000

図1 名前を付けたいセル範囲を選択し（❶）、名前ボックスに名前を入力して「Enter」キーで確定する（❷）。次からは名前ボックスからその名前を選択すれば、簡単にその範囲を選択できる（❸）

セル範囲をコピーする／移動する

作成済みの表の位置を変えたいときは、マウス操作でドラッグして移動したほうが簡単だ（**図1**）。表全体を選択し、外枠をドラッグすれば簡単に移動できる。

作成済みの表を使い回すなら、表全体を選択し、「Ctrl」キーを押しながら表の外枠をドラッグするとコピーできる（**図2**）。

●移動は表の枠をドラッグ

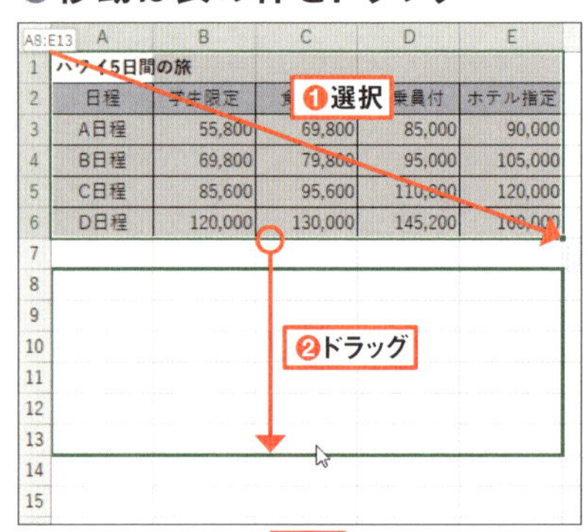

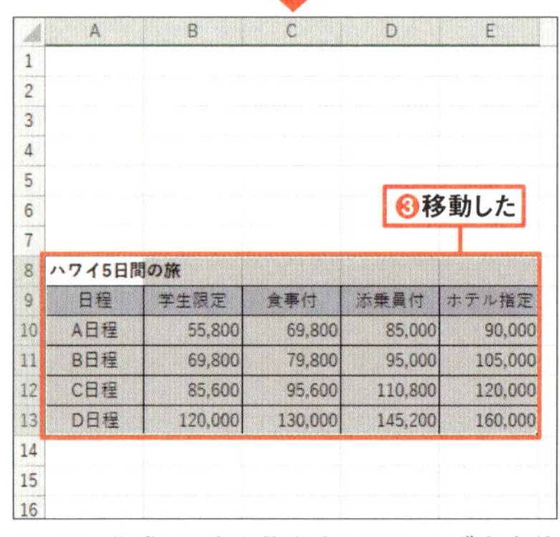

ハワイ5日間の旅				
日程	学生限定	食事付	添乗員付	ホテル指定
A日程	55,800	69,800	85,000	90,000
B日程	69,800	79,800	95,000	105,000
C日程	85,600	95,600	110,800	120,000
D日程	120,000	130,000	145,200	160,000

図1 作成した表を移動するには、まず表全体を選択する（❶）。続いて選択範囲の枠の部分にマウスポインターを合わせ、4方向矢印の形に変わったら、移動先までドラッグして移動する（❷❸）

●コピーは「Ctrl」+ドラッグ

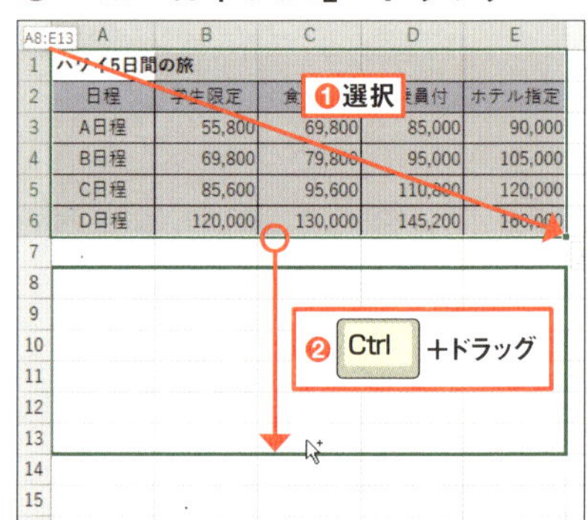

ハワイ5日間の旅				
日程	学生限定	食事付	添乗員付	ホテル指定
A日程	55,800	69,800	85,000	90,000
B日程	69,800	79,800	95,000	105,000
C日程	85,600	95,600	110,800	120,000
D日程	120,000	130,000	145,200	160,000

ハワイ5日間の旅				
日程	学生限定	食事付	添乗員付	ホテル指定
A日程	55,800	69,800	85,000	90,000
B日程	69,800	79,800	95,000	105,000
C日程	85,600	95,600	110,800	120,000
D日程	120,000	130,000	145,200	160,000

❸コピーされた

図2 表のコピーは「Ctrl」キーを使うのがポイント。表全体を選択し（❶）、その枠の部分を「Ctrl」キーを押しながらドラッグすれば、表全体をコピーできる（❷❸）

Section 062 表を指定した位置に挿入する

表を別の表の間に挿入したい場合は、「Shift」キーを押しながらドラッグしていくと、移動先が太線で示されるので、これを目安に挿入する（**図1**）。

あらかじめ行・列単位で選択すれば、行や列単位での入れ替えも可能（**図2**）。「Shift」キーと「Ctrl」キーを一緒に押せばコピーもできる。

●「Shift」+ドラッグで挿入

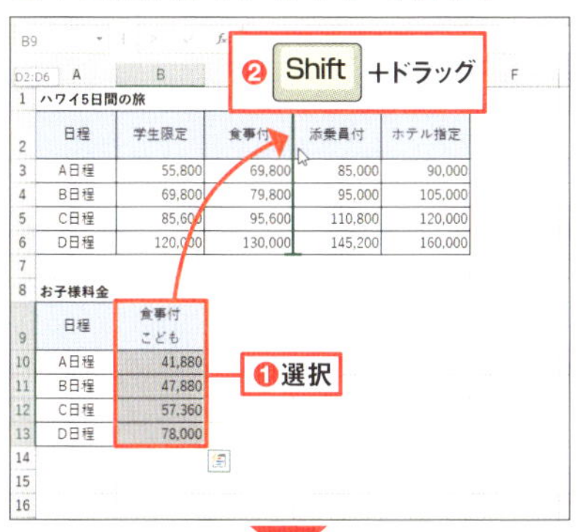

ハワイ5日間の旅

日程	学生限定	食事付	添乗員付	ホテル指定
A日程	55,800	69,800	85,000	90,000
B日程	69,800	79,800	95,000	105,000
C日程	85,600	95,600	110,800	120,000
D日程	120,000	130,000	145,200	160,000

お子様料金

日程	食事付 こども
A日程	41,880
B日程	47,880
C日程	57,360
D日程	78,000

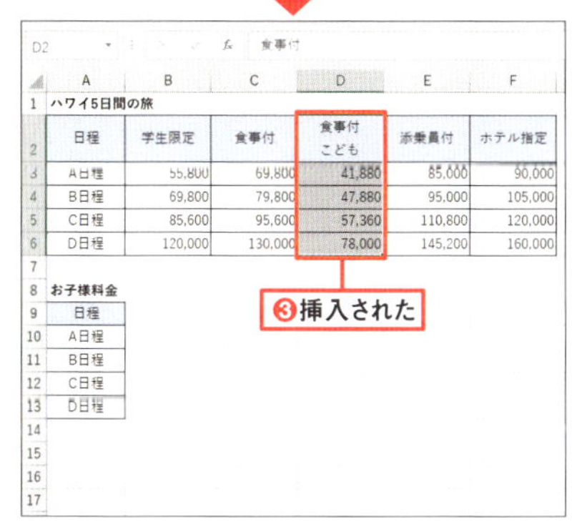

ハワイ5日間の旅

日程	学生限定	食事付	食事付 こども	添乗員付	ホテル指定
A日程	55,800	69,800	41,880	85,000	90,000
B日程	69,800	79,800	47,880	95,000	105,000
C日程	85,600	95,600	57,360	110,800	120,000
D日程	120,000	130,000	78,000	145,200	160,000

お子様料金

日程
A日程
B日程
C日程
D日程

図1 挿入したい範囲を選択し（❶）、その枠の部分を「Shift」キーを押しながらドラッグする（❷）。すると、移動先にあるセルが右や下にずれ、ドラッグした範囲が挿入される（❸）

●行や列の入れ替えも「Shift」で

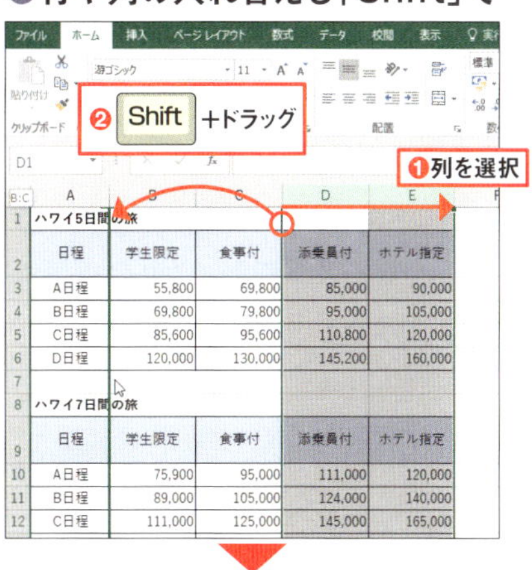

ハワイ5日間の旅

日程	学生限定	食事付	添乗員付	ホテル指定
A日程	55,800	69,800	85,000	90,000
B日程	69,800	79,800	95,000	105,000
C日程	85,600	95,600	110,800	120,000
D日程	120,000	130,000	145,200	160,000

ハワイ7日間の旅

日程	学生限定	食事付	添乗員付	ホテル指定
A日程	75,900	95,000	111,000	120,000
B日程	89,000	105,000	124,000	140,000
C日程	111,000	125,000	145,000	165,000

❸列が入れ替わった

ハワイ5日間の旅

日程	添乗員付	ホテル指定	学生限定	食事付
A日程	85,000	90,000	55,800	69,800
B日程	95,000	105,000	69,800	79,800
C日程	110,800	120,000	85,600	95,600
D日程	145,200	160,000	120,000	130,000

ハワイ7日間の旅

日程	添乗員付	ホテル指定	学生限定	食事付
A日程	111,000	120,000	75,900	95,000
B日程	124,000	140,000	89,000	105,000
C日程	145,000	165,000	111,000	125,000
D日程	189,000	210,000	155,000	169,000

図2 行や列の入れ替えも「Shift」キー+ドラッグで操作可能だ。それにはまず移動する行や列を選択し（❶）、その枠の部分を「Shift」キーを押しながらドラッグすればよい（❷❸）

書式だけをコピーする

表の書式を整えた後、ほかの表も同じ書式にしたいなら、「書式のコピー/貼り付け」機能を使う(**図1**)。複数の表にコピーしたいなら、このボタンをダブルクリックすれば、同じ書式を繰り返し適用できる。最後に「Esc」キーで解除する。選択範囲の枠を別表まで右ドラッグし、メニューから書式のみコピーしてもよい(**図2**)。

●ドラッグで書式だけをコピー

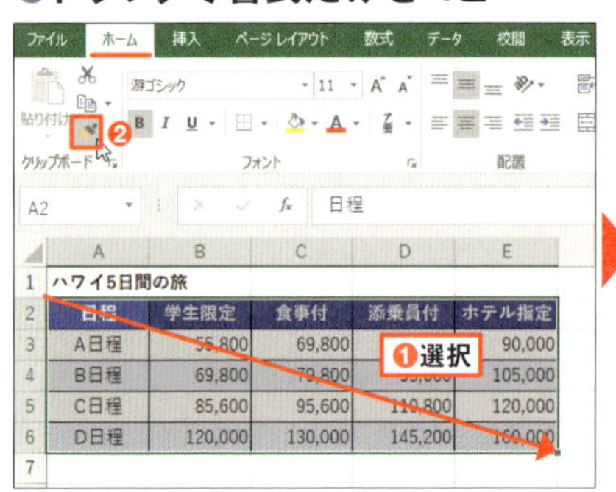

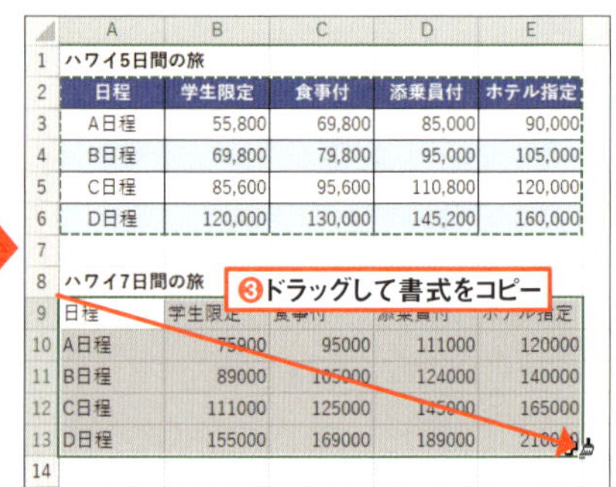

▲**図1** 書式だけをコピーするには、書式を設定した表を選択し(❶)、「ホーム」タブの「書式のコピー/貼り付け」ボタンを押す(❷)。マウスポインターの形が変わったら、書式をコピーしたい表をドラッグすると(❸)、色や罫線などの書式だけがコピーされる

●右ドラッグで書式だけをコピー

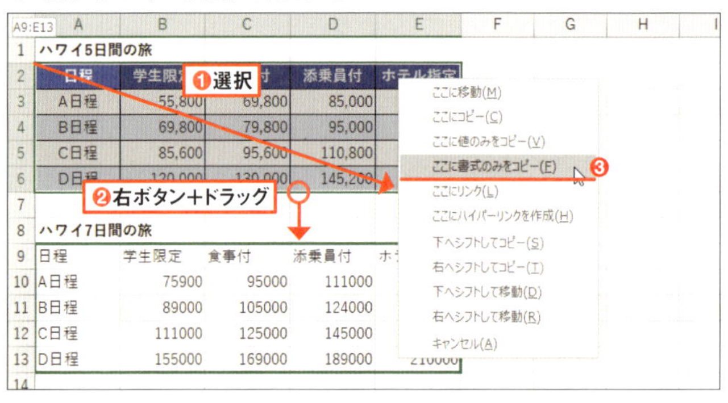

◀**図2** 書式を設定した表を選択し(❶)、枠の部分を、マウスの右ボタンを押しながら、書式のない表までドラッグする(❷)。右ボタンを離すと開くメニューから「ここに書式のみをコピー」を選ぶと(❸)、書式だけをコピーできる

値だけをコピーする

書式が設定された表の書式を崩さずに、ほかの表から値だけをコピーしたいなら、貼り付けるときに、右クリックメニューから「値」を選ぶ（**図1**）。数式で計算した結果の数値だけをコピーしたい場合にも使える。「数式」を選べば、数式のみを貼り付けることもできる。

貼り付け後に表示される「貼り付けのオプション」からも設定可能（**図2**）。

●「値」だけを貼り付ける

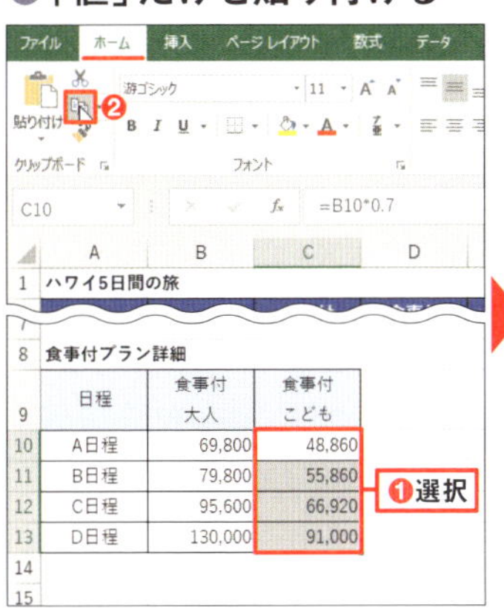

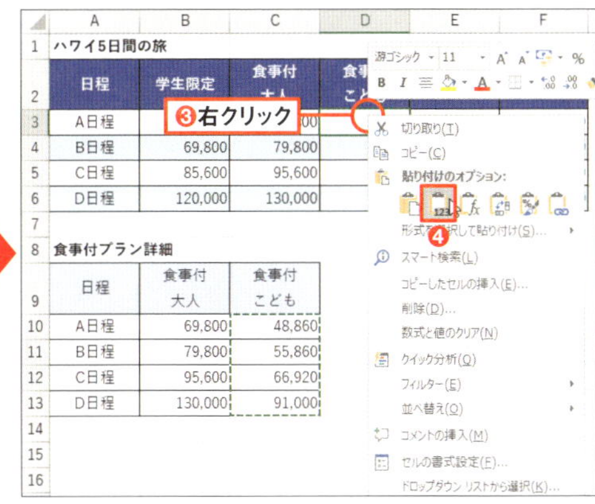

↑ **図1** 値だけをコピーするには、コピーしたい範囲を選択し（❶）、「ホーム」タブの「コピー」を押す（❷）。続いて貼り付け先の範囲の左上端のセルを右クリックし（❸）、開くメニューで「値」を選ぶ（❹）

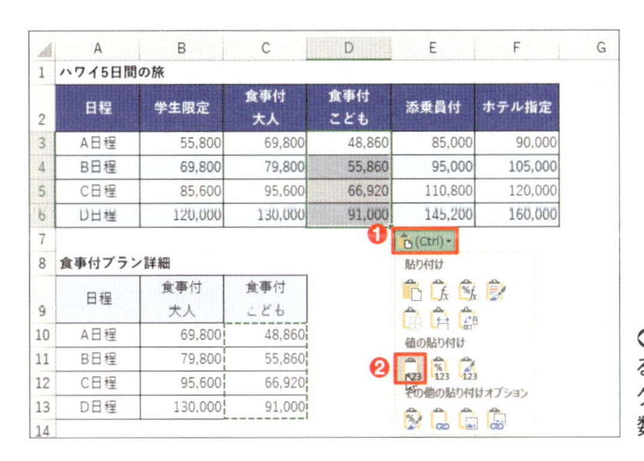

← **図2** データを貼り付けた後、表示される「貼り付けのオプション」ボタンをクリックし（❶）、開く画面で「値」を選んでも数値だけを貼り付けることができる（❷）

表の縦と横を入れ替える

表を作成した後に、行と列を入れ替えたいケースもあるだろう。そんな場合は、表をコピーし、貼り付ける際に行と列を入れ替えて貼り付ければよい（**図1**）。

数式の入ったセルを貼り付けた場合は、縦横の変更に合わせて、自動的に再計算されて貼り付けられる。数式を固定したいなら、該当セルを絶対参照にして、貼り付ける。なおこの機能は、「テーブル」で作成された表では利用できない。

●行と列を入れ替えて貼り付ける

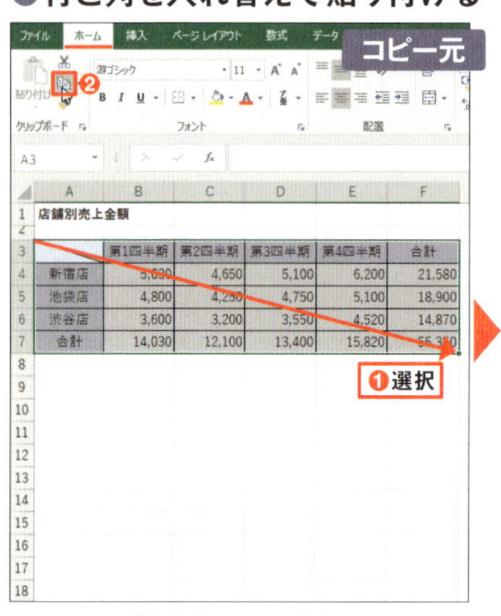

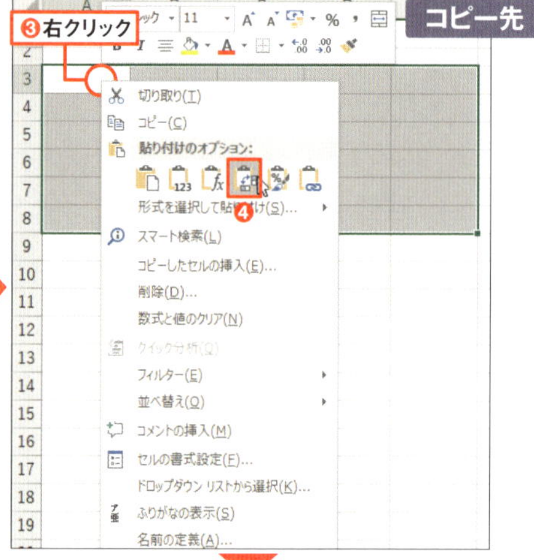

店舗別売上金額（修正版）

	新宿店	池袋店	渋谷店	合計
第1四半期	5,630	4,800	3,600	14,030
第2四半期	4,650	4,250	3,200	12,100
第3四半期	5,100	4,750	3,550	13,400
第4四半期	6,200	5,100	4,520	15,820
合計	21,580	18,900	14,870	55,350

図1 まず表全体を選択し（❶）、「ホーム」タブの「コピー」 ボタンを押す（❷）。貼り付け先のシートを開き、左上端となるセルで右クリックして（❸）、開いたメニューから「行列を入れ替える」を選べば（❹）、行と列が入れ替わった状態になる。列幅などが崩れた場合は、手動で調整する

規則性に基づいて自動入力する

分割した住所を統合したり、統合した住所を分割したりしたい。そんなとき「フラッシュフィル」を使えば、一定のルールに基づき、データを統合・分割できる。

分割した住所を統合したいなら、最初のセルに統合した住所を入力し、フラッシュフィルを実行する（**図1**）。「データ」タブの「フラッシュフィル」からも操作できる。ただし、分割する場合は半角スペースなど、統合データに何らかの区切りがないと失敗する場合もある。

●ルールに基づき、入力内容を判断

➲ **図1** 入力済みデータの右側の先頭セルに、入力したいデータを入力後、セルを選択（❶）。右下隅をドラッグし（❷）、「オートフィルオプション」ボタンをクリック（❸）。メニューから「フラッシュフィル」を選ぶと（❹）、先頭セルと同じルールで、それ以降のセルにも入力される（❺）

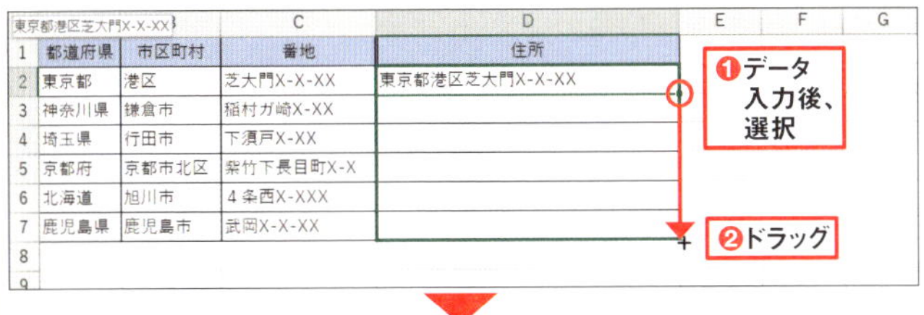

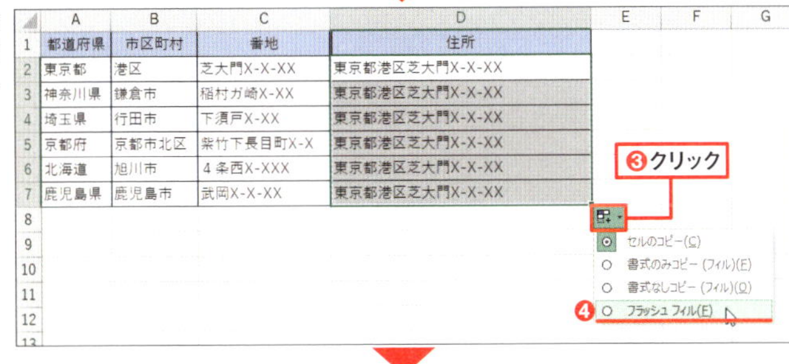

	A	B	C	D
1	都道府県	市区町村	番地	住所
2	東京都	港区	芝大門X-X-XX	東京都港区芝大門X-X-XX
3	神奈川県	鎌倉市	稲村ガ崎X-XX	神奈川県鎌倉市稲村ガ崎X-XX
4	埼玉県	行田市	下須戸X-XX	埼玉県行田市下須戸X-XX
5	京都府	京都市北区	紫竹下長目町X-X	京都府京都市北区紫竹下長目町X-X
6	北海道	旭川市	4条西X-XXX	北海道旭川市4条西X-XXX
7	鹿児島県	鹿児島市	武岡X-X-XX	鹿児島県鹿児島市武岡X-X-XX

❺ルールを判断して、入力済みデータからデータをコピーして入力

Section 067

データを別々のセルに分割する

1つのセルに入力された複数のデータを別々のセルに分割したい。作例のように、特定の文字(作例は「×」)でデータが区切られていれば、「区切り位置」機能で分割できる。元のセルの右側に分割されるので、あらかじめ分割数分のセルを空けてから機能を呼び出そう(**図1〜図3**)。区切り文字を除いた状態で分割される。

●「区切り文字」を指定して分割

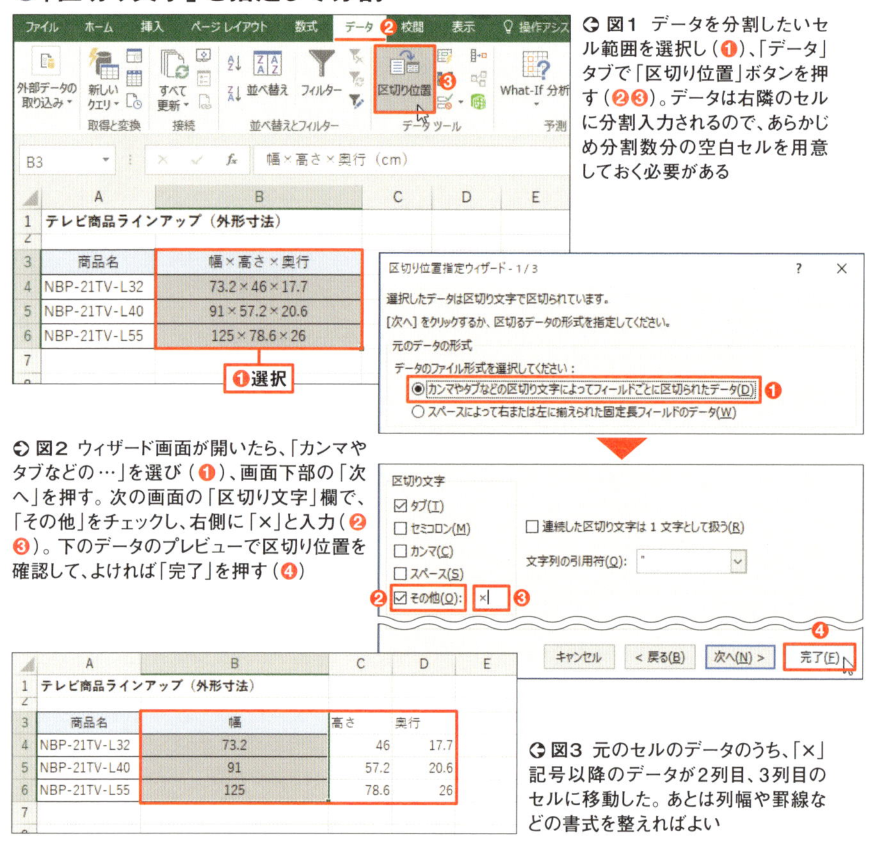

図1 データを分割したいセル範囲を選択し(❶)、「データ」タブで「区切り位置」ボタンを押す(❷❸)。データは右隣のセルに分割入力されるので、あらかじめ分割数分の空白セルを用意しておく必要がある

図2 ウィザード画面が開いたら、「カンマやタブなどの…」を選び(❶)、画面下部の「次へ」を押す。次の画面の「区切り文字」欄で、「その他」をチェックし、右側に「×」と入力(❷❸)。下のデータのプレビューで区切り位置を確認して、よければ「完了」を押す(❹)

図3 元のセルのデータのうち、「×」記号以降のデータが2列目、3列目のセルに移動した。あとは列幅や罫線などの書式を整えればよい

文字数を指定してセルを分割する

入力したデータを前半と後半に分けたい。そんな場合は、右側に分割するセルを用意して、「区切り位置」機能で区切り位置を指定して分割する（**図1、図2**）。ただし、分割する文字数はすべての列で同じである必要がある。作例のように、「00」を残して表示したいなら、3番目の画面でデータ形式を設定しよう（**図3**）。

●指定した文字数で分割する

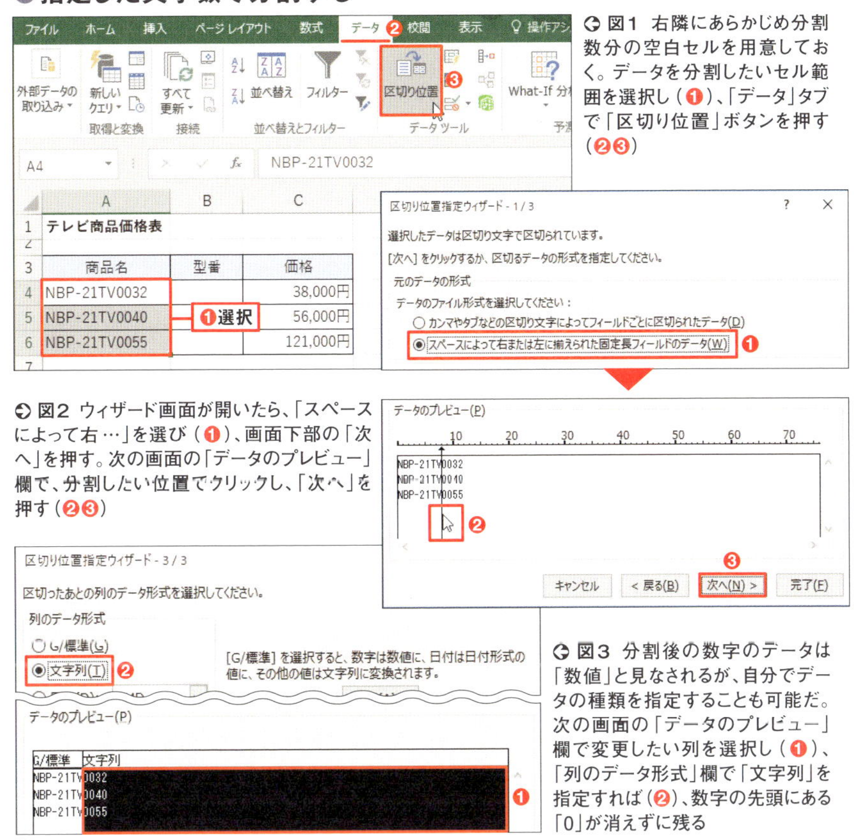

➲ **図1** 右隣にあらかじめ分割数分の空白セルを用意しておく。データを分割したいセル範囲を選択し（❶）、「データ」タブで「区切り位置」ボタンを押す（❷❸）

➲ **図2** ウィザード画面が開いたら、「スペースによって右…」を選び（❶）、画面下部の「次へ」を押す。次の画面の「データのプレビュー」欄で、分割したい位置でクリックし、「次へ」を押す（❷❸）

➲ **図3** 分割後の数字のデータは「数値」と見なされるが、自分でデータの種類を指定することも可能だ。次の画面の「データのプレビュー」欄で変更したい列を選択し（❶）、「列のデータ形式」欄で「文字列」を指定すれば（❷）、数字の先頭にある「0」が消えずに残る

Section 069 入力データを制限してそれ以外は“警告”

「入力規則」では、間違ったデータを入力したときにエラー画面を表示できる。例えば、郵便番号の入力ミスを防ぐために、「8桁の文字列」限定にできる。「設定」タブで条件を指定（**図1、図2**）。次に「エラーメッセージ」タブで、警告の文章を入力する（**図3、図4**）。

●入力を許可するデータを指定

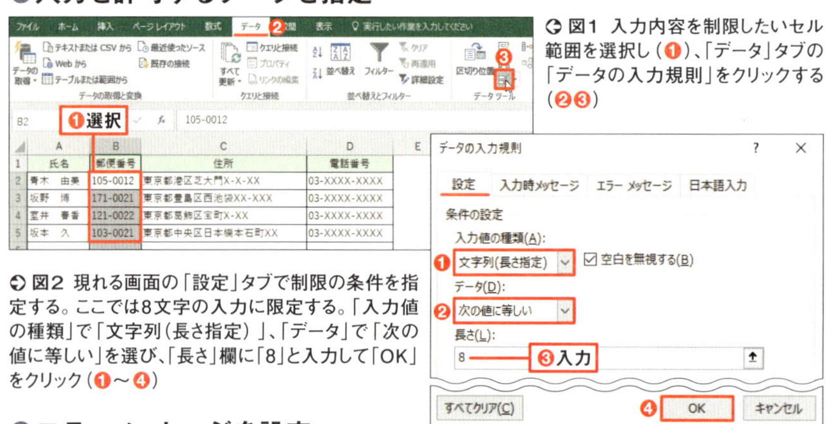

⇐ **図1** 入力内容を制限したいセル範囲を選択し（❶）、「データ」タブの「データの入力規則」をクリックする（❷❸）

⇒ **図2** 現れる画面の「設定」タブで制限の条件を指定する。ここでは8文字の入力に限定する。「入力値の種類」で「文字列（長さ指定）」、「データ」で「次の値に等しい」を選び、「長さ」欄に「8」と入力して「OK」をクリック（❶～❹）

●エラーメッセージを設定

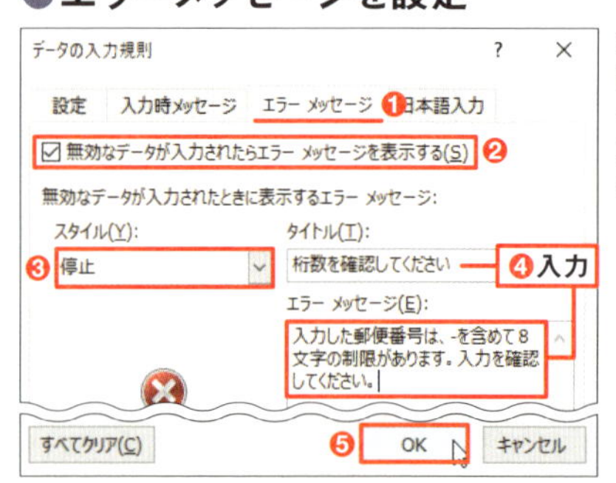

⇐ **図3** 「エラーメッセージ」タブを開き（❶）、警告画面に表示する文章を入力する。「無効なデータが入力…」をチェックし、「スタイル」で「停止」を選択、「タイトル」欄と「エラーメッセージ」欄に規則に違反したときの表示を入力する（❷～❺）

●間違ったデータなら警告

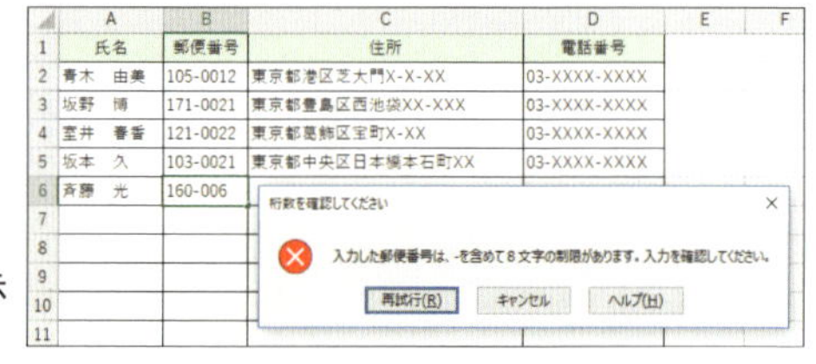

⇒ **図4** すると、制限に反する入力にはエラーが表示されるので、単純な入力ミスも防止できる

Section 070

決まったデータを「リスト」から入力する

「入力規則」のリスト機能を設定したセルの右側には「▼」ボタンが現れ、リストから選択できるようになる。決まった数種類の項目をランダムに入力したいときに便利だ。リストにする項目は、「,」(半角カンマ)で区切って「元の値」欄に直接入力する(**図1、図2**)。別表を作成して、それを利用することもできる。

●入力規則で「リスト」を設定

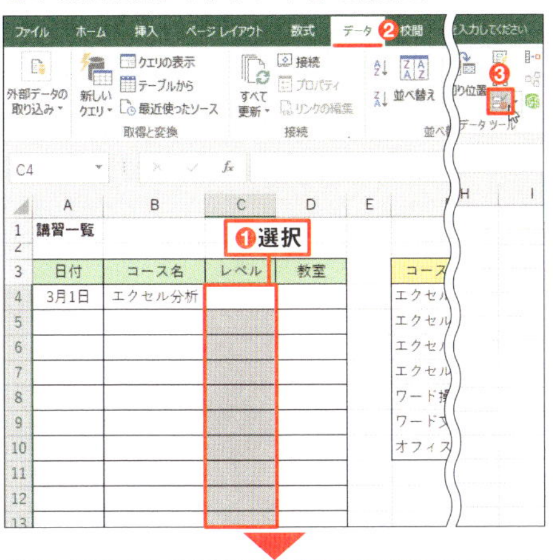

図1 リスト表示したいセル範囲を選択し(❶)、「データ」タブの「データの入力規則」をクリックする(❷❸)。現れる画面の「設定」タブの「入力値の種類」で「リスト」を選び、「元の値」欄にリストの内容を「,」(半角カンマ)で区切って入力し、「OK」をクリックする(❹~❼)

図2 すると、リストから入力できるようになる

Section 071 日本語入力のオン/オフを列単位で切り替え

エクセルの起動時、日本語入力ソフト(IME)はオフになっている。住所録などのデータの場合、住所や氏名では「ひらがな」を入力できるように、日本語入力ソフトが自動的にオンに切り替わると便利だ。日本語入力モードは、「A」ならオフ、「あ」ならオンの状態だ。

この自動切り替えは「入力規則」で実現できる。オンにする列を選択し、「データの入力規則」画面を開き、「日本語入力」タブで「日本語入力」を「オン」または「ひらがな」に設定すればよい(**図1〜図3**)。

●入力規則で「日本語入力」を設定

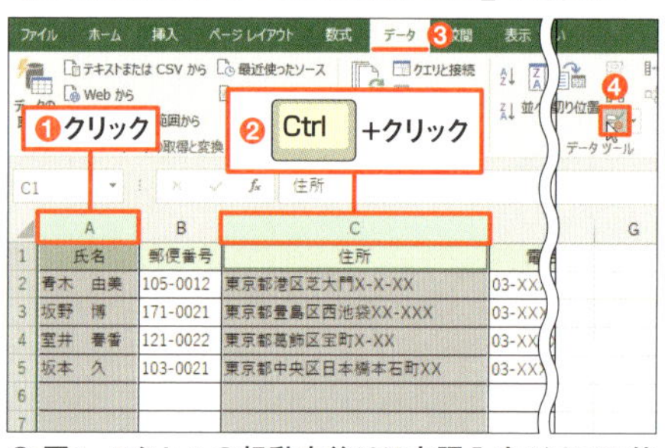

図1 エクセルの起動直後は日本語入力がオフの状態だ。そこで、日本語を入力する「氏名」と「住所」の列だけに「入力規則」を設定する。2つの列をクリックと「Ctrl」キーを使って同時に選択し(❶❷)、「データ」タブの「データの入力規則」を選ぶ(❸❹)

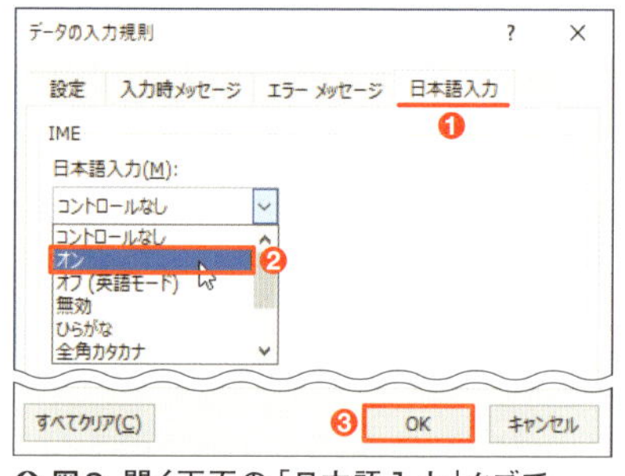

図2 開く画面の「日本語入力」タブで(❶)、「日本語入力」欄のリストから「オン」を選ぶ(❷❸)。これで、「氏名」と「住所」の列を選択したときに自動的に入力モードが「ひらがな」に変わる。なお❷の操作で「ひらがな」を選んでもよい

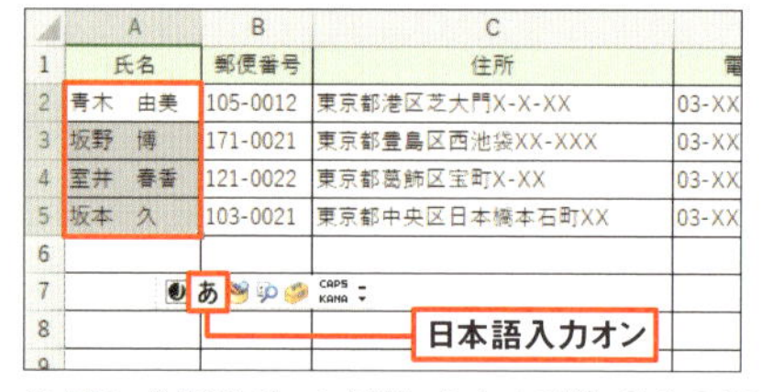

日本語入力オフ

図3 住所録データを横に入力する際、氏名の列では日本語入力がオン、郵便番号の列ではオフになって、手動でいちいち切り替えなくて済む

数値の桁を見やすくして単位も付ける

単位を付けたり、「千」単位で表示するなど数値の見た目を変えたりしたい場合は、表示形式の「ユーザー定義」で実現できる（**図1～図3**）。見た目だけを変えるので、計算にもそのまま使える。

数値の表示形式は、書式記号を使って表す。「"」（半角ダブルクォーテーション）でくくれば、「台」などの単位も表示できる。

●表示形式を変更して表示

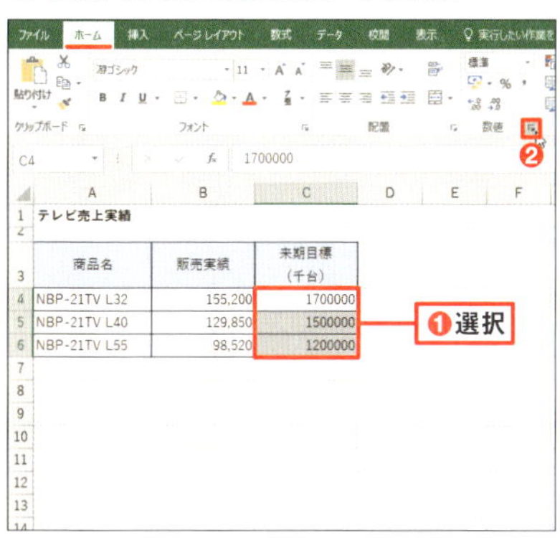

図1 数値を「千単位の3桁区切り」で「台」を付けて表示したい。数値のセル範囲を選択し（❶）、「ホーム」タブの「数値」グループのダイアログボックス起動ツールをクリック（❷）

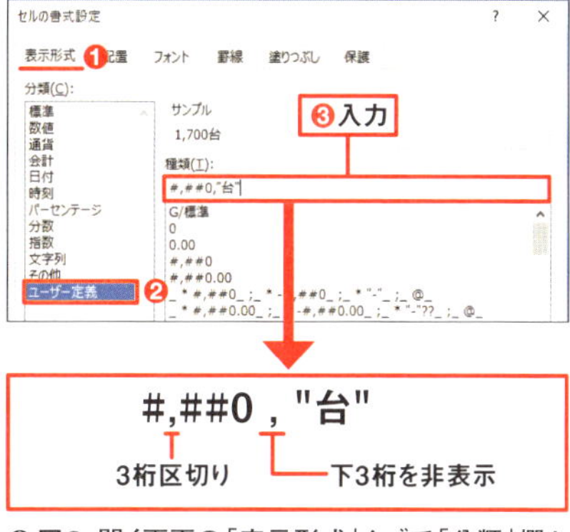

図2 開く画面の「表示形式」タブで「分類」欄から「ユーザー定義」を選び、「種類」欄に「#,##0,"台"」と入力する（❶～❸）。最初の「,」が「3桁区切り」、末尾の「,」が「下3桁の省略」の指定になる

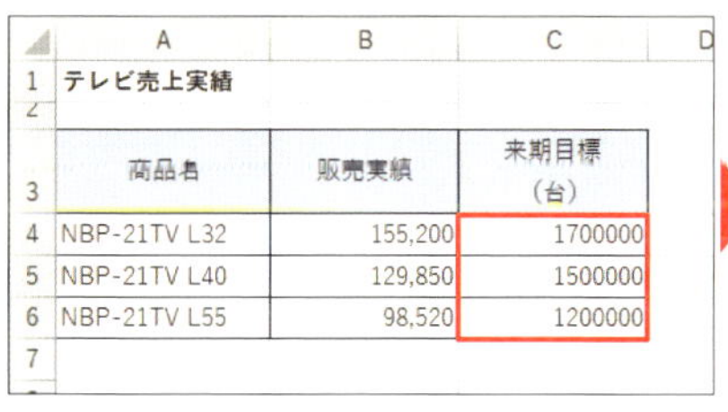

	A	B	C
1	テレビ売上実績		
3	商品名	販売実績	来期目標（台）
4	NBP-21TV L32	155,200	1700000
5	NBP-21TV L40	129,850	1500000
6	NBP-21TV L55	98,520	1200000

	A	B	C
1	テレビ売上実績		
3	商品名	販売実績	来期目標（千台）
4	NBP-21TV L32	155,200	1,700台
5	NBP-21TV L40	129,850	1,500台
6	NBP-21TV L55	98,520	1,200台

図3 これらの設定により、数値が見やすくなる。数値の値を変えずに見た目だけを変えるので、そのまま計算にも利用できるのがメリットだ

Section 073

日付を思い通りの形式で表示する

エクセルでは、表示形式で数値や日付の「見た目」を変えられる。実体は数値なので、計算にもそのまま使える。

エクセルには、あらかじめいくつかの表示形式が用意されている。一覧にない場合は、オリジナルの表示形式を設定しよう。設定は、「セルの書式設定」画面の「表示形式」タブの「分類」欄の「ユーザー定義」を使う（**図1～図3**）。**図4**では、その一例を紹介しているので覚えておこう。

●「日」と「曜日」の表示にする

図1 まず日付を入力したセル範囲を選択し（❶）、「ホーム」タブの「数値」グループのダイアログボックス起動ツールをクリック（❷）

図2 開く画面の「表示形式」タブで（❶）、「分類」欄から「ユーザー定義」を選び（❷）、「種類」欄に「d"日"(aaa)」と入力する（❸）。「d」は日付、「a」は曜日を表す書式記号だ

図3 すると、「5日（月）」といった「日付（曜日）」の形式で表示できる

●日付の表示に使う書式記号の例

	書式記号	表示例
日付	yyyy/mm/dd	2018/03/01
	ggge"年"m"月"	平成30年3月
	ge.m.d	H30.3.1
	e"年"m"月"d"日"	30年3月1日
	m"月"d"日 "aaaa	3月1日木曜日
	m/d(aaa)	3/1(木)
	dddd,mmmm,d	Thursday,March,1
	ddd mmm d	Thu Mar 1
	[DBNum1]ggge"年"	平成三十年
	[DBNum1]m"月"d"日"	三月一日

図4 書式記号と表示の一例。一部の表示は図2の「日付」の分類から選択できる

24時間以上の時間を正しく表示する

勤務時間などを合計したとき、そのままでは正しく計算できない。これは設定している表示形式が「24時」を過ぎると「0時」に戻り、24時間以上を表示しない形式のためだ。それ以上の時間を表示するには、適切な表示形式を選ぶ必要がある。

標準では時刻用の「h:mm」の表示形式が設定されているが、これを時間用の表示形式の「[h]:mm」に変更する（**図1〜図3**）。時刻と時間の表示に使う書式記号の例も確認しておこう（**図4**）。

●24時間以上の時間を表示する

❶選択

=SUM(E4:E9)

図1 合計時間を入力するセルを選択し（❶）、「ホーム」タブの「数値」グループのダイアログボックス起動ツールをクリック（❷）

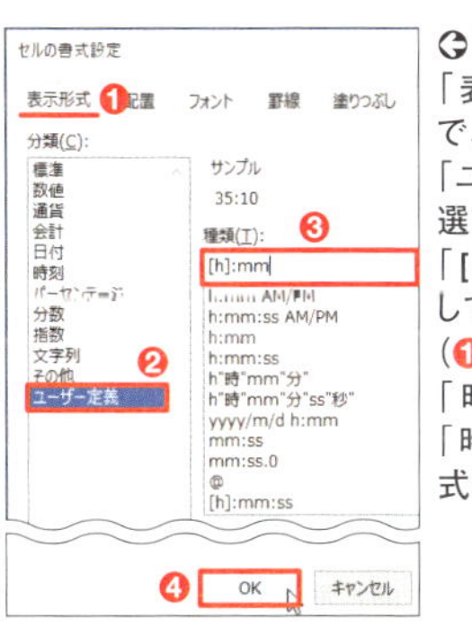

図2 開く画面の「表示形式」タブで、「分類」欄から「ユーザー定義」を選び、「種類」欄に「[h]:mm」と入力して「OK」を押す（❶〜❹）。「[h]」は「時刻」ではなく「時間」を表す書式記号

	A	B	C	D	E	F
1	出退勤管理			3月	第2週	
3	日付	出勤	退勤	休憩	勤務時間	
4	5日(月)	8:50	17:00	1:00	7:10	
5	6日(火)	9:00	17:30	1:00	7:30	
6	7日(水)	10:00	16:30	1:00	5:30	
7	8日(木)	13:00	18:00	0:30	4:30	
8	9日(金)	9:00	17:00	1:00	7:00	
9	10日(土)	13:00	17:00	0:30	3:30	
10				合計	35:10	

24時間以上を正しく表示する

図3 これで24時間以上の正しい勤務時間の合計が表示できる

●時刻と時間の表示に使う書式記号の例

	書式記号	表示例
時刻	hh:mm:ss	11:05:07
	h:m:s	11:5:7
	h:mm AM/PM	11:05 AM
	h"時"m"分"s"秒"	11時5分7秒
時間	[h]:mm:ss	48:23:38
	[h]"時間"m"分"	48時間23分
	[m]"分"	2903分
	[s]"秒"	174218秒

図4 基本はhが時間、mが分、sが秒だ

列幅を文字数に合わせて自動調整

右側にデータが入力されたセルに、多くの文字列を入力すると右端が欠けて表示される。桁数の多い数値の場合は、「###」記号で表示される。これは列幅が不足しているためだ。

列幅はドラッグ操作で変更できる（**図1**）。ほかに、列番号の右側の境界線をダブルクリックして、その列の一番長い文字列に合わせた列幅に自動的に調整することもできる（**図2**）。複数の列をまとめて自動調整することも可能だ（**図3**）。

●ドラッグで調整

	A	B	C	D
1	プラン名	月	6月	合計
2	フルーツ食	95	80	225
3	庭園美術館	100	150	120	370
4	谷川岳ロー	55	60	60	175
5	日光東照宮	120	150	80	350
6	秘湯温泉で	88	62	40	190
7	花満開　浜	120	150	60	330
8	富士山ハイ	150	160	100	410

⬆図1 列幅を変更するには、列番号の右側の境界線にマウスポインターを置き、ポインターの形が変わったらデータに合わせて左右にドラッグする。ドラッグした分だけ列幅が変わる

●ダブルクリックなら自動調整

	A	B	C	D	E	F
1	プラン名	4月	5月	6月	合計	
2	フルーツ食	50	95	80	225	
3	庭園美術館	100	150	120	370	
4	谷川岳ロー	55	60	60	175	
5	日光東照宮	120	150	80	350	
6	秘湯温泉で	88	62	40	190	
7	花満開　浜	120	150	60	330	
8	富士山ハイ	150	160	100	410	
9	絶景渓谷巡	80	125	55	260	
10	月別集計	763	952	595	2,310	

	A	B	C	D	E
1	プラン名	4月	5月	6月	合計
2	フルーツ食べ放題	50	95	80	
3	庭園美術館巡り	100	150	120	
4	谷川岳ロープウェイ	55	60	60	
5	日光東照宮お参り				
6	秘湯温泉でくつろぐ	88	62	40	
7	花満開　海浜公園ウォーク	120	150	60	
8	富士山ハイキング	150	160	100	
9	絶景渓谷巡り	80	125	55	
10	月別集計	763	952	595	2

⬆図2 列幅を変更したい列の、列番号の右側の境界線をダブルクリックすると（❶）、その列の一番長い文字列に合わせて、列幅が自動調整される（❷）

●複数列もまとめて自動調整

	A	B	C	D	E
1	プラン名	4月	5月	6月	合計
2	フルーツ食	50	95	80	225
3	庭園美術館	100	150		
4	谷川岳ロー	55	60	60	175
5	日光東照宮	120	150	80	350
6	秘湯温泉で	88	62	40	190
7	花満開　浜	120	150	60	330
8	富士山ハイ	150	160	100	410
9	絶景渓谷巡	80	125	55	260

⬅図3 あらかじめ複数の列を選択し、いずれかの列番号の右側の境界線をダブルクリックすると、選択範囲全体の列幅を一気に自動調整できる（❶❷）

Section 076

複数の列を同じ列幅に揃える

表の見出しには、店名や商品名、月などの同じ種類の項目名が並ぶことが多い。同じ種類の項目名は、それぞれの文字数に合わせるよりも、列幅が均等になっていたほうが見栄えが良い。

そんなときは、ダブルクリックの自動調整ではなく、ドラッグ操作で均等に調整しよう。まず、列幅を均等に揃えたい列をドラッグで選択してから、揃えたい列幅に変更すればよい（**図1**）。

離れた列の幅を揃えるときは、選択時に「Ctrl」キーを押して列を選択してから変更しよう（**図2**）。

●選択した列の境界線を調整

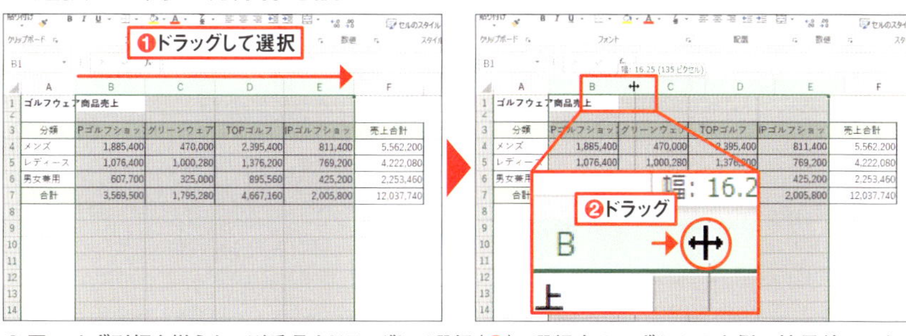

図1 まず列幅を揃えたい列番号をドラッグして選択（❶）。選択内のいずれかの右側の境界線にマウスポインターを置き、ポインターの形が変わったら左右にドラッグする（❷）。すると、選択した複数の列の幅が均等に変更される

●離れた列は「Ctrl」キーで選択

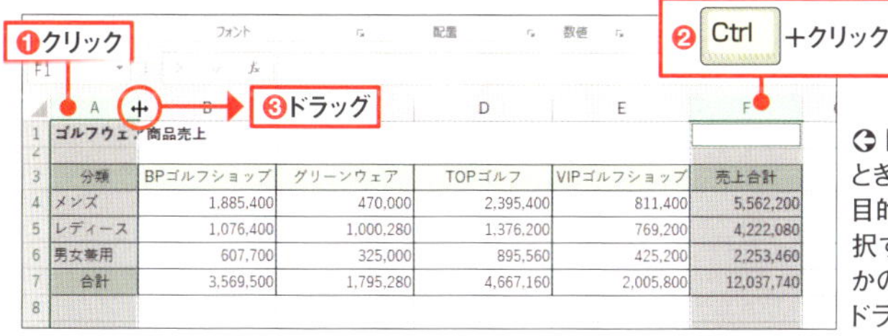

図2 離れた列の幅を揃えるときは、「Ctrl」キーを押しながら目的の列番号をクリックして選択する（❶❷）。その後、いずれかの列番号の右側の境界線をドラッグして調整する（❸）

Part 5 エクセル 表作成&データ整理の達人ワザで時短

データを昇順／降順で並べ替える

特定の列を基準(キー)として、表を行単位で並べ替えることができる(**図1**)。「昇順」は、数値(日付や時刻も含む)を小→大の順番で、文字列をアルファベット順や五十音順で並べ替えるもの。「降順」はその逆だ(**図2**)。

1つのセルを選択して並べ替えを実行すると、そのセルを含む表のデータ範囲全体が並べ替えられる。

●「購入日」列の昇順で並べ替える

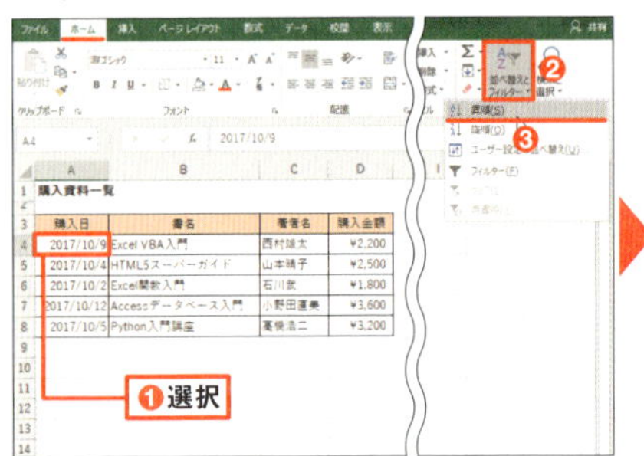

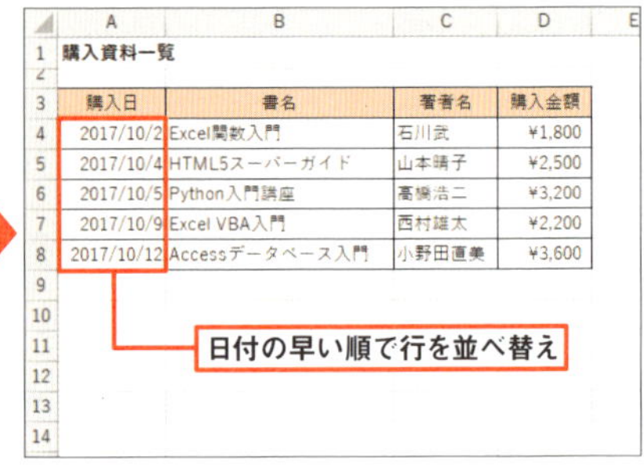

	A	B	C	D
1	購入資料一覧			
2				
3	購入日	書名	著者名	購入金額
4	2017/10/2	Excel関数入門	石川武	¥1,800
5	2017/10/4	HTML5スーパーガイド	山本晴子	¥2,500
6	2017/10/5	Python入門講座	高橋浩二	¥3,200
7	2017/10/9	Excel VBA入門	西村雄太	¥2,200
8	2017/10/12	Accessデータベース入門	小野田直美	¥3,600

図1 並べ替えのキーにしたい列(ここでは「購入日」列)のセルを1つだけ選択し、「ホーム」タブの「並べ替えとフィルター」をクリックして「昇順」を選ぶ(❶〜❸)。なお、数値の大きい順に並べ替えたい場合は、「降順」を選べばよい

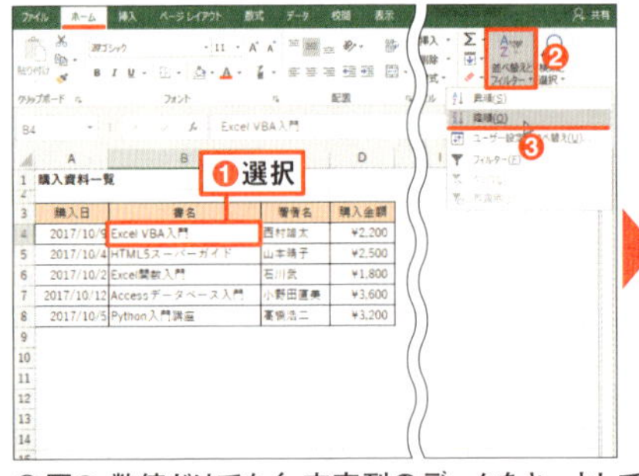

	A	B	C	D
1	購入資料一覧			
2				
3	購入日	書名	著者名	購入金額
4	2017/10/5	Python入門講座	高橋浩二	¥3,200
5	2017/10/4	HTML5スーパーガイド	山本晴子	¥2,500
6	2017/10/2	Excel関数入門	石川武	¥1,800
7	2017/10/9	Excel VBA入門	西村雄太	¥2,200
8	2017/10/12	Accessデータベース入門	小野田直美	¥3,600

アルファベットの逆順で行を並べ替え

図2 数値だけでなく、文字列のデータをキーとして並べ替えることも可能。「昇順」はアルファベット順や五十音順、「降順」はその逆の順番だ。ここでは、「書名」列に入力された文字列をキーとして、各行を「降順」で並べ替えた(❶〜❸)

指定した条件でデータを絞り込む

条件に合うデータだけを表示し、それ以外の行を非表示にする機能を「フィルター」と呼ぶ。1行目が各列の見出しで、2行目以降、1行に1件分のデータが入力されている形式の表なら、フィルターボタン(▼)を表示させることで、各種のフィルター処理が可能になる(**図1**)。なお、セル範囲を「テーブル」にした場合、最初からフィルターボタンが表示されている。

「▼」をクリックすると、その列のデータが重複なしで一覧表示される。その中で必要な項目にチェックを付けることで、その項目の行だけを表示させることができる(**図2**)。

●抽出対象を指定して「フィルター」を実行

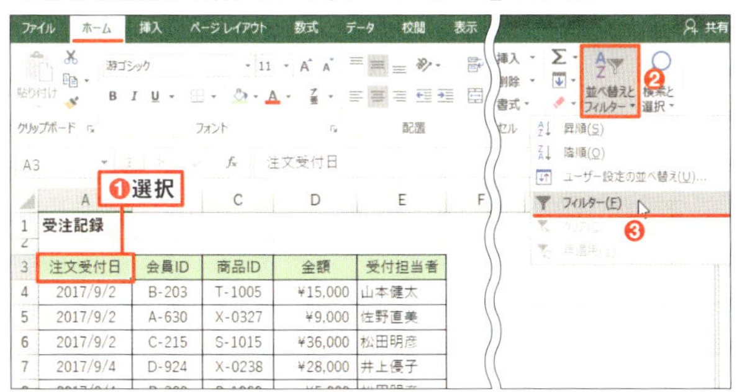

図1 表の中の任意のセルを1つだけ選択し、「ホーム」タブの「並べ替えとフィルター」をクリックして、「フィルター」を選ぶ(❶～❸)。これで、対象の表の列見出し(表の1行目)の各セルにフィルターボタン(▼)が表示される

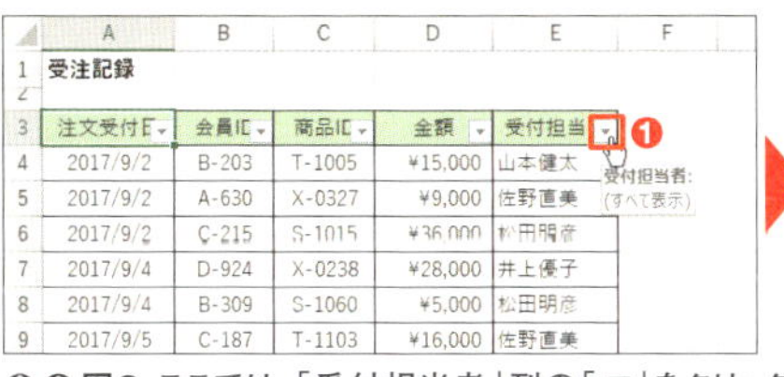

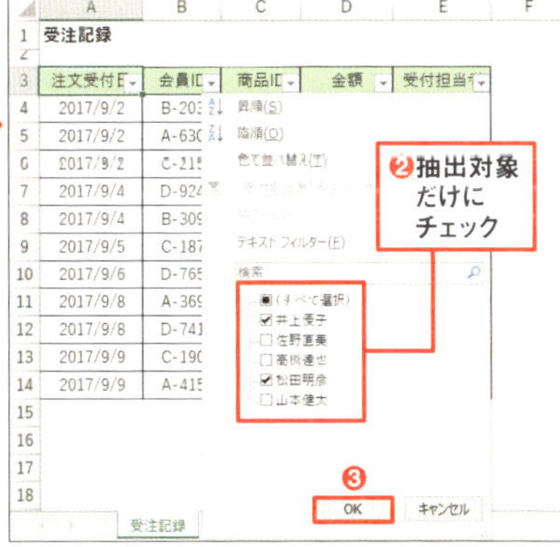

図2 ここでは、「受付担当者」列の「▼」をクリックし、表示したい「井上優子」と「松田明彦」だけにチェックを付け、それ以外の名前はすべてチェックを外した状態にして、「OK」をクリックする(❶～❸)。該当しない行は非表示になる。❷で「すべて表示」を選ぶと全行表示に戻る

Section 079

左／右のシートをさっと開く

ショートカット 「Ctrl」＋「PageUp」／「Ctrl」＋「PageDown」

複数のワークシートを含むブックで、作業中に現在のシートからその左右のシートへ移動したいことも多い。それぞれのシート見出しをクリックしてもよいが、キー操作だけでシートを切り替えたほうが作業効率は良い。

現在のシート見出しの左隣に表示されているシートを開くには、「Ctrl」キーを押しながら「PageUp」キーを押す（**図1**）。また、現在のシート見出しの右隣に表示されているシートを開くには、「Ctrl」キーを押しながら「PageDown」キーを押せばよい（**図2**）。

●左隣のシートに切り替える

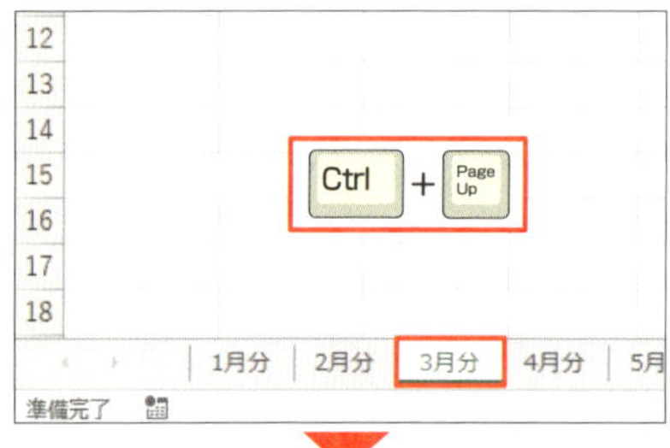

図1 現在表示されているワークシートの1つ前（左隣のシート見出し）のシートを開きたい。そのシート見出しをクリックしてもよいが、キー操作で表示を切り替えたい場合は、「Ctrl」キーと「Page Up」キーを同時に押す

●右隣のシートに切り替える

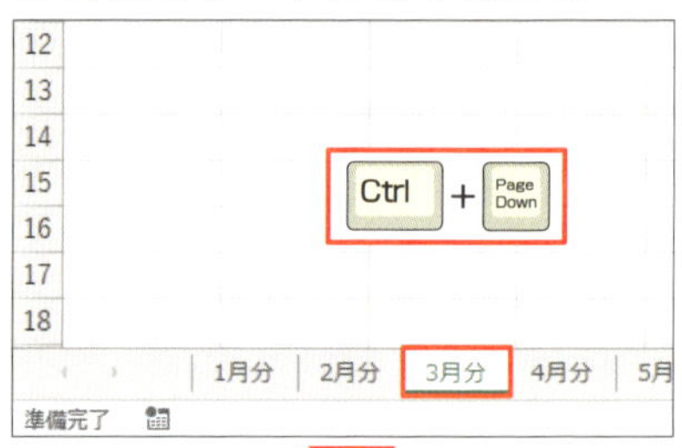

図2 反対に、現在表示されているワークシートの1つ後（右隣のシート見出し）のシートを開くには、「Ctrl」キーと「PageDown」キーを同時に押す。サクサク切り替えたいなら、マウスでクリックするより時短になる

Section 080 数多くのシートから目的のシートを素早く開く

ブックに大量のワークシートが含まれている場合、離れた位置のシート見出しをクリックするのはやや面倒だ。シート見出しの一部が隠れてしまうため、目的のシートをなかなか見つけられないことも多いだろう。

このような場合は、シート見出しの左側の三角ボタンの部分を右クリックする。現在のブックに含まれているシート名の一覧が表示されるので、目的のシート名を選択して開くことができる（**図1、図2**）。

なお、右向きの三角ボタンを「Ctrl」キーを押しながらクリックすると、最後のシート見出しまで表示される。「Ctrl」キーを押しながら左向きの三角ボタンをクリックすると、最初のシート見出しが表示される。

●特定のシートを一覧から選んで開く

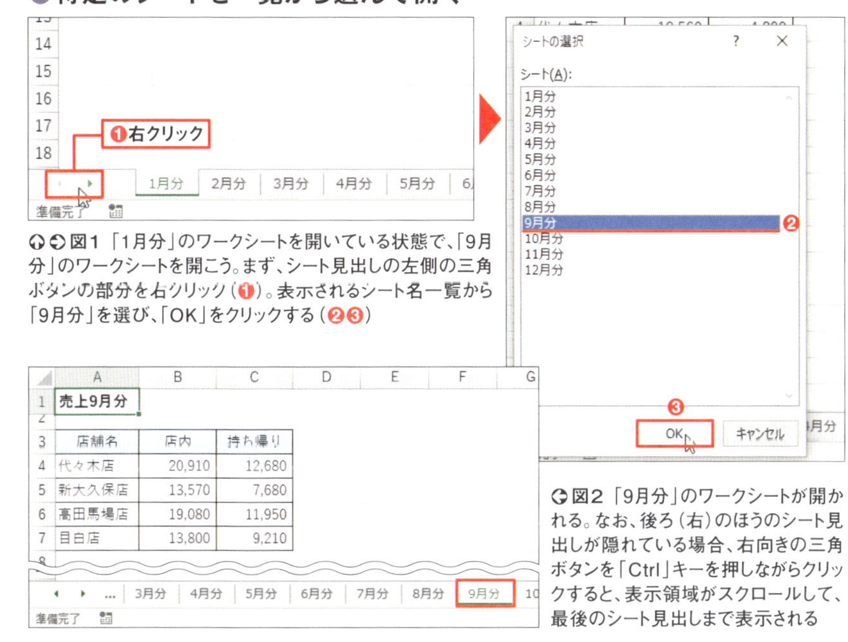

↑←図1 「1月分」のワークシートを開いている状態で、「9月分」のワークシートを開こう。まず、シート見出しの左側の三角ボタンの部分を右クリック（❶）。表示されるシート名一覧から「9月分」を選び、「OK」をクリックする（❷❸）

←図2 「9月分」のワークシートが開かれる。なお、後ろ（右）のほうのシート見出しが隠れている場合、右向きの三角ボタンを「Ctrl」キーを押しながらクリックすると、表示領域がスクロールして、最後のシート見出しまで表示される

図形をコピーして再利用する

ショートカット 「Ctrl」+ドラッグ／「Ctrl」+「Shift」+ドラッグ

同じ形や書式の図形をいくつも作りたいときは、最初に作成した図形をコピー（複製）するのが簡単だ。

対象の図形を選択し、「Ctrl」キーを押しながらドラッグすれば、その位置に図形がコピーされる（**図1**）。また、「Ctrl」キーと「Shift」キーを押しながらドラッグすると、水平方向や垂直方向にコピーできる（**図2**）。

●「Ctrl」+ドラッグでコピーする

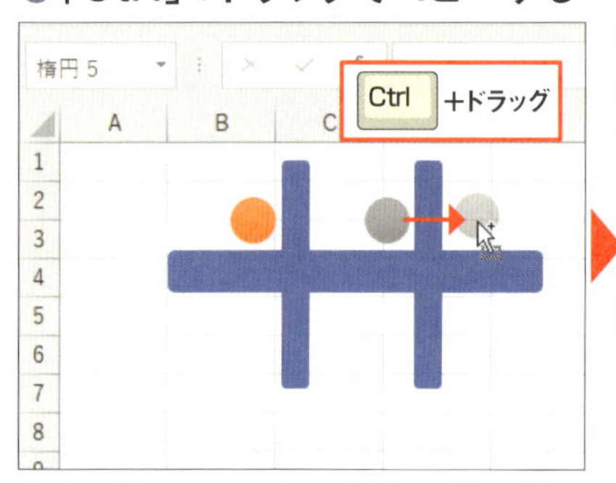

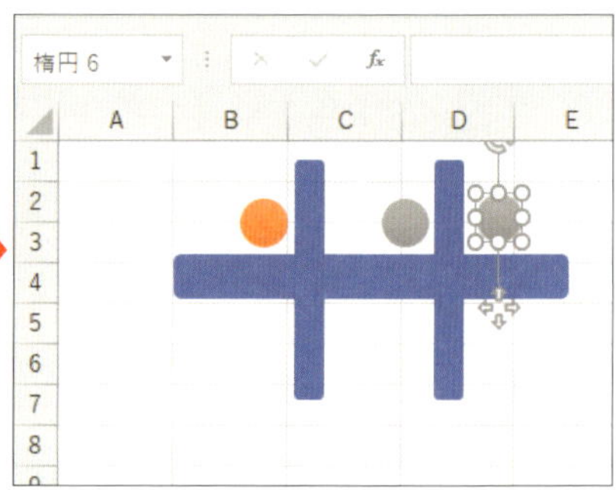

図1 「Ctrl」キーを押しながら図形をドラッグすると、そのドラッグした先の位置に図形がコピーされる

●水平または垂直にコピーする

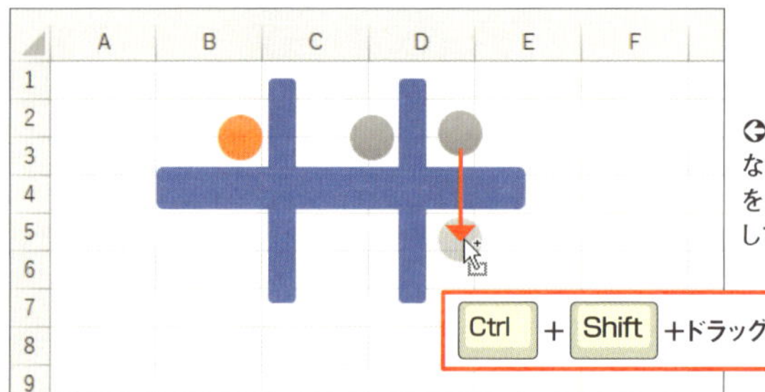

図2「Ctrl」キーと「Shift」キーを押しながら図形をドラッグすると、コピー先を水平方向または垂直方向だけに制限して、図形をコピーすることができる

複数の図形を1つにまとめる

複数の図形を組み合わせて作った地図やチャート図について、全体を1つの図形のように扱い、まとめて移動や複製をしたい。このようなときは、これらの図形をグループ化しよう。

まず、対象となる複数の図形をすべて選択(「Ctrl」+クリックまたは「ホーム」タブ→「検索と選択」→「オブジェクトの選択」で範囲指定)。この時点では、選択枠が、各図形それぞれの周りに表示されている。「グループ化」を実行すると(**図1**)、個々の選択枠が消え、図形全体の周りを1つの選択枠が囲んでいる状態になる。

その中の図形、または枠の部分をドラッグすると、グループ化されたすべての図形が、1つの図形のように一緒に移動する(**図2**)。なお、グループを選択後、改めて中の図形をクリックすると、各図形を個別に操作することもできる。

●図形をグループ化する

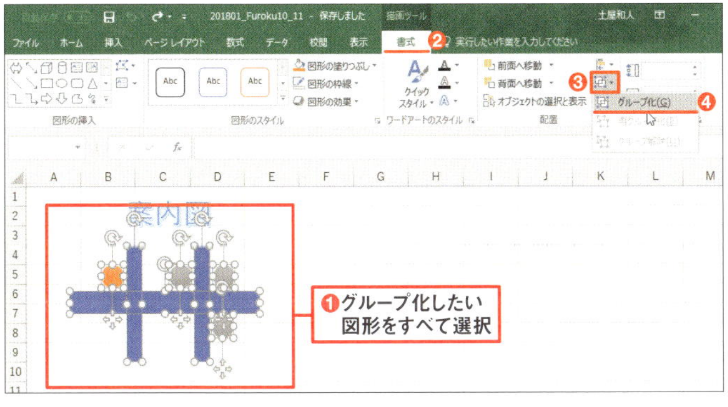

◐図1 「Ctrl」+クリック、または「オブジェクトの選択」などを利用して、グループ化したい図形をすべて選択(❶)。「描画ツール」−「書式」タブの「グループ化」から「グループ化」を選ぶ(❷〜❹)

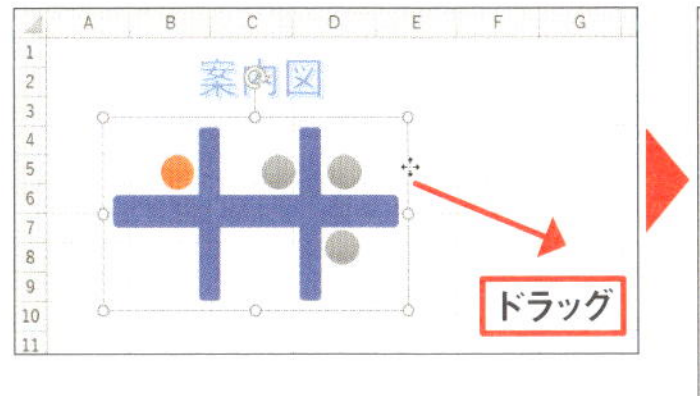

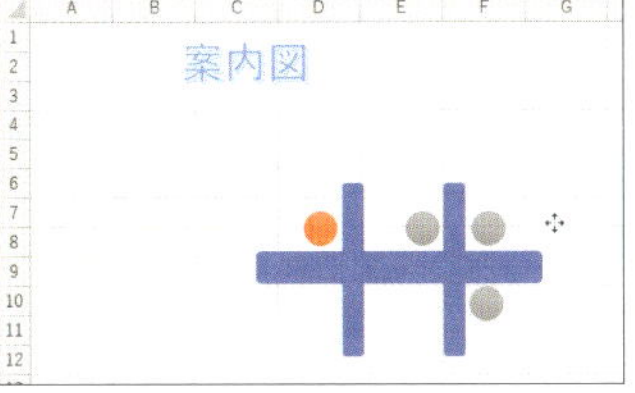

◐図2 個々に表示されていた各図形の枠が消え、図形全体の周りを1つの枠だけが囲んでいる状態になり、一緒に移動できる

グラフの元データの範囲を広げる

グラフの元データの範囲を変更したい場合は、「グラフツール」－「デザイン」タブの「データの選択」をクリックし、「データソースの選択」画面でグラフデータの範囲を修正するのが基本操作。しかし、現在の範囲を拡張する程度なら、グラフを選択して表示される元データを示したカラーリファレンスを、ドラッグで広げるだけでOK（**図1**）。グラフにも自動的に追加したデータが表示される。

●元データの範囲を横に広げる

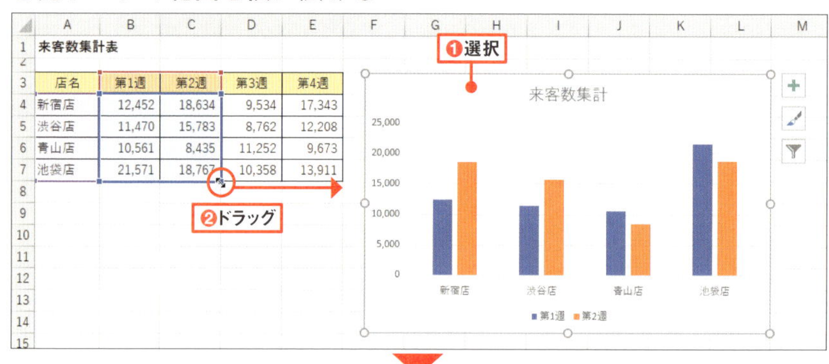

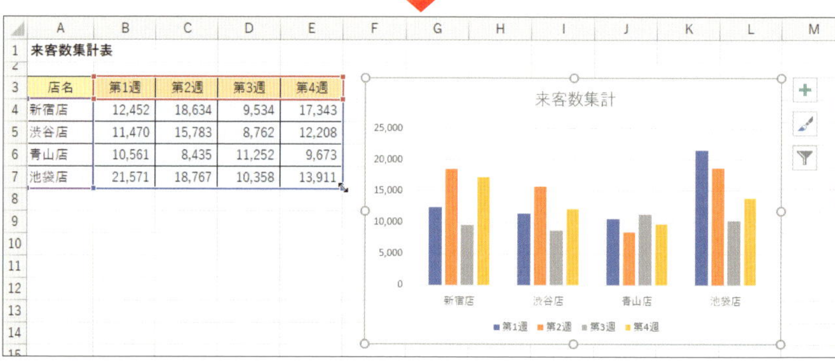

↑図1 元データの範囲に並んで入力されているデータをグラフに追加したい場合は、元データの範囲をそこまで広げればよい。グラフを選択すると元データの範囲がカラーリファレンスで示されるので、その四隅の点をドラッグして範囲を横に広げる（❶❷）

グラフの目盛りを調整してわかりやすくする

折れ線グラフや縦棒グラフの縦軸の目盛りは、元データに応じて自動的に設定される。そのままで問題がないことも多いが、例えば数値が高い水準で推移している折れ線グラフの場合、折れ線が上側にまとまり、変化がわかりづらい。これは、自動的に設定される最小値が「0」であるためだ。

グラフの目盛りの設定を変更するには、まず縦軸をダブルクリック（**図1**）。表示される「軸の書式設定」作業ウインドウで、「最小値」をここでは「500000」に変更する（**図2**）。これで、グラフが描画される領域が下に広がり、データの推移がわかりやすくなる（**図3**）。

●縦軸の最小値を設定する

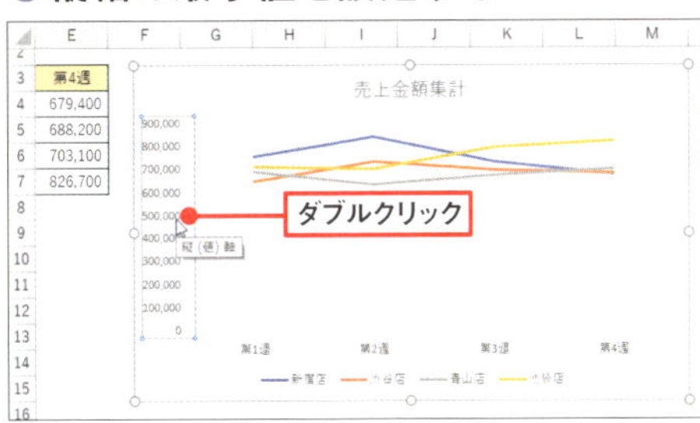

図1　縦軸の目盛りの最小値を、「0」ではなくやや大きめの数字にしたい。グラフの縦軸をダブルクリックすると、画面右側に「軸の書式設定」作業ウインドウが表示される

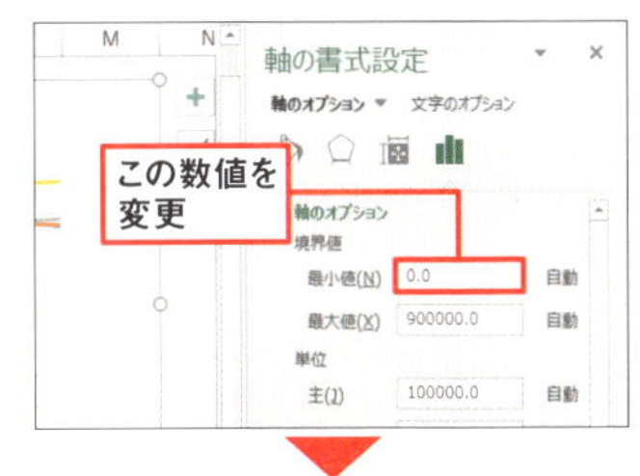

図2　「軸の書式設定」作業ウインドウの「軸のオプション」にある「境界値」の「最小値」欄を、現在の「0」から、ここでは「500000」に変更する

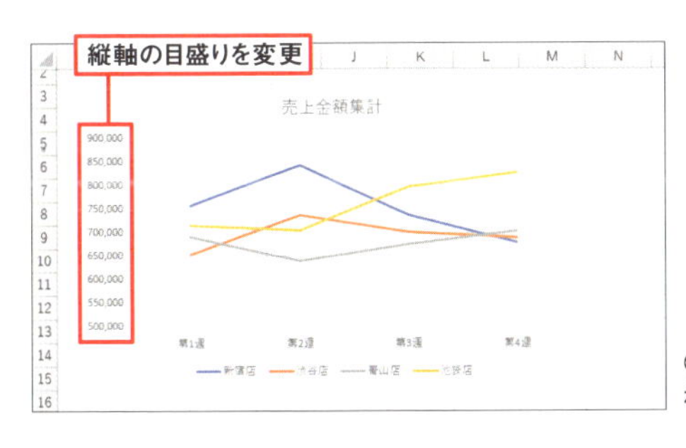

図3　これで、データの推移（変化）がわかりやすくなった

正しい横棒グラフを一発で作成する

エクセルで表のデータを基に横棒グラフを作ると、項目の並び順が表とは逆になる（**図1**）。ひと手間かけると修正できるが、厄介なのは一度変更しても別のデータでグラフを作ると、また同じように逆順になってしまうこと。毎回設定を変更するのが、とても煩わしい。

そこで提案したいのが、修正したグラフをテンプレートとして保存する方法。ほかのデータでこのテンプレートを使い回せば、正しいグラフを素早く作れるわけだ。

方法は簡単。まず通常手順で「挿入」タブを開いて表から横棒グラフを作成する。項目の並び順が逆になるので、「軸の書式設定」を開いて（**図2**）、「軸を反転する」にチェックを入れる。ただし、これだけでは並び順は修正できるが、グラフの横軸（目盛り）がグラフの上側に表示されて見づらい。そのため「横軸との交点」欄で

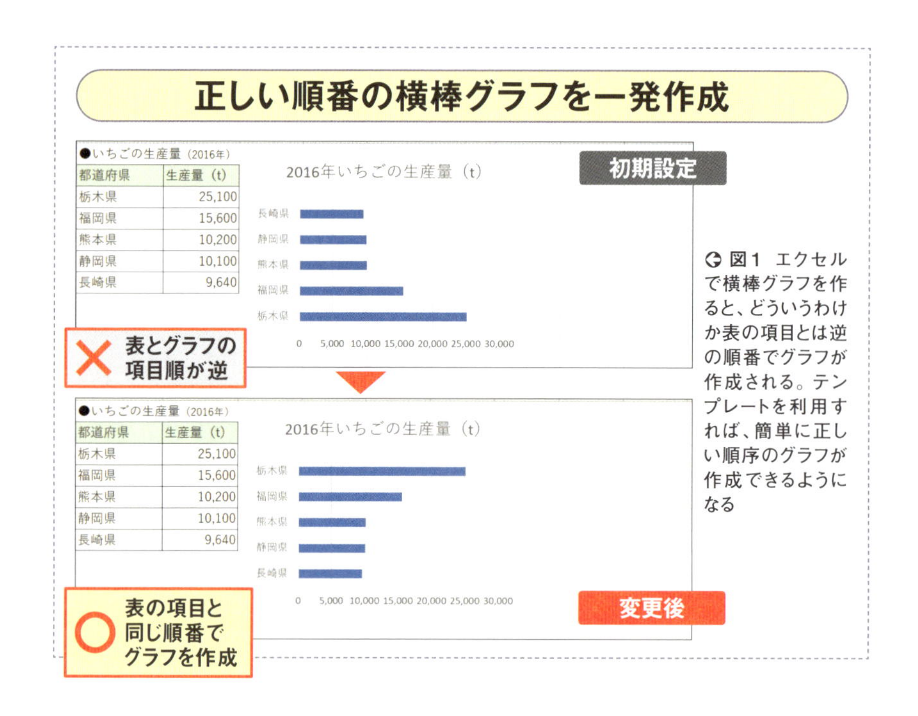

図1 エクセルで横棒グラフを作ると、どういうわけか表の項目とは逆の順番でグラフが作成される。テンプレートを利用すれば、簡単に正しい順序のグラフが作成できるようになる

「最大項目」を選ぶと（**図3**）、横軸がグラフの下側に移動して完成する。修正したグラフをテンプレート化するには、右クリックして「テンプレートとして保存」を選択（**図4**）。わかりやすい名前で保存すればよい。

以降、横棒グラフを作る際には「おすすめグラフ」を選ぶ（**図5**）。開く画面で、先ほど保存したテンプレートを選択すれば、正しい横棒グラフを作成できる（**図6**）。

●グラフを修正してテンプレート化

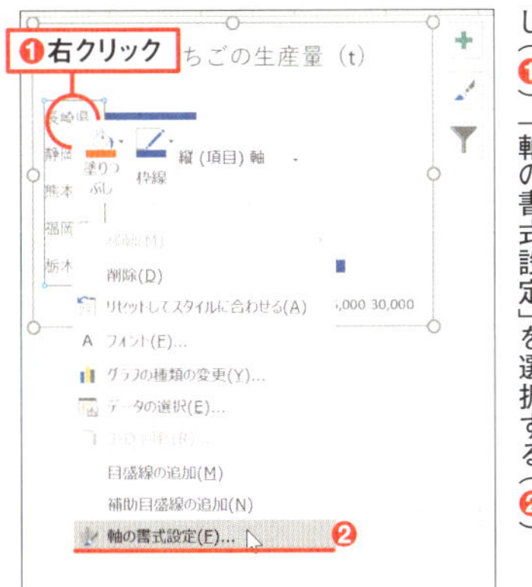

図2 まずは、通常の手順で横棒グラフを作成。そして、グラフの縦軸の項目名を右クリックし（❶）、「軸の書式設定」を選択する（❷）

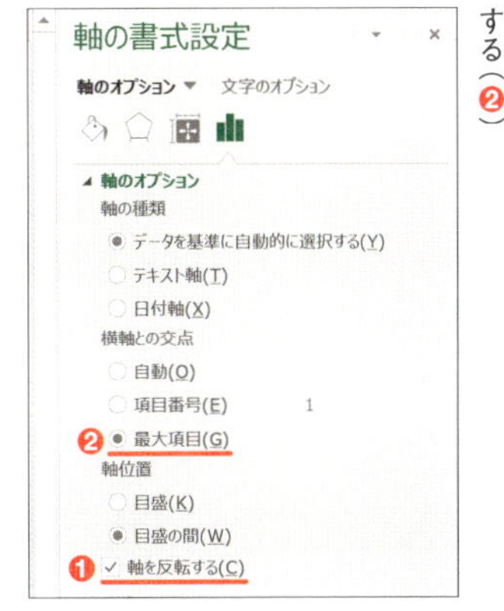

図3 右側に「軸の書式設定」作業ウインドウが開いたら、「軸を反転する」をチェック（❶）。そして、「横軸との交点」で「最大項目」を選択する（❷）

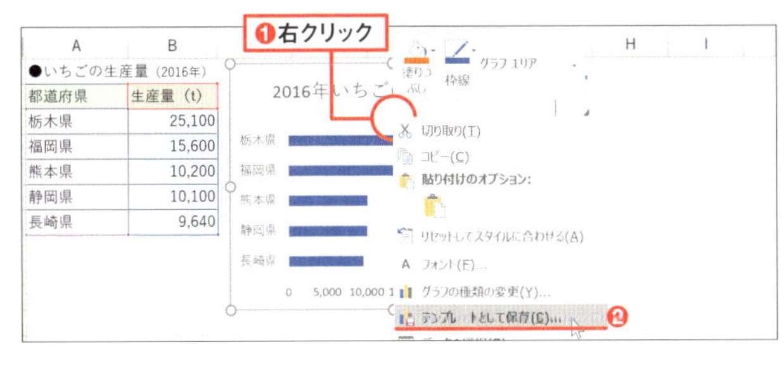

図4 グラフの項目が表と同じ順に切り替わった。続いてグラフの何もないところを右クリックし（❶）、「テンプレートとして保存」を選択する（❷）

●別のデータから正しい横棒グラフを作るときは

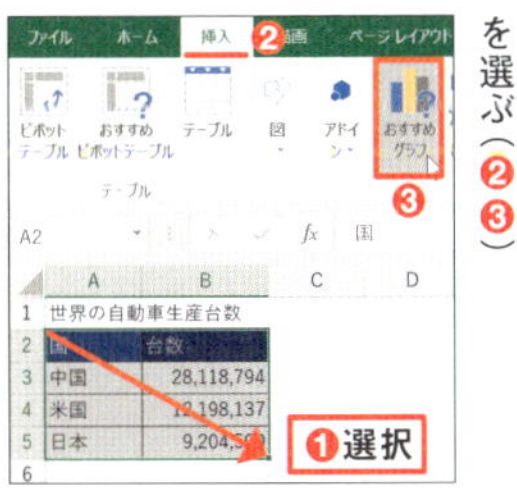

図5 グラフにしたいデータ範囲を選択し（❶）、「挿入」タブで「おすすめグラフ」を選ぶ（❷❸）

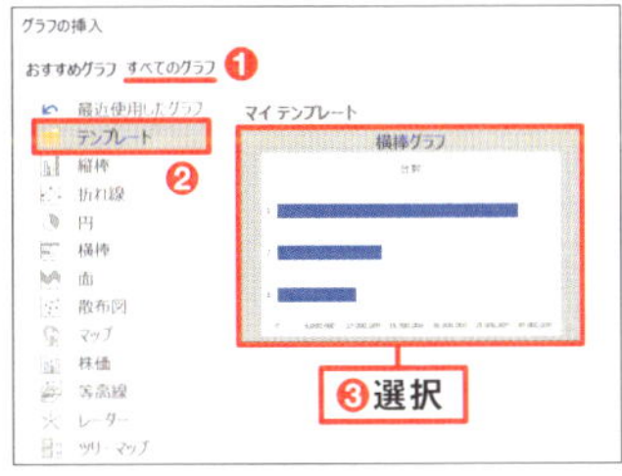

図6 「すべてのグラフ」タブを開き、「テンプレート」を選択すると（❶❷）、図4で保存したテンプレートが表示されるので、選択して「OK」を押す（❸）

印刷結果に近い画面で作業する

エクセルの通常の表示モードは「標準ビュー」と呼ばれる。この状態では、印刷時の1ページの範囲がわかりづらく、画面表示と印刷結果が大きく異なる場合も多い。「ページレイアウトビュー」に変更することで、実際にどのように印刷されるかをイメージしやすくなる（**図1、図2**）。センチメートル単位のルーラー（定規）も表示されるので、この状態でレイアウトを調整するとよい。

ただし、ページの切れ目では、隣同士のセルが分かれて表示されるため、データの連続性がわかりにくくなる場合もある。状況に応じて表示モードを使い分けよう。

●画面をページレイアウトビューで表示する

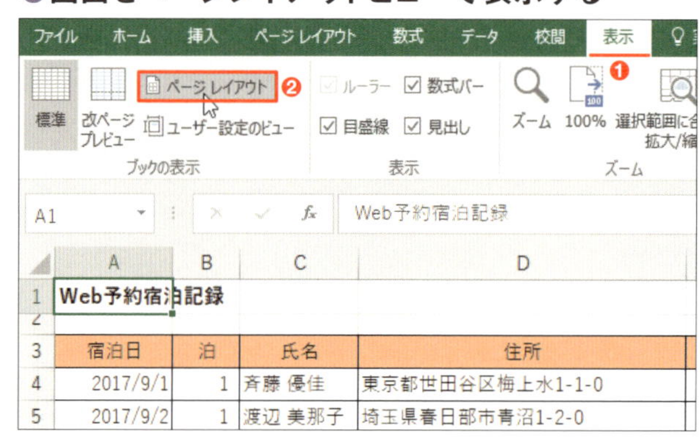

◀図1 「表示」タブの「ページレイアウトビュー」をクリックすると、表示モードが「ページレイアウトビュー」に切り替わる（❶❷）

▲図2 ページレイアウトビューでは、ワークシートがページごとに区切って表示され、実際の印刷結果に近くなる。各ページのワークシート部分の周りには、通常、余白が表示されている。また、ページの上部と下部にはヘッダー／フッターも表示される

Section 087 見出しを常に表示する

表の上端行や左端列には、その列や行の見出し的な情報が入力されていることが多い。画面をスクロールしても、見出しが常に表示されているようにしたい場合は、「ウィンドウ枠の固定」を利用しよう。例えば、1～3行とA列を常に表示させておきたい場合は、B4セルを選択し、「ウィンドウ枠の固定」を実行する（**図1**）。

固定を解除するには、「ウィンドウ枠の固定」と同じ位置に表示される「ウィンドウ枠固定の解除」を実行すればよい（**図2**）。

●ウィンドウ枠を固定する

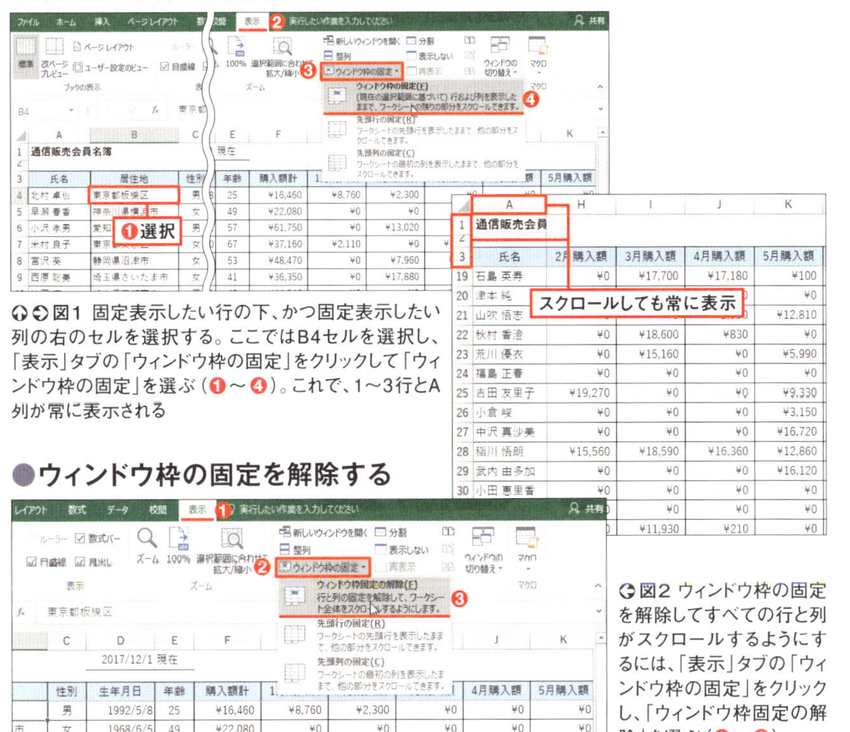

⇧⇨図1　固定表示したい行の下、かつ固定表示したい列の右のセルを選択する。ここではB4セルを選択し、「表示」タブの「ウィンドウ枠の固定」をクリックして「ウィンドウ枠の固定」を選ぶ（❶～❹）。これで、1～3行とA列が常に表示される

●ウィンドウ枠の固定を解除する

⇦図2　ウィンドウ枠の固定を解除してすべての行と列がスクロールするようにするには、「表示」タブの「ウィンドウ枠の固定」をクリックし、「ウィンドウ枠固定の解除」を選ぶ（❶～❸）

数式を入力せずに合計や平均を調べる

セル範囲の集計結果を、ちょっとだけ確認したいという場合がある。あるいは表の範囲を任意に切り取って、その集計結果を知りたいというケースもあるだろう。

このようなときは、そのセル範囲を選択するだけで、ステータスバーに平均やデータの個数、合計が表示される(**図1**)。この機能を「オートカルク」と呼ぶ。また、このほかの集計結果を知りたい場合は、ステータスバーを右クリックし、目的の集計方法を追加することもできる(**図2**)。逆に、特定の集計方法を表示したくない場合も、右クリックからその集計方法を選んで、選択をオフにすればよい。

●オートカルクで集計結果を確認する

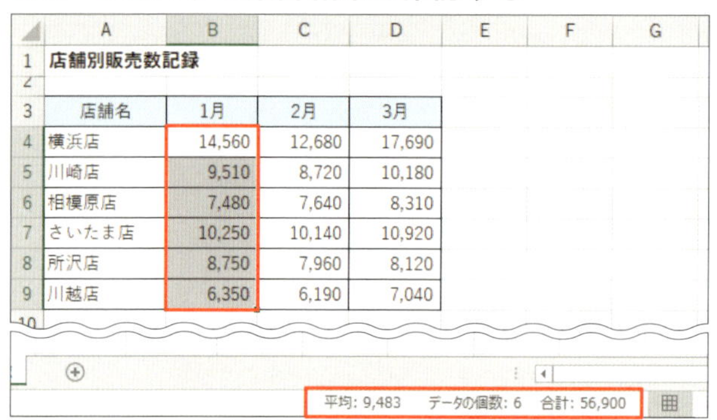

	A	B	C	D	E	F	G
1	店舗別販売数記録						
2							
3	店舗名	1月	2月	3月			
4	横浜店	14,560	12,680	17,690			
5	川崎店	9,510	8,720	10,180			
6	相模原店	7,480	7,640	8,310			
7	さいたま店	10,250	10,140	10,920			
8	所沢店	8,750	7,960	8,120			
9	川越店	6,350	6,190	7,040			

図1 データが入力されたセル範囲を選択すると、画面下部のステータスバーに、選択範囲の「平均」「データの個数」「合計」の情報が表示される

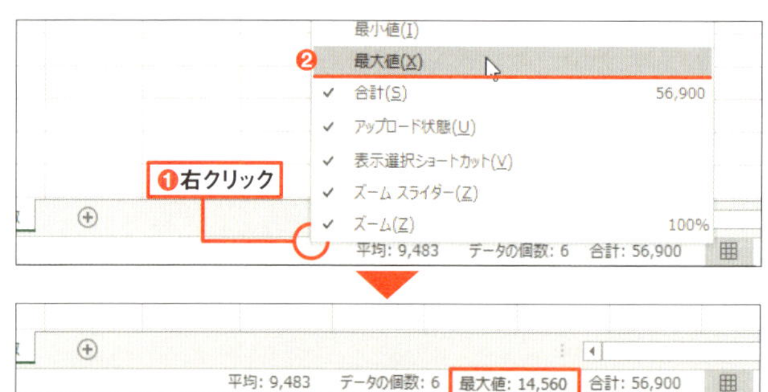

図2 最初から表示されている合計など以外の集計結果も、ステータスバーに表示することが可能だ。ここでは、選択範囲の中で最も大きい値を表示させてみよう。ステータスバー上で右クリックし、「最大値」をクリックする(❶❷)

クイックアクセスツールバーにボタンを追加する

クイックアクセスツールバー（QAT）は、リボンのどのタブを開いているときでも表示されており、機能（コマンド）を簡単に実行できる。よく使うコマンドをここから実行できるようにしたい場合は、「クイックアクセスツールバーのユーザー設定」で追加する（**図1**）。このメニューに表示されないコマンドは、「Excelのオプション」画面で追加することが可能だ（**図2、図3**）。

●QATに「新規作成」を追加する

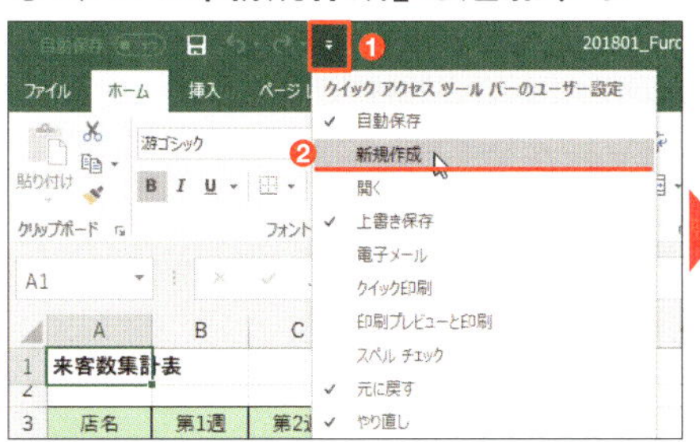

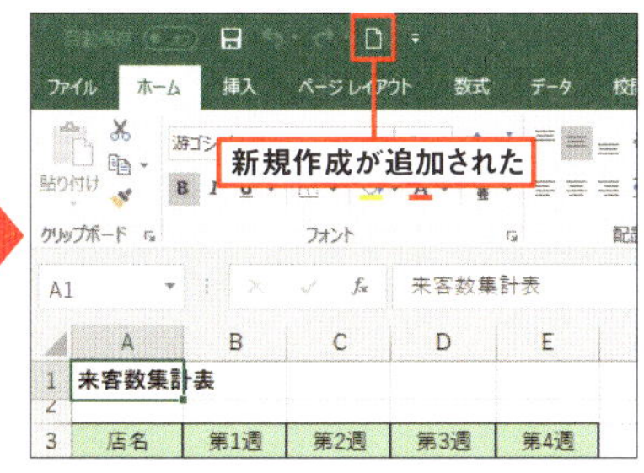

図1 ここではQATに「新規作成」のボタンを追加してみよう。QATの右端にある「クイックアクセスツールバーのユーザー設定」をクリックし、「新規作成」を選ぶ（❶❷）

●メニューの一覧にないコマンドをQATに追加する

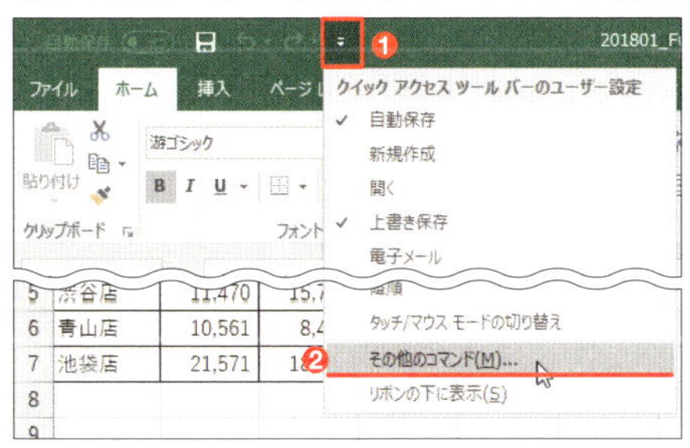

図2 図1左のメニューに表示されない機能（コマンド）をQATに追加したい場合は、「クイックアクセスツールバーのユーザー設定」から「その他のコマンド」を選ぶ（❶❷）

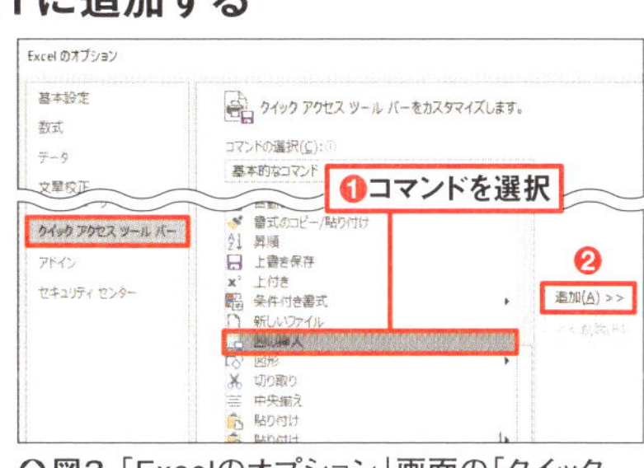

図3 「Excelのオプション」画面の「クイックアクセスツールバー」が表示される。この左側の領域で追加したいコマンドを選択し、「追加」をクリック（❶❷）。画面右下の「OK」をクリックして設定を完了すればよい

改ページ位置を確認・調整する

画面の表示モードを「改ページプレビュー」にすることで、印刷時のページの区切りが青い線でわかりやすく表示される(**図1**)。また、印刷対象の範囲だけが明るく表示され、印刷されない部分は灰色の表示になる。

この表示モードでは、ドラッグで改ページ位置を動かし、ページの区切りを直接変更することも可能(**図2**)。改ページ位置を変更すると、その位置に手動改ページが設定される。

また、このモードで、セルへの入力や編集もできる。通常は縮小表示されているが、表示倍率の変更も可能だ。

●表示モードを改ページプレビューにする

図1 「表示」タブの「改ページプレビュー」をクリックする(❶❷)。これで、画面の表示モードが改ページプレビューに変更される。このモードでは、印刷される範囲全体が青い実線で囲まれ、自動的に決まる改ページ位置に青い点線が引かれている

●改ページ位置を変更する

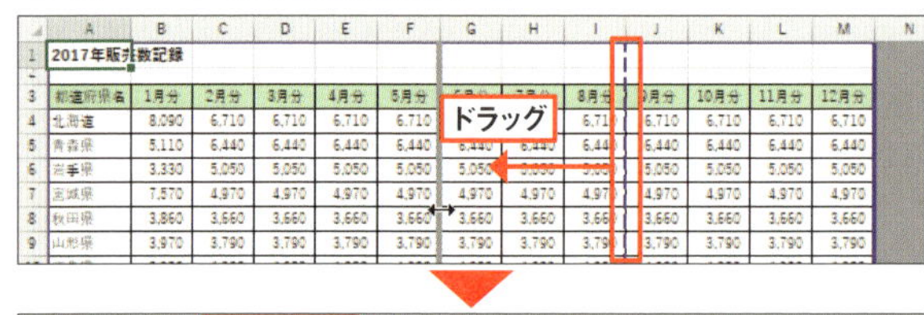

図2 改ページ位置を手動で変更したい場合は、改ページ位置を表す青い点線をドラッグする。変更された改ページ位置は青い実線になる。これは、その位置に手動改ページが設定されていることを表す

Section 091

1ページに収めて印刷する

拡大縮小印刷の設定では、倍率を直接数値で指定することも可能だ。しかし、おおよその見当で入力した数値では、必ずしも用紙のサイズに対して最適な倍率になるとは限らない。

標準では少しはみ出して印刷されるワークシートを、ちょうど1ページに収めて印刷する縮小率を、自動的に設定することも可能だ（**図1、図2**）。

●シートを1ページに印刷する

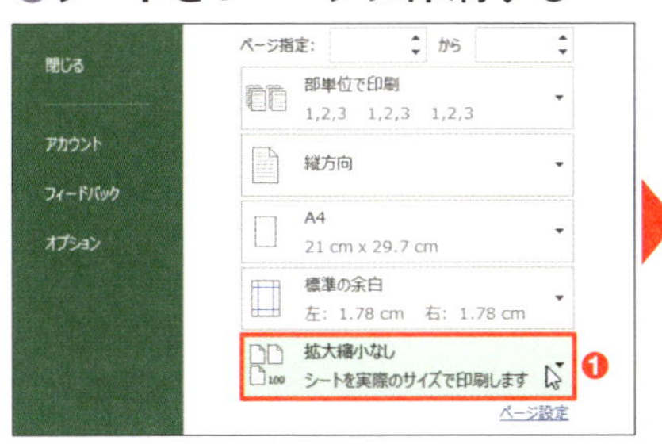

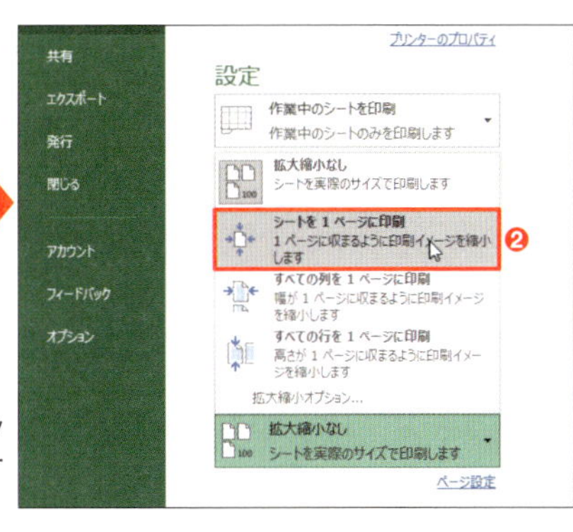

図1 「ファイル」タブをクリックし、「印刷」をクリックする。「設定」の「拡大縮小なし」をクリックし、「シートを1ページに印刷」に変更する（❶❷）

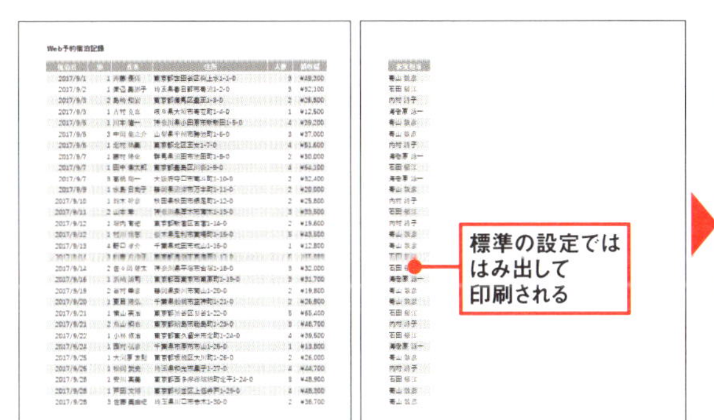

図2 通常の設定で印刷すると用紙を少しだけはみ出してしまう場合、自動的に1ページにちょうど収まるサイズに縮小印刷してくれる機能が便利だ

Section 092 表の見出しを各ページに印刷する

大きな表を印刷すると2ページ目以降では見出しが印刷されず、内容がわかりにくい（**図1**）。「印刷タイトル」を設定すれば、2ページ目以降にも、表の上端行や左端列の見出し的な情報を付けて印刷することができる。

印刷タイトルは「ページ設定」画面を表示して設定する（**図2**）。「シート」タブで、「タイトル行」欄に行単位のセル参照を、「タイトル列」欄に列単位のセル参照を指定する（**図3**）。

●複数ページにわたる表を印刷する

1ページ目

2017年販売数記録

都道府県名	1月分	2月分	3月分	4月分	5月分
北海道	8,090	6,710	6,710	6,710	6,710
青森県	5,110	6,440	6,440	6,440	6,440
岩手県	3,330	5,050	5,050	5,050	5,050
宮城県	7,570	4,970	4,970	4,970	4,970
秋田県	3,860	3,660	3,660	3,660	3,660
山形県	3,970	3,790	3,790	3,790	3,790
福島県	2,980	4,080	4,080	4,080	4,080
茨城県	4,880	6,170	6,170	6,170	6,170
栃木県	6,020	5,290	5,290	5,290	5,290

2ページ目

香川県	4,670	4,150			
愛媛県	3,400	6,070	6,070	6,070	6,070
高知県	5,450	3,770	3,770	3,770	3,770
福岡県	7,360	8,160	8,160	8,160	8,160
佐賀県	6,240	3,700	3,700	3,700	3,700
長崎県	5,590	5,250	5,250	5,250	5,250
熊本県	2,170	5,720	5,720	5,720	5,720
大分県	3,300	3,170	3,170	3,170	3,170
宮崎県	730	2,940	2,940	2,940	2,940
鹿児島県	2,230	2,340	2,340	2,340	2,340
沖縄県	2,820	3,800	3,800	3,800	3,800

⊖ **図1** 複数のページにわたる大きな表を普通に印刷した場合、2ページ目以降では、各列・各行がそれぞれどのようなデータなのかがわかりにくくなってしまう

●印刷タイトルを設定する

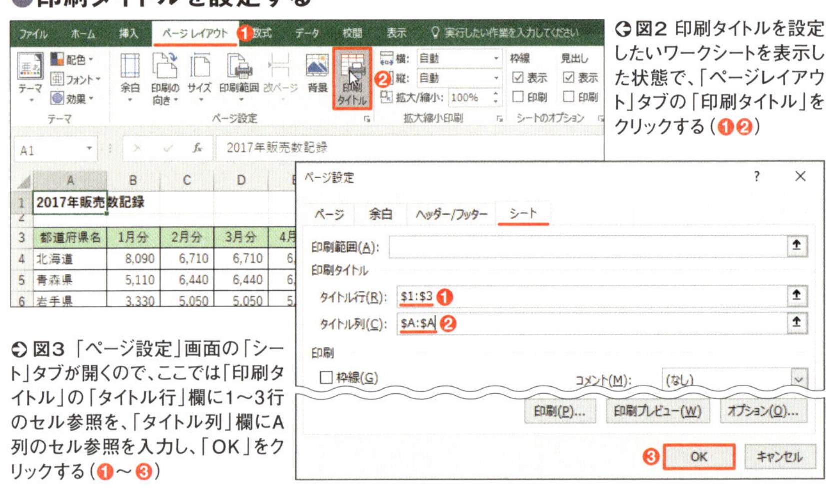

⊖ **図2** 印刷タイトルを設定したいワークシートを表示した状態で、「ページレイアウト」タブの「印刷タイトル」をクリックする（❶❷）

⊖ **図3** 「ページ設定」画面の「シート」タブが開くので、ここでは「印刷タイトル」の「タイトル行」欄に1～3行のセル参照を、「タイトル列」欄にA列のセル参照を入力し、「OK」をクリックする（❶～❸）

Section 093

日付などの情報を各ページに印刷する

全ページに印刷される「ヘッダー」と「フッター」は、「ページレイアウトビュー」の状態で、画面に直接入力することができる（**図1**）。文字列や数値を直接入力することも可能だが、ヘッダー／フッター用の記号を使用すれば、印刷時の日付やページ番号といった、状況によって変わる情報を印刷することができる。ヘッダー／フッター用の記号は、「ヘッダー／フッターツール」－「デザイン」タブから選択して指定する（**図2**）。

●ヘッダーに直接入力する

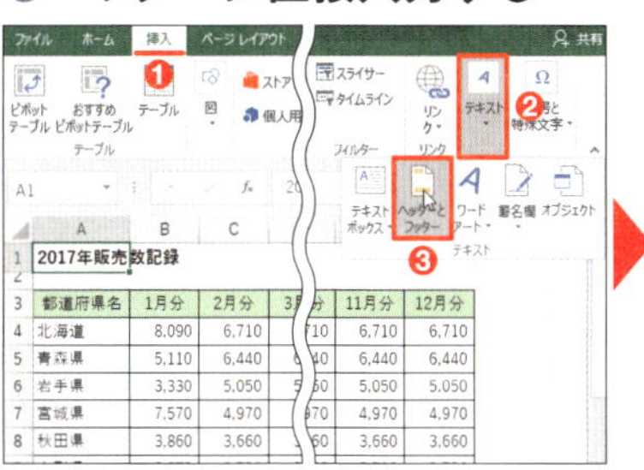

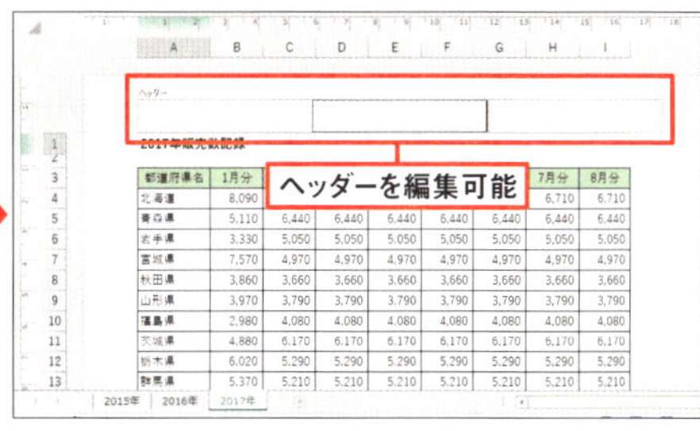

図1 印刷するワークシートを表示している状態で、「挿入」タブの「テキスト」グループの「ヘッダーとフッター」をクリックする（❶～❸）。すると、画面が「ページレイアウトビュー」に切り替わり、ヘッダーが編集状態になる

●ヘッダーに今日の日付を入れる

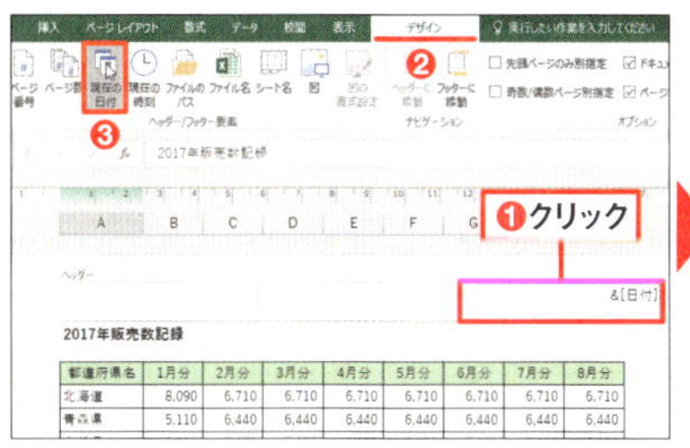

❹ワークシートをクリック

2018/8/28

図2 右側のヘッダー領域をクリックし、「ヘッダー／フッターツール」－「デザイン」タブの「現在の日付」をクリックする（❶～❸）。ヘッダー領域には「&[日付]」のように入力されるが、シートをクリックして通常の編集状態に戻ると、今日の日付が表示される（❹）

Section 094 ファイルにパスワードを設定する

作成して自分のパソコンに保管しておいただけのブックでも、不正アクセスの危険性はゼロとはいい切れない。重要なブックには、開くためのパスワードを設定することで、簡単にはその内容を見られないようにしよう(図1、図2)。ただし、設定したパスワードを忘れると、自分でもそのブックを開くことができなくなってしまう。大文字と小文字が区別される点にも注意が必要だ。

パスワードが設定されたブックを開く際、「パスワード」画面が表示される。ここに正しいパスワードを入力して「OK」をクリックすると、そのブックが開く(図3)。

●ブックをパスワード付きで保護する

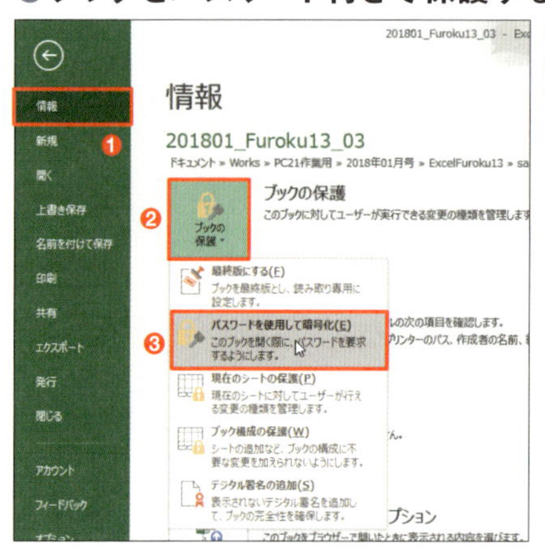

図1 「ファイル」タブの「情報」で、「ブックの保護」をクリックして「パスワードを使用して暗号化」を選ぶ(❶〜❸)

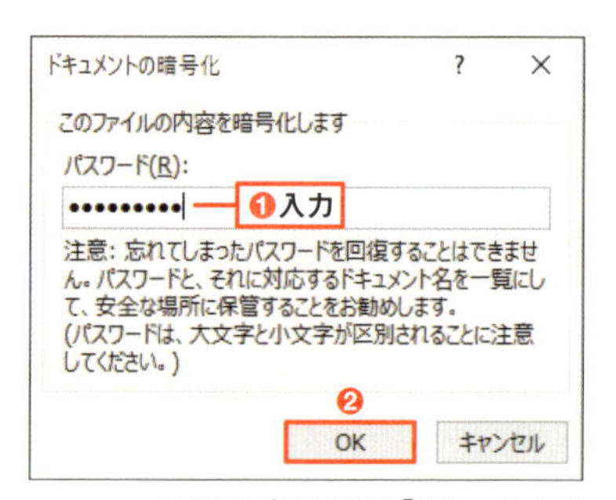

図2 表示される「ドキュメントの暗号化」画面で、任意のパスワードを入力し、「OK」をクリック(❶❷)。確認の画面でもう一度同じパスワードを入力すると、ブックがパスワード付きで保護される

●ブックを開く

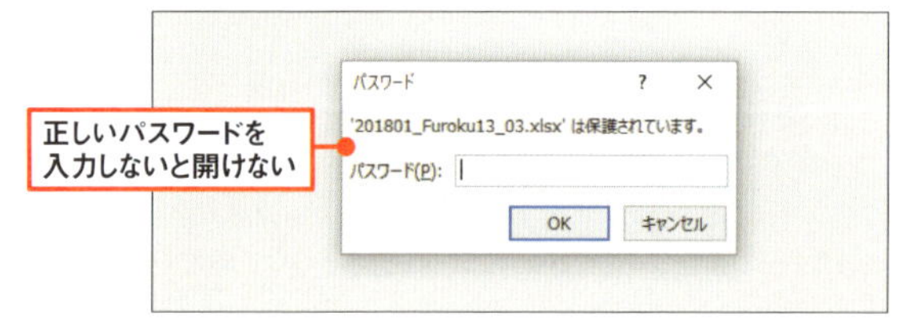

図3 ブックを開くときには正しいパスワードを入力する必要がある

Section 095

PDFファイルとして出力する

PDFは、さまざまな用途で利用されている、汎用性の高いファイル形式だ。エクセルでは、「ファイル」タブの「エクスポート」から、簡単にPDFを作成することができる（**図1～図3**）。なお、PDFに出力する場合も、そのページレイアウトの設定には、印刷用の設定がそのまま使用される。

●シートをPDFにエクスポートする

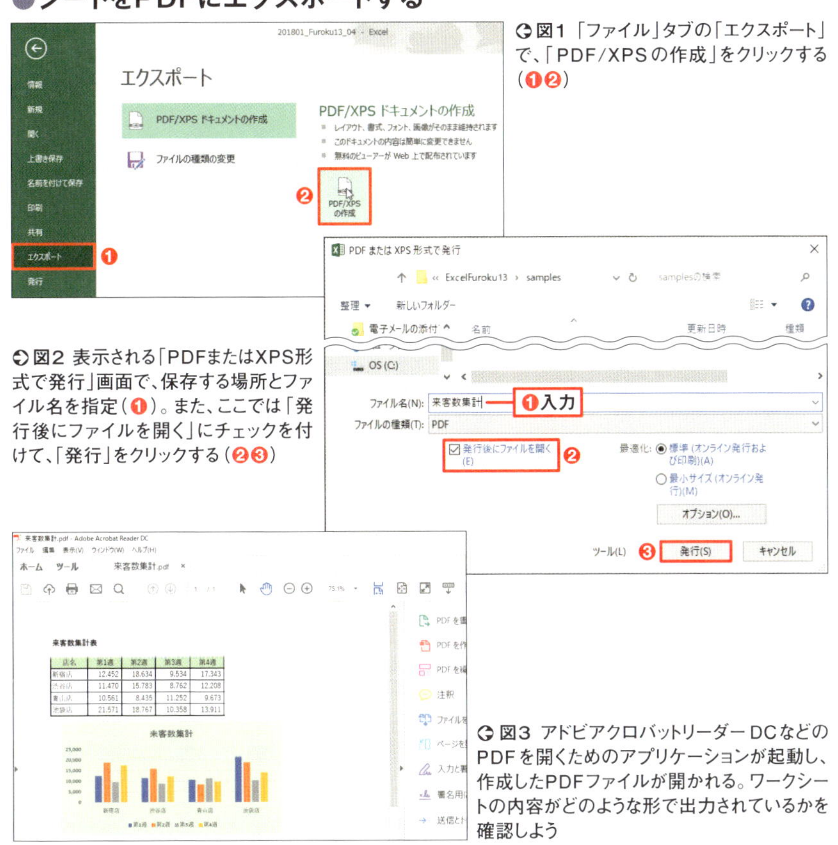

図1 「ファイル」タブの「エクスポート」で、「PDF/XPSの作成」をクリックする（❶❷）

図2 表示される「PDFまたはXPS形式で発行」画面で、保存する場所とファイル名を指定（❶）。また、ここでは「発行後にファイルを開く」にチェックを付けて、「発行」をクリックする（❷❸）

図3 アドビアクロバットリーダーDCなどのPDFを開くためのアプリケーションが起動し、作成したPDFファイルが開かれる。ワークシートの内容がどのような形で出力されているかを確認しよう

Section 096 スタート画面をスキップして新規文書を即表示

スタート画面は一切不要! いきなり新規文書を開く

オフィス2013以降では、起動すると一度スタート画面が開く。新規文書を開くには、エクセルではこの画面で「空白のブック」をクリックしなければならず煩わしい。すぐ新規文書を開くようにしたい（**図1**）。

⇧⇨ **図1** エクセル、ワード、パワーポイントを起動すると、最初に「スタート画面」が表示される（❶❷）。新規文書を開くには、ここで「空白のブック」や「白紙の文書」、「新しいプレゼンテーション」をクリックする必要がある（❸）。しかし、設定を変えると、アプリを起動するだけで新規文書がいきなり開くので手間いらずだ

設定は至って簡単だ。「ファイル」タブの「オプション」から「基本設定」画面を開き、「このアプリケーションの起動時にスタート画面を表示する」のチェックを外すだけ（**図2、図3**）。もし設定変更後に「最近使ったファイル」やテンプレートを使いたくなった場合は、新規文書を開いた後で「ファイル」タブからこれらを開くことができる（**図4**）。

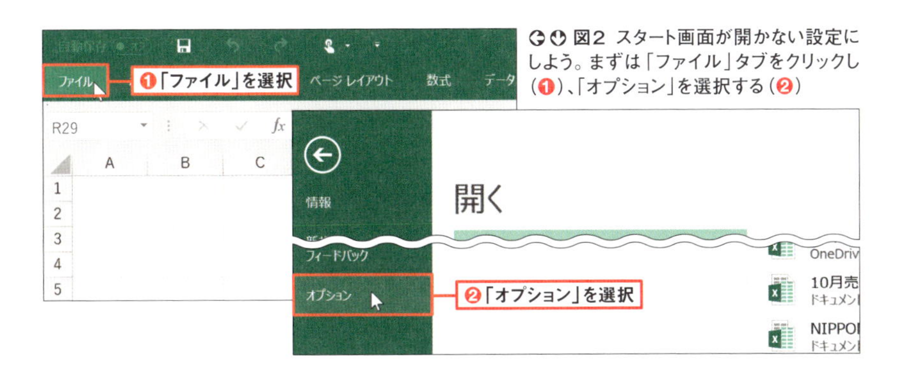

➡⬇ 図2　スタート画面が開かない設定にしよう。まずは「ファイル」タブをクリックし（❶）、「オプション」を選択する（❷）

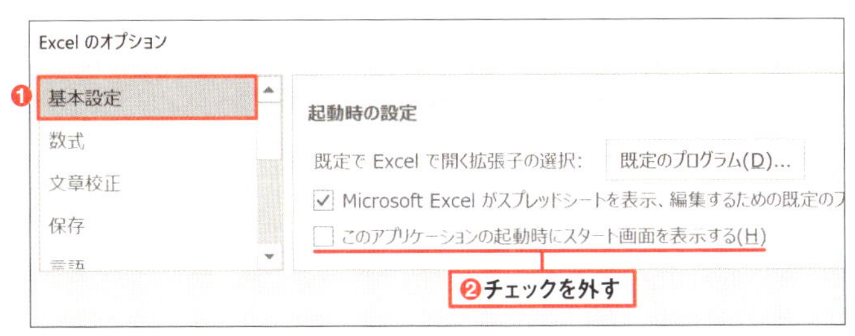

➡ 図3　「基本設定」を選択し（❶）、「このアプリケーションの起動時にスタート画面を表示する」のチェックを外す（❷）

●既存ファイルやテンプレートを開くときは

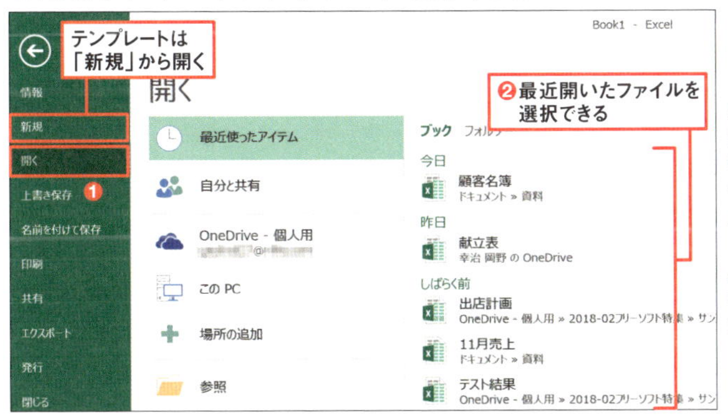

➡ 図4　以降、最近使ったファイルを開く場合は、図2上の操作と同様に「ファイル」タブをクリックし、「開く」を選択すればよい（❶❷）。「新規」を選択すると、テンプレートを開ける

Section 097 新規文書をベストな設定に変更する

思い通りのフォントサイズ、ワークシート数で文書を開く

エクセルの標準の設定ではフォントサイズは11ポイントで、パソコンの画面によってはやや大きく感じるだろう。また2013以降はワークシートは1枚しか表示されない。常に3枚表示されるエクセル2010までを使い慣れた人には物足りないはず。さらに、印刷時にきっちり用紙に収まるサイズで表を作成するには、「標準ビュー」ではなく「ページレイアウトビュー」で作業したい（**図1**）。これらの設定は、すべて「基本設定」で一網打尽に変更できる（**図2**）。

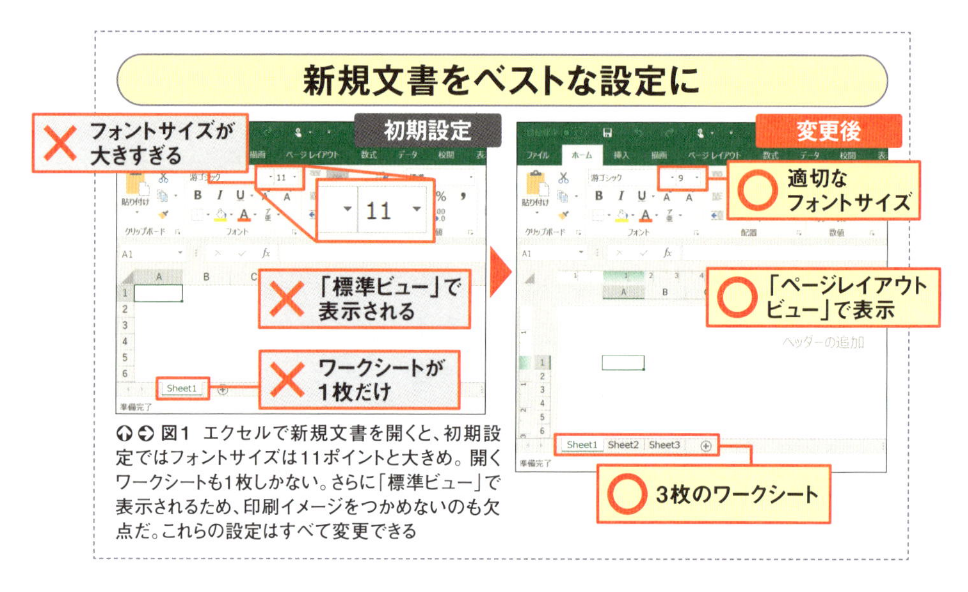

↑→ 図1　エクセルで新規文書を開くと、初期設定ではフォントサイズは11ポイントと大きめ。開くワークシートも1枚しかない。さらに「標準ビュー」で表示されるため、印刷イメージをつかめないのも欠点だ。これらの設定はすべて変更できる

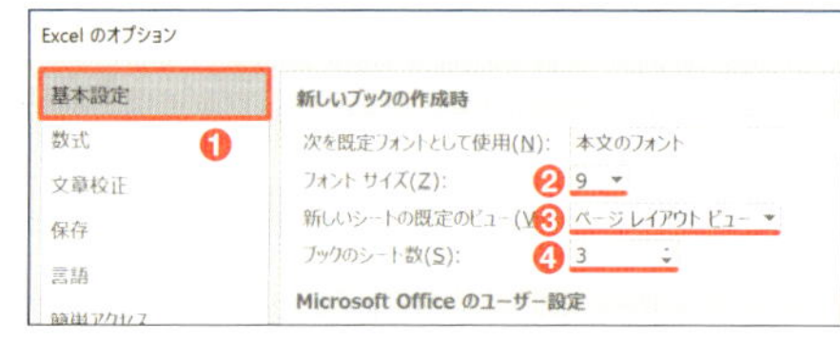

← 図2　「ファイル」タブを開いて「オプション」を選択。開く画面で「基本設定」を選び（❶）、「フォントサイズ」を「9」、「新しいシートの既定のビュー」を「ページレイアウトビュー」、「ブックのシート数」を「3」に変更する（❷～❹）。右下にある「OK」を押し、フォントサイズを変えたときは、次の画面で「OK」を押してエクセルを再起動する

お節介な入力支援機能をオフにして快適に使えるようにしよう

続いて、お節介な入力支援を解除する。初期設定では、アルファベットの最初2文字だけを大文字で入力すると、エクセルが入力ミスと判断し、2文字目が小文字に修正される。また、URLやメールアドレスは自動的にハイパーリンクになる（**図3**）。これらの入力支援は「オートコレクトのオプション」を開いて機能をそれぞれ個別にオフにできる（**図4～図6**）。

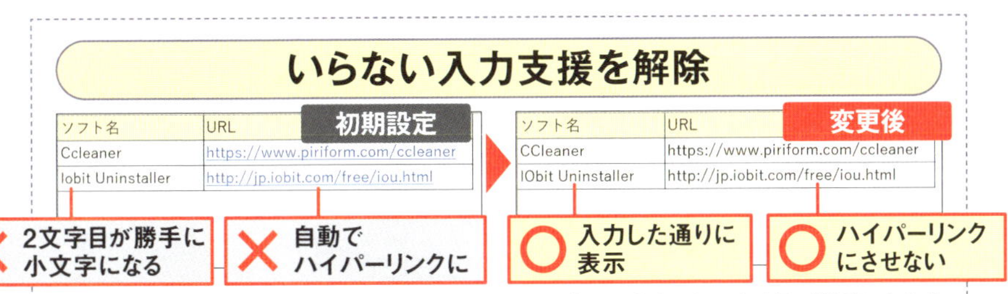

図3　英文字を入力するとき、最初の2文字だけを大文字で入力すると、2文字目が勝手に小文字になるため、正しく固有名詞を表示できない。また、URLなどには自動的にハイパーリンクが設定されるため、不用意にクリックすると困ることがある

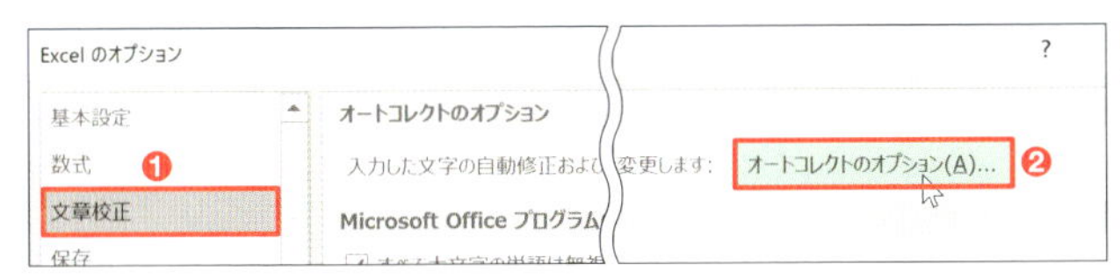

図4　図2の要領でオプション画面を開いて「文章校正」を選び（❶）、「オートコレクトのオプション」をクリック（❷）

図5　開く画面の「オートコレクト」タブで（❶）、「2文字目を小文字にする」のチェックを外す（❷）

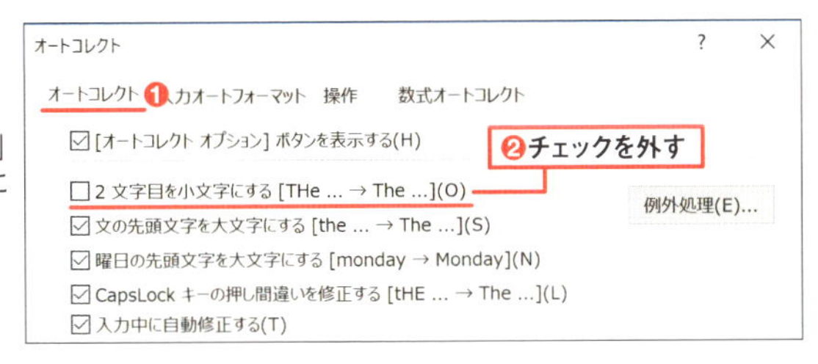

図6　続いて「入力オートフォーマット」タブで（❶）、「インターネットとネットワークのアドレスをハイパーリンクに変更する」のチェックを外す（❷）。右下にある「OK」を押せば設定完了

イライラ解消！スイスイ入力の設定術

文／伊佐 恵子、岡野 幸治

Desktop File Web Mail Excel Word ▲

文字入力とワードの心得

- ワードのお節介機能は解除する
- よく使う言い回しは登録して自動入力
- 全角⟷半角、文字飾りも一括変換
- 写真を入れたら「文字列の折り返し」を設定

ビジネス文書を作成するうえでワードを活用すれば大きな力になります。ただ、思い通りに動かないとか、勝手にお節介な動作をするとか、無駄に手間と時間をかけさせられる面もあります。自分にとって不要な機能は、遠慮なく停止しておくのが賢い使い方です。

文書を作成するうえで、その見栄えも文書の説得力を左右します。箇条書きなどの位置揃えには、タブを使うのが定石。「スタイルの設定」をマスターすれば、最短の手順で美しい文書を作成できるようになります。

Section 098 現在の日付や時刻を自動入力する

ビジネス文書には、文書を作成した日付や印刷時刻を明記することが多い（**図1**）。ワードでは、現在の日付や時刻を「日付と時刻」ダイアログボックスから簡単に入力できる。日時を自動的に更新する設定にしておけば、書き換えの手間も省けて便利だ（**図2～図5**）。和暦や漢数字などもあり、表示形式も多彩。定形文書をテンプレートなどで使い回すときに利用しよう。

保養所の利用申請書

① 予約は宿泊日３ヶ月前の同日から３日前まで受け付けます。
② 必要事項を記入して、福利厚生課に提出してください。
③ 宿泊が可能な場合は、確認書（予約内容、利用料金などを記載したもの）をお送りします。これで予約は完了です。

現在の日付を挿入

申請日：平成 30 年 7 月 25 日

1.申請者			
社員番号	氏名	所属	選択
		メールアドレス	社内アドレス@

2.利用期間

保養所の利用申請書

① 予約は宿泊日３ヶ月前の同日から３日前まで受け付けます。
② 必要事項を記入して、福利厚生課に提出してください。
③ 宿泊が可能な場合は、確認書（予約内容、利用料金などを記載したもの）をお送りします。これで予約は完了です。

文書を開くたびに更新される

申請日：平成 30 年 10 月 9 日

1.申請者			
社員番号	氏名	所属	選択
		メールアドレス	社内アドレス@

2.利用期間

図1 申込書や届出書など、日付を書き入れる書類は多い。文書を開いたときに現在の日付が自動表示されるようにしておけば、入力の手間が省ける

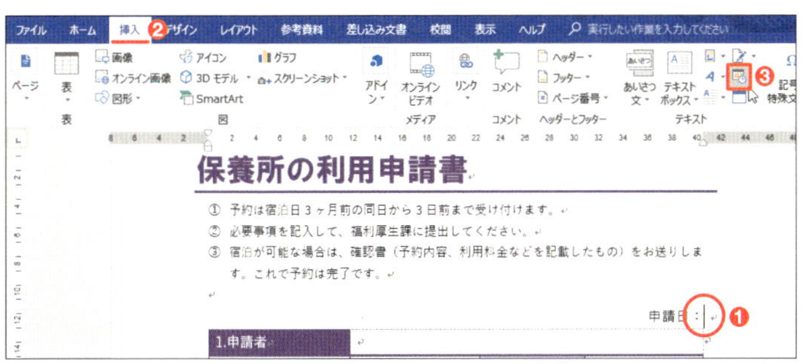

図2 カーソルを入力位置に移動して（❶）、「挿入」タブの「日付と時刻」ボタンをクリックする（❷❸）

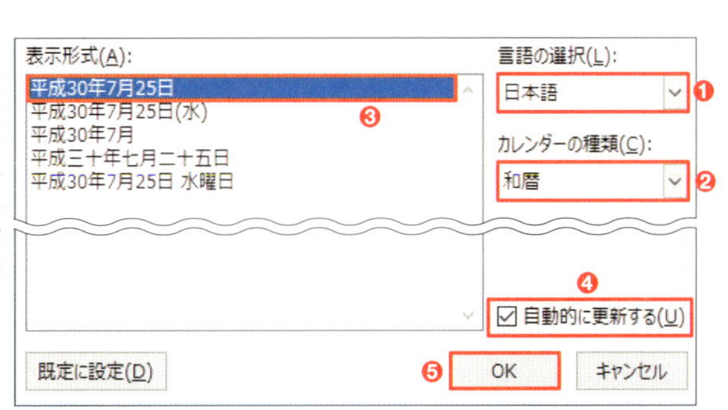

図3 「言語の選択」から「日本語」または「英語（米国）」を選択する（❶）。「日本語」を選んだときは「カレンダーの種類」で「和暦」か「グレゴリオ暦」を選択（❷）。「表示形式」から日付のスタイルを選ぶ（❸）。日時を自動更新したい場合は、「自動的に更新する」チェックボックスをオンにする（❹）。「OK」ボタンをクリックする（❺）

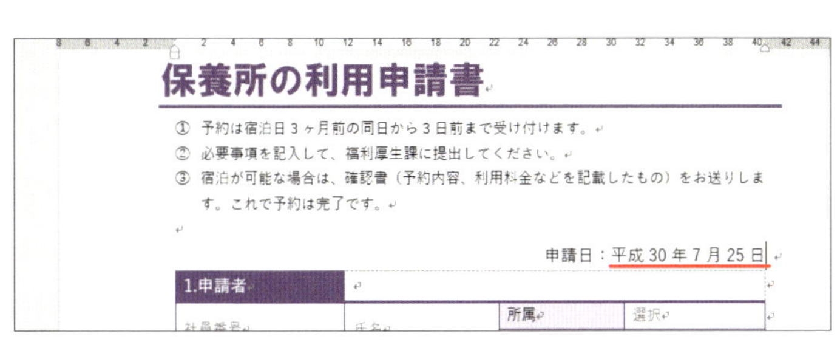

図4 カーソル位置に現在の日付が表示された。別の日に文書を開くと日付は自動的に変わる

図5 現在の時刻を表示する場合は「カレンダーの種類」に「グレゴリオ暦」を選び（❶）、「表示形式」を選ぶ（❷）。なお「言語の選択」に「英語（米国）」を選ぶと、英語の表示形式を選べる

日付やファイル名をヘッダーやフッターに入力

ビジネス文書では、作成年月日や文書名といった補足的な文字列をよく欄外に表記する（**図1**）。これらの欄外文字は、「ヘッダー」と「フッター」の領域に入力しよう（**図2～図4**）。通常の編集領域とは別領域なので、本文の編集中に位置がずれる心配がない。

ヘッダーやフッターの入力は、専用の編集モードで行う。位置の調整をして、内容をバランス良く表示しよう。

企画会議資料

企画会議資料

新規事業計画＜企画案＞　セミナールームを有効活用する

別館のセミナールームは現在社内講習だけに使用しており、有効活用されていません。稼働率を上げるには、外部に開放してセミナーやイベントを開催する必要があります。手始めの企画として「デジタルカメラ写真塾」と「パソコンクリニック」の２つを提案します。

事業推進部　岩崎　健太郎

提案１：デジタルカメラ写真塾

アマチュアカメラマンの、もっと技術を磨きたい、写真をサクサク整理したい、効果的な加工方法を知りたい、という声に応える写真塾。講師は社内フォトグラファーが担当する。

➢ 開催概要
デジタルカメラの作業を「撮影」と「整理・加工」の段階に分け、それぞれの技術を４講座で伝える。１講座（６回）を３カ月とし、１年間で全課程を修了する。人数は20名程度を想定。受講者のレベルや要望に沿うため、講座単位での参加も可とする。

➢ 年間のラインナップ

1. 撮影基礎入門編
おもに人物と風景の撮影方法を学ぶ。デジタルカメラの構造と各部の役割を踏まえ、絞り、露出、ホワイトバランスなどの意味と調整方法を身に付ける。

2. 撮影テクニック編
シチュエーションごとの撮影方法を学ぶ。自然、料理、夜景、スポーツ、動物などを撮影する際に必要な技術を身に付ける。なるべく受講者の興味対象をすくい上げながら進める。

3. Lightroom 編
撮影後の写真の扱いを学ぶ。パソコンへの取り込み、整理と仕分けの方法、現像モジュールの使い方、スライドショーやプリントの技術などを身に付ける。

4. Photoshop 編
写真の加工技術を学ぶ。色調補正のコツ、合成の方法、RAW 画像の扱い方、写真的表現法のテクニック、便利なワザ、Lightroom との連

文書の種類や
印刷日時を欄外に表示

➢ 講習費用
入会金は不要とする。１講座（６回）で５万1840
する場合は、割引価格となるよう調整する。テキスト代については要検討。

提案２：パソコンクリニック

顧客からは写真関連だけでなく、パソコン全般に関する質問や相談もよく受ける。パソコンのスキルを持つ社員は多いので、月に１回程度、集中的に相談を受け付ける場を設けてはどうか。定期的に開催することでPC21スタジオの存在が周知され、新たな顧客の開拓にも繋がる。

7/25/2018 3:31 PM

7/25/2018 3:31 PM

図1 本文とは直接関係のない文字列は、用紙の上下に設けられた「ヘッダー」と「フッター」に入力しよう。通常、ページ番号など各ページに印刷する内容を入力するが、1ページの文書では補足的な情報を表示する場所に使える

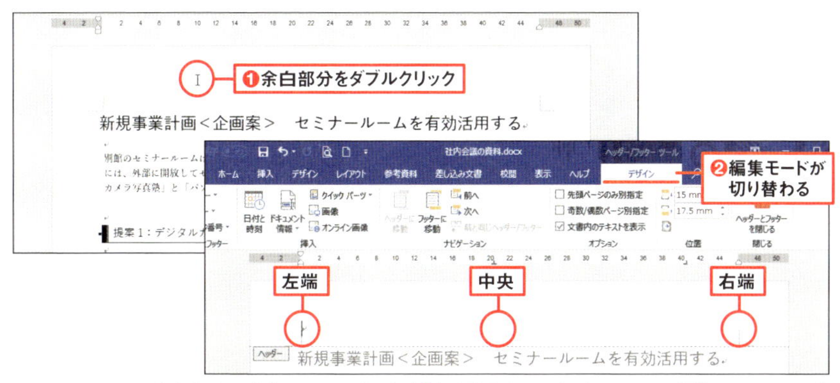

図2　上か下の余白部分をダブルクリックすると（❶）、画面がヘッダーとフッターの編集モードに切り替わる（❷）。本文は淡い表示になり、編集できなくなる。カーソルはヘッダーの1行目に表示され、文字を入力できる。そのまま入力するとヘッダーの左端に入力されるが、右端をダブルクリックすると、文字を右寄せして入力することができる。同様に中央部分をダブルクリックすると、文字はセンタリングして入力される

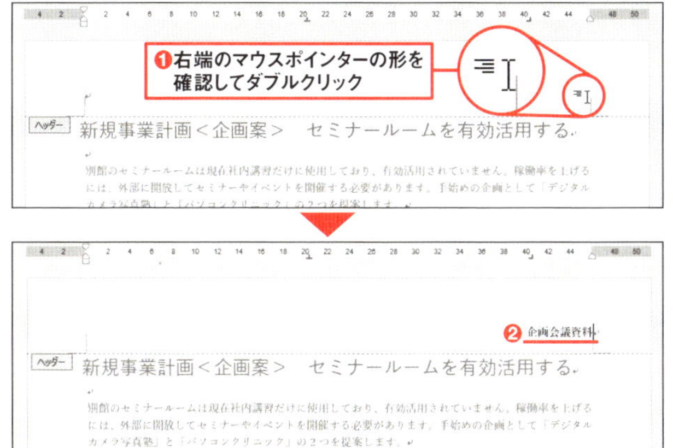

図3　行の中央や右端をダブルクリックするときは、マウスポインターに「中央揃え」や「右揃え」のアイコンが表示されているのを確認する（❶）。あとはカーソル位置から文字を入力すればよい（❷）

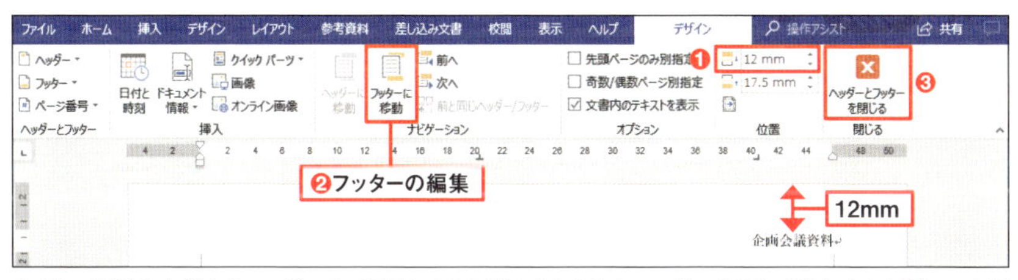

図4　用紙の上端からヘッダーの1行目までの距離を「上からのヘッダー位置」で指定する（❶）。この例では文書の上余白が25mmなので、バランスを考えて「12mm」にした。「フッターに移動」ボタンをクリックすると（❷）、カーソルがフッターへ移動する。必要に応じて日付などを入力しよう。「ヘッダーとフッターを閉じる」ボタンをクリックして、通常の編集モードに戻る（❸）

Section 100 よく使う言い回しは単語登録で時短

ビジネス文書では、よく使う言い回しがある。毎回キーボードから打ち込むよりも、IMEに登録すれば素早く入力できるし入力ミスもなくなる。

まず作成済みの文書を開いて、よく使う言い回しの部分をマウスでドラッグして選択する（**図1**）。次にタスクバーの右のほうにあるIMEのアイコンを右クリックして「単語の登録」を選ぶ（**図2**）。現れる画面に選択した言い回しが「単語」として表示される。適切なよみを入力して登録しておこう（**図3**）。

●よく使う言い回しは単語登録

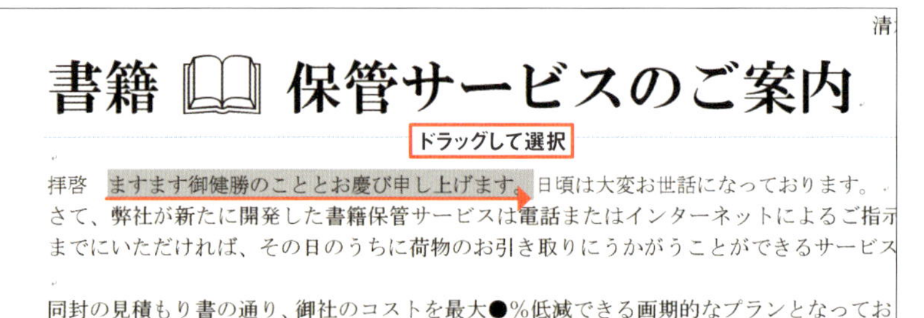

図1 あいさつ文など、よく使う言い回しは単語登録しておこう。登録したい言い回しを選択する

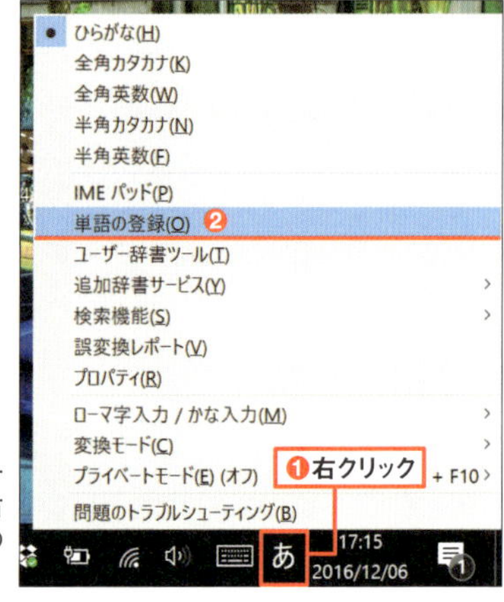

図2 タスクバーのIMEアイコンを右クリックして「単語の登録」を選択（❶❷）

文書を作成するときに先ほど設定した「よみ」を入力すると、登録した言い回しが変換候補として現れる（**図4**）。変換せずにさらに文字を入力すると、変換候補に登録した言い回しは現れなくなる。これは図3で登録時の品詞として「短縮よみ」を選択しているためだ。「名詞」など、ほかの品詞で登録すると、登録した言い回しの後ろに「の」が付いた状態で変換候補として現れることがある。登録した言い回し以外を入力しようとしているときに余計な手間がかかるので正しい品詞で登録しておこう。

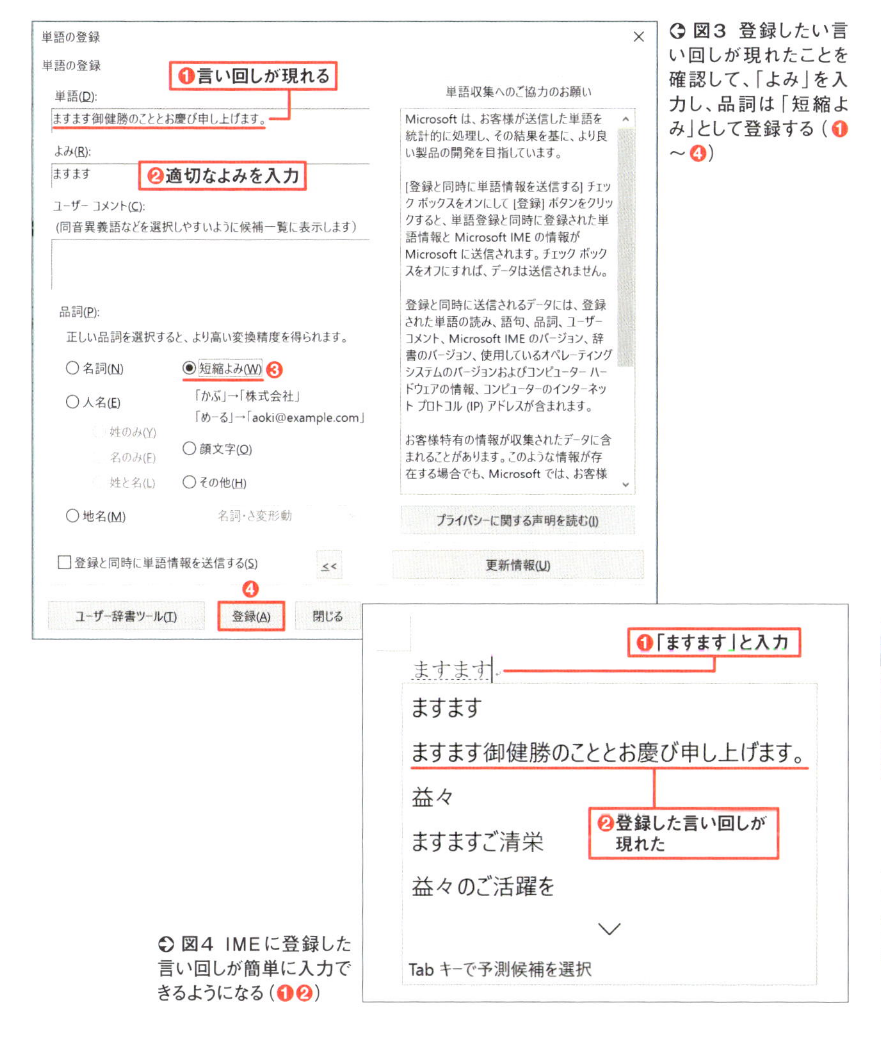

図3 登録したい言い回しが現れたことを確認して、「よみ」を入力し、品詞は「短縮よみ」として登録する（❶〜❹）

図4 IMEに登録した言い回しが簡単に入力できるようになる（❶❷）

Section 101 改行すると勝手に箇条書きが設定される

行頭に「■」「○」といった記号を挿入し、続けて文字を入力後に改行すると、次行の先頭にも同じ記号が表示される。箇条書きが自動設定されるためだ（**図1**）。行頭に「1」「①」などの数字を入力した際も、同様に箇条書きが設定される。必要なときはありがたいが、お節介に感じることも多い。

これはスマートタグを使って解除できる。そのときだけ解除するほか、その後も一切自動作成しない設定も可能だ（**図2**）。また、一度にすべてのお節介を解除する場合は、「箇条書き（行頭文字）」と「箇条書き（段落番号）」を無効にすると、以降は自動で作成されなくなる（**図3**）。

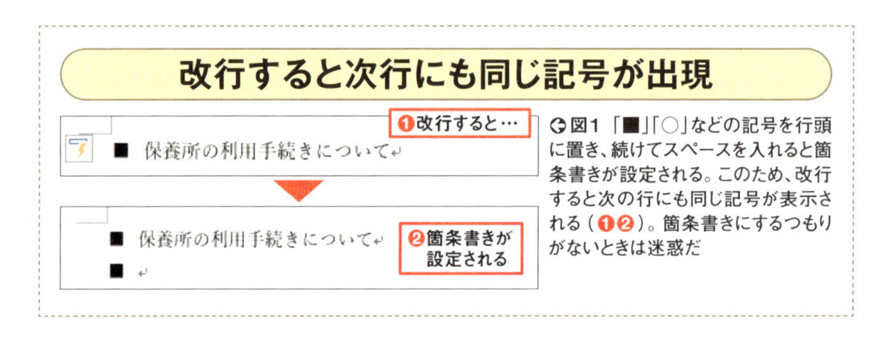

図1 「■」「○」などの記号を行頭に置き、続けてスペースを入れると箇条書きが設定される。このため、改行すると次の行にも同じ記号が表示される（❶❷）。箇条書きにするつもりがないときは迷惑だ

対策 スマートタグで解除

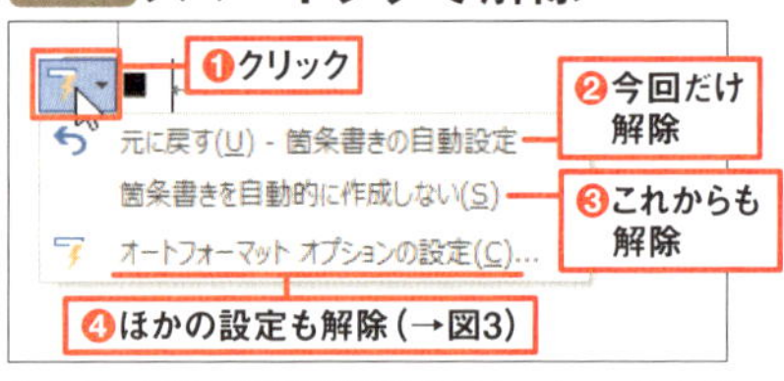

図2 箇条書きが設定されると、スマートタグが表示される。今回だけ解除するなら「元に戻す」、これからも一切不要なら「箇条書きを自動的に作成しない」を選ぶ（❶～❸）。ほかの設定も解除するなら「オートフォーマットオプションの設定」を選択して図3へ進む（❹）

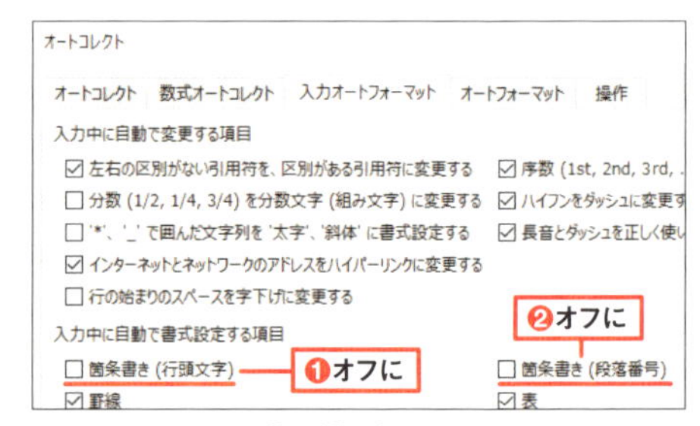

図3 箇条書きは「■」「○」などの記号だけでなく、「1」「①」などの数字でも設定される。両方とも不要なら、「箇条書き（行頭文字）」と「箇条書き（段落番号）」のチェックを外す（❶❷）

Section 102

“入力した文字が勝手に変身”を防ぐ

ワードで文字を入力していると、「(c)」と入力したはずなのに「©」が表示されたり、「(e)」が「€」に変わったりする（**図1**）。これはオートコレクト機能が犯人だ。スマートタグで解除しよう（**図2、図3**）。

(c)が©に、(e)が€になる

社内レクリエーション大会の候補↵
(a) ソフトボール (b)バレー (c)サッカー (d)卓球 €テニス↵
※上記候補のうち、アンケートでは以下が最多でした。↵
©サッカー↵

❶「(e)」と入力したが「€」に
❷「(c)」と入力したが「©」に

図1 「(e)」と入力すると勝手に「€」に変わり（❶）、行頭で「(c)」と入力すると「©」に変わる（❷）。甚だ不都合だ

対策 スマートタグで解決方法を選択

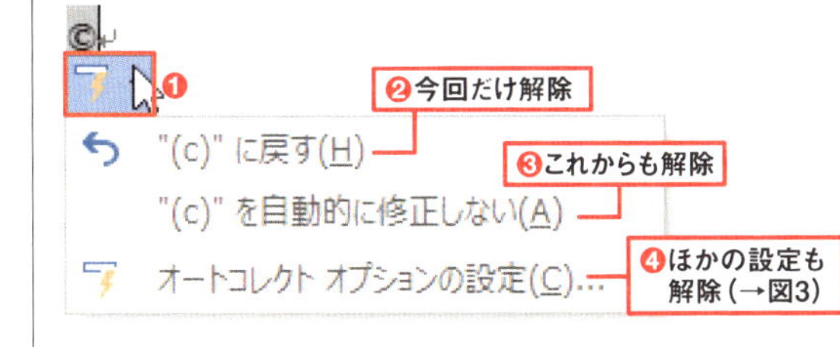

図2 表示が変わった文字上にポインターを置くと、スマートタグが表示される。クリックし「○に戻す」「○を自動的に修正しない」「オートコレクトオプションの設定」のいずれかを選ぶ（❶～❹）

☑ 入力中に自動修正する(T)
修正文字列(R): 修正後の文字列(W)
(c) ©
すべて解除するにはここをオフに

修正文字列	修正後の文字列
(c)	©
(e)	€
(r)	®
(tm)	™
...	…
:(	☹
:-(	☹

❶解除したい自動変換を選択
❷「削除」をクリック
置換(A) 削除(D)
☑ 入力中にスペル ミスを自動修正する(G)

図3 図2で❹を選んだときは、解除したい自動修正の設定を選択して「削除」を押す（❶❷）。すべての自動修正をオフにすることもできる

ハイパーリンクの自動設定を解除する

ワードでURLやメールアドレスを入力すると、直後にハーパーリンクが設定され、文字色などが変更されることがある。ハイパーリンクを自動設定したくない場合は、ワードの設定を変更しよう(**図1、図2**)。

なお、すでに設定されたハイパーリンクは、右クリックして「ハイパーリンクの削除」を選択すれば解除できる。設定直後であれば「オートコレクトのオプション」ボタンから解除することも可能だ。

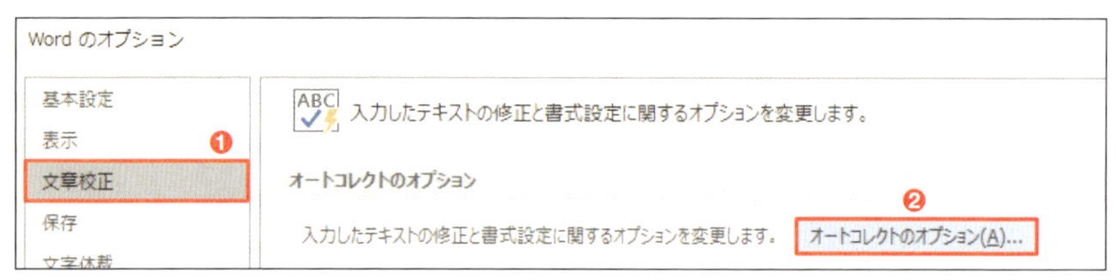

図1 「ファイル」タブの「オプション」を選択。ダイアログボックスの「文書校正」パネルで「オートコレクトのオプション」ボタンをクリックする(❶❷)

オートコレクト
オートコレクト　数式オートコレクト　入力オートフォーマット❶　オートフォーマット　操作
入力中に自動で変更する項目
☑ 左右の区別がない引用符を、区別がある引用符に変更する　☑ 序数 (1st, 2nd, 3rd, ...) を上付き文字に変更する
☐ 分数 (1/2, 1/4, 3/4) を分数文字 (組み文字) に変更する　☑ ハイフンをダッシュに変更する
☐ '*'、'_' で囲んだ文字列を '太字'、'斜体' に書式設定する　☑ 長音とダッシュを正しく使い分ける
☐ インターネットとネットワークのアドレスをハイパーリンクに変更する❷
☐ 行の始まりのスペースを字下げに変更する
入力中に自動で書式設定する項目
☑ 箇条書き (行頭文字)　☐ 箇条書き (段落番号)
☑ 罫線　☑ 表
❸ OK　キャンセル

図2 「入力オートフォーマット」タブを開き、「インターネットとネットワークのアドレスをハイパーリンクに変更する」をオフにする(❶～❸)

文字書式や配置が次行に引き継がれるのを防ぐ

文字サイズを大きくしたり中央揃えにしたりしてタイトルを目立たせるのは、わかりやすい文書作りの基本だ。ところが、その後でいざ本文を入力しようとすると、タイトルの書式が引き継がれてしまい、いちいち書式設定を解除する必要が生じる。

こんな面倒は、キーの組み合わせ（ショートカットキー）を覚えておくと、簡単に乗り越えられる。すべての書式を解除するなら「Ctrl」+「Shift」+「N」キー。「No」の「N」と覚えよう（**図1**）。文字書式だけを解除したり、文字配置だけを解除したりすることも可能だ（**図2**）。

対策 ショートカットキーで解除

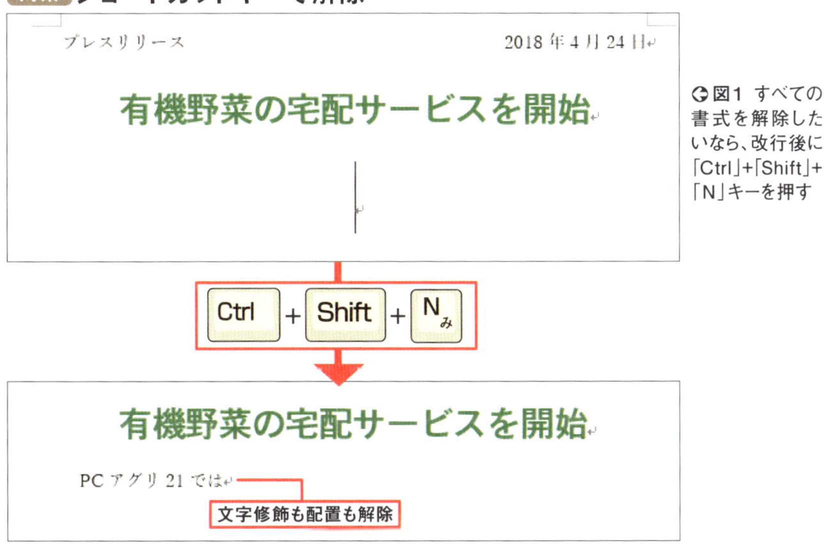

図1 すべての書式を解除したいなら、改行後に「Ctrl」+「Shift」+「N」キーを押す

図2 フォントサイズや色などの文字書式だけを解除するときは、「Ctrl」+「スペース」キー、文字配置などの段落書式だけを解除するには「Ctrl」+「Q」キーを押す

Section 105 おかしな変換候補が現れるのを防ぐ

長年使い込んだ日本語入力ソフトは通常、学習機能により、徐々に変換効率が上がるもの。ところが、ユーザーが間違った変換をすると、その“誤変換”まで学習してしまい、次回入力して変換したときに、候補として上位に表示されることも多い(**図1**)。

そんなときは、辞書を修復しよう(**図2～図6**)。学習情報、ユーザー辞書、入力履歴が正常になる。ただ、ユーザー辞書に問題があると、自分で登録した語句の一部が削除されてしまう場合もあるので注意したい。

変な候補や文節区切りが頻出

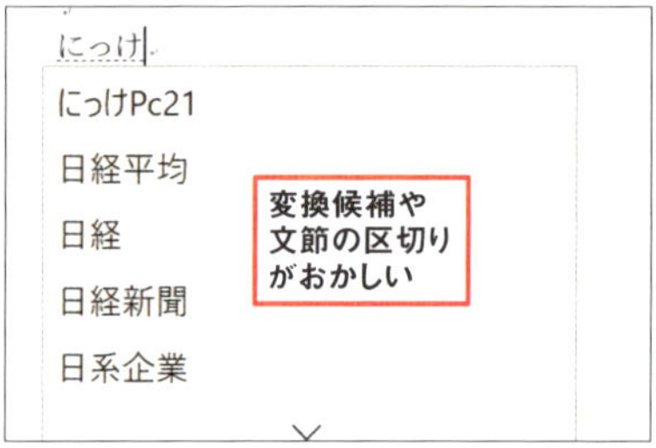

にっけ
にっけPc21
日経平均
日経
日経新聞
日系企業
変換候補や文節の区切りがおかしい

図1 文章の入力中に変な変換候補が出てきたり、文節の区切りがおかしくなったりすることがある。日本語入力ソフトが間違った変換を学習してしまったことが原因だ

対策 IMEの辞書をワンタッチで修復

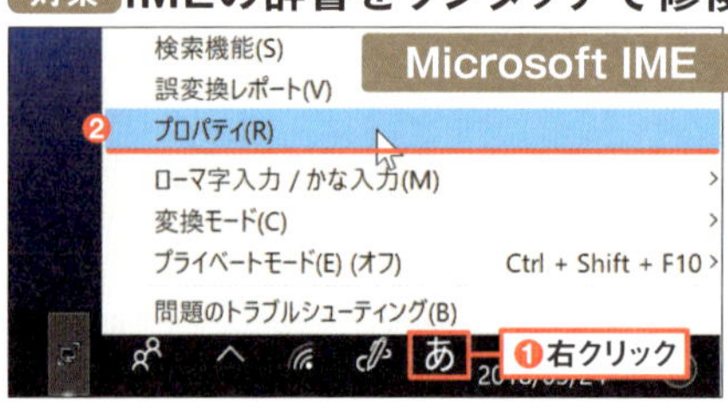

図2 Microsoft IMEでは、通知領域に表示された「あ」または「A」を右クリックし、「プロパティ」を選択する(❶❷)

図3 Microsoft Office IME 2010では、通知領域の「ツール」をクリックし、「プロパティ」を選択する(❶❷)

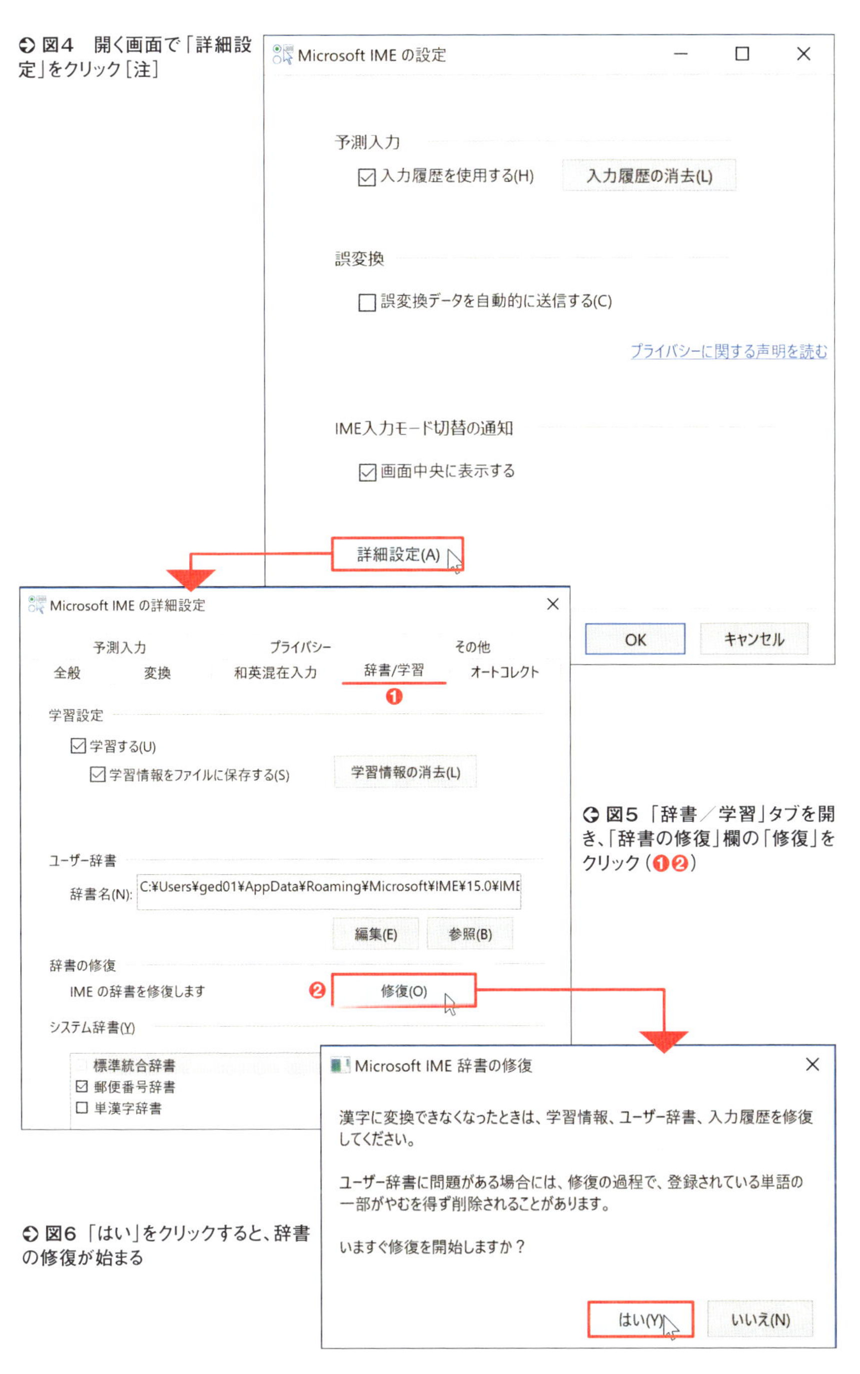

➲ 図4　開く画面で「詳細設定」をクリック［注］

➲ 図5 「辞書／学習」タブを開き、「辞書の修復」欄の「修復」をクリック（❶❷）

➲ 図6 「はい」をクリックすると、辞書の修復が始まる

［注］Microsoft Office IME 2010では、この操作は不要

Section 106 見られたら困る予測変換をコッソリ削除

予測変換には、自分が過去に変換したものも候補として登場する。人前でパソコンを使っているときに恥ずかしい候補が出てきて、赤面した人もいるだろう(**図1**)。こうした候補は、あらかじめ手動で削除しておくのが賢明だ(**図2**)[注]。

前に変換したものが予測変換の候補に!

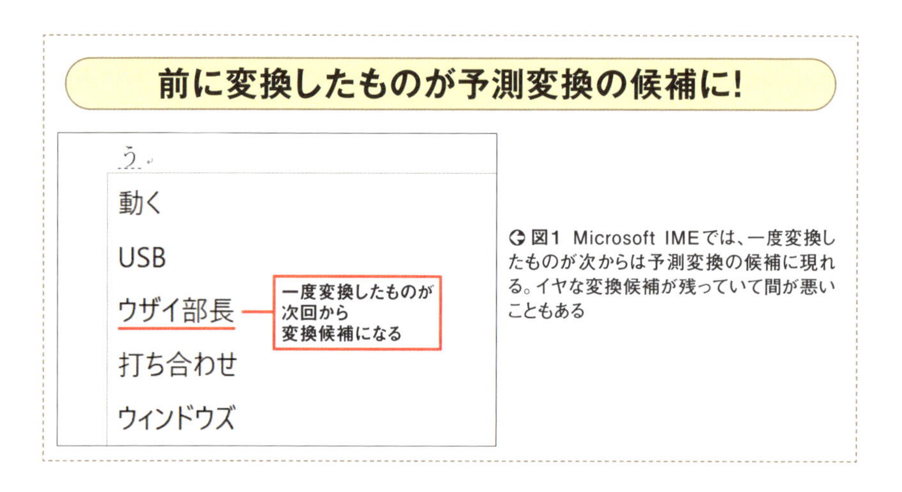

図1 Microsoft IMEでは、一度変換したものが次からは予測変換の候補に現れる。イヤな変換候補が残っていて間が悪いこともある

対策 変換候補で「削除」をクリック

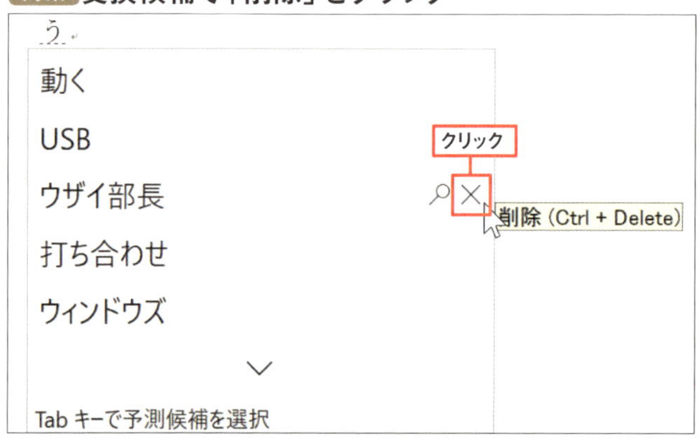

図2 変換候補の一覧で削除したい語句にマウスポインターを合わせ、現れる右端の「×」をクリックすると、次からはその変換候補が表示されなくなる

[注]Microsoft Office IME 2010では、個別に変換候補を削除できない

Section 107 タブを使い分けて見栄えの良い配置に

「Tab」キーを押すと、行頭から一定間隔の場所にカーソルを移動できる。しかし、せっかくタブで文字位置を揃えても、入力したデータの種類によっては、でこぼこした印象になる（**図1**）。

これはタブを使い分けると解決する。文字位置を揃えるタブには、「左揃え」「中央揃え」「右揃え」「小数点揃え」の4種類がある（**図2**）。図1のような価格データの場合は、「右揃えタブ」を利用すると見やすい。

まずは「Tab」キーを使ってデータを左揃えにする。そして、対象行を選択し、ルーラー左上隅をクリックして「右揃えタブ」を表示させたら、ルーラー上で文字を配置したい場所をクリックすれば完了だ（**図3**）。

左揃えだと右がでこぼこ

右端はバラバラ

●取扱商品

フライパン　4980円

フライ返し　980円

グリルパン　2500円

キャセロール　1万4800円

図1 「Tab」キーを押すと、行頭から一定の間隔を空けた位置にカーソルが移動する。文字の先頭を揃えるには便利だが、入力する内容によってはデコボコな印象を与えてしまう

●主なタブの種類

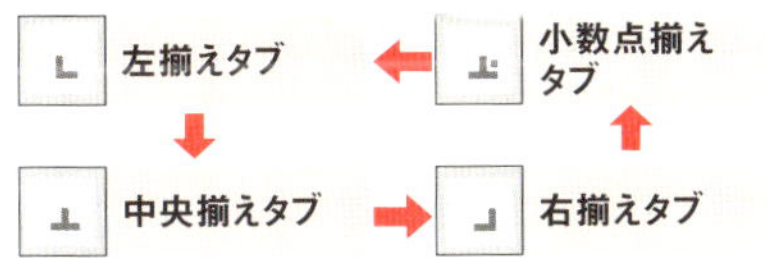

図2 文字配置を整えるタブは4種類ある。入力するデータに合ったものを選ぼう

［注］ルーラーの左上隅には、ほかにも「1行目のインデント」「ぶら下げインデント」「縦棒タブ」のボタンが表示される

対策 右揃えタブでぴったり揃える

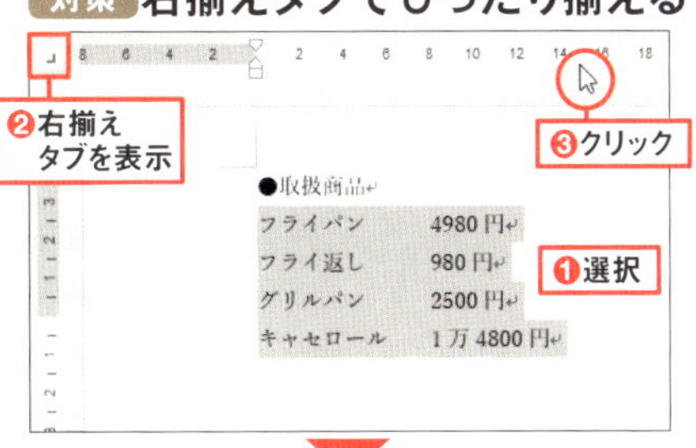

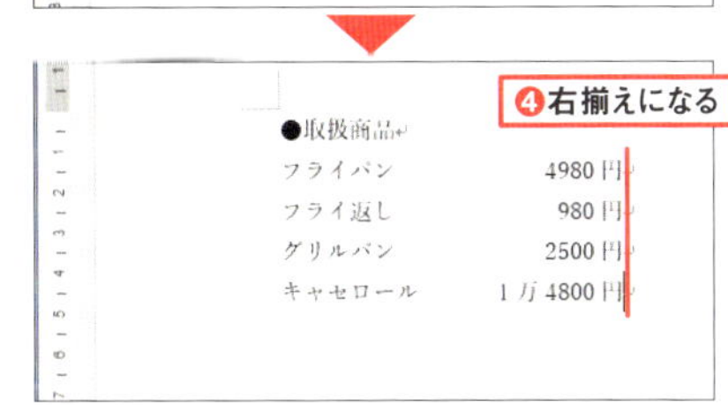

図3 上の例では、データを右揃えにして「円」の位置を揃えるとすっきりする。対象行を選択し（❶）、ルーラーの左上隅にあるボタンを何度かクリックして、「右揃えタブ」を表示させたら（❷）、ルーラー上でタブを設定したい場所をクリックすればよい（❸❹）［注］

Section 108 全角の英数字を半角に一括変換する

数字やアルファベットを全角で入力したものの、全体のバランスを考えると半角のほうがよかった。こんな場合、いちいち文字を半角で入力し直すのは面倒だ。「文字種の変換」機能を使って、全角文字を半角文字に一括変換しよう(**図1〜図5**)。

「文字種の変換」では、全角文字を半角文字に変えるほか、小文字の英字を大文字にするなど、いろいろな変換ができる。

会員種類のご案内　**全角**

会員種類	月会費	ご利用時間	特別割引会費
正会員	１２，６００円	全日　１０：００～２３：００	９，４５０円
平日会員	８，４００円	月～金　１０：００～１７：００	７，３５０円
	７，３５０円	月～金　２０：００～２３：００	６，３００円
ホリデー会員	８，４００円	土日祝　１０：００～２３：００	７，３５０円
シルバー会員	６，３００円	全日　１２：００～２０：００	５，２５０円

会員種類のご案内　**半角**

会員種類	月会費	ご利用時間	特別割引会費
正会員	12,600円	全日　10:00～23:00	9,450円
平日会員	8,400円	月～金　10:00～17:00	7,350円
	7,350円	月～金　20:00～23:00	6,300円
ホリデー会員	8,400円	土日祝　10:00～23:00	7,350円
シルバー会員	6,300円	全日　12:00～20:00	5,250円

図1 特に意図がない限り、英数字は半角文字で入力したほうがきれいに見える。全角文字で入力した英数字は「文字種の変換」機能で半角文字に変更できる

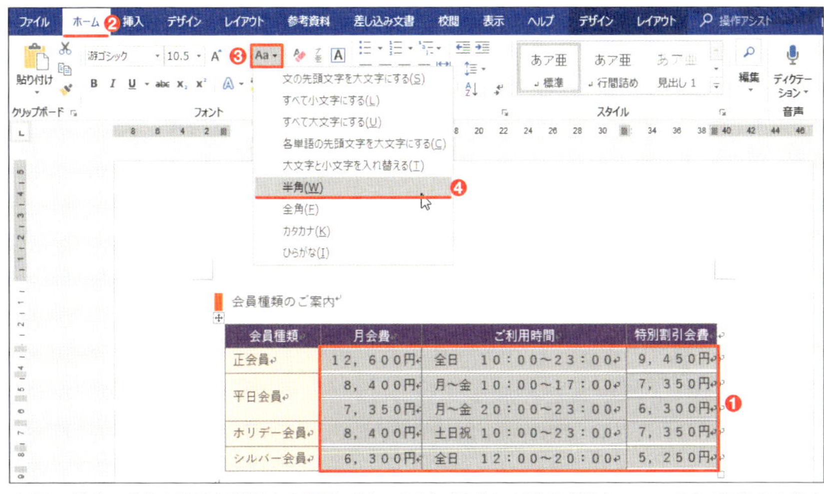

図2 半角に変える範囲を選択する（❶）。「ホーム」タブの「文字種の変換」メニューから、変換の内容を指定する。ここでは全角を半角に変換するので「半角」を選ぶ（❷〜❹）

図3 全角の数字や記号が半角に変わる（画面は範囲指定を解除した状態）

図4 文字種を変換したらレイアウトを確認し、バランスが悪いときは整える。ここでは表の列幅やセル内の文字配置を調整している

図5 選択した範囲内のカタカナ、記号、アルファベット、スペースも半角に変わる。特にカタカナは、全角での表示が基本なので注意しよう

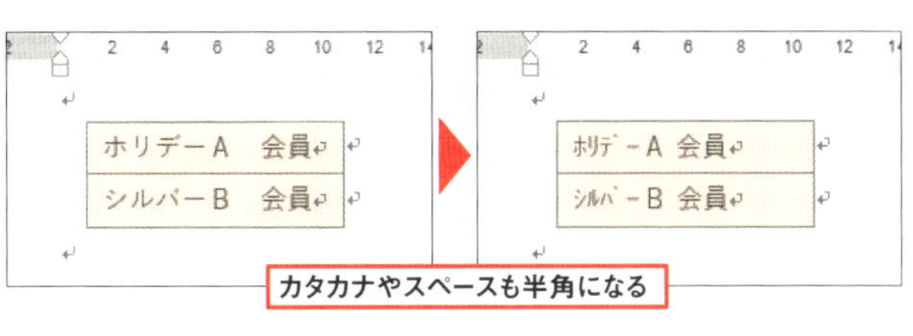

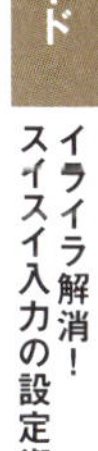

Section 109 文字飾りを一気に別の飾りに置き換える

重要語句に下線を引いたものの、思ったほど目立たない。やっぱり太字にすればよかった、いや赤い文字にしたほうが効果的かも、などと思い悩むことは多い。でも1つずつ文字飾りを設定し直すのは面倒だ。置換機能を使って、一気に変更しよう（**図1**）。

検索する飾りと置き換える飾りを指定し、「すべて置換」ボタンをクリックすればよい（**図2～図4**）。フォントなどの変更も可能だ。

「下線」と「斜体」

6月上旬、社内のパソコンが一斉に機種変更となります。しいパソコンで「マイクロソフト オフィス」を使うときは最初に*ユーザー登録とテスト送信*をします。ワード文書やクセルファイルの作成者が明確になるよう、ユーザー名のには*必ず社員番号を付けて登録*してください。

「文字色（赤）」と「傍点」

6月上旬、社内のパソコンが一斉に機種変更となります。しいパソコンで「マイクロソフト オフィス」を使うときは最初にユーザー登録とテスト送信をします。ワード文書やクセルファイルの作成者が明確になるよう、ユーザー名のには必ず社員番号を付けて登録してください。

図1 重要な箇所に下線を引き、文字を斜体にした。目立つようになったが、いまひとつ読みにくい。そこで置換機能を使い、傍点付きの赤い文字に一括変換した

↑図2「Ctrl」＋「H」キーを押す。「オプション」ボタンをクリックしてダイアログボックスの下部を表示（❶）。「検索する文字列」にカーソルを移動し、「書式」メニューから「フォント」を選ぶ（❷～❹）。検索する文字の書式「斜体」と「下線」を指定し、「OK」ボタンをクリックする（❺～❼）

↑図3「検索する文字列」の「書式」に設定した内容が表示される。「置換後の文字列」にカーソルを移動し、「書式」メニューから「フォント」を選ぶ（❶～❸）。置換時に新しく設定する書式「標準」「フォントの色（赤）」「下線（なし）」「傍点」を指定し、「OK」ボタンをクリックする（❹～❽）。置換前の書式を取り消す設定を同時にするのがポイントだ

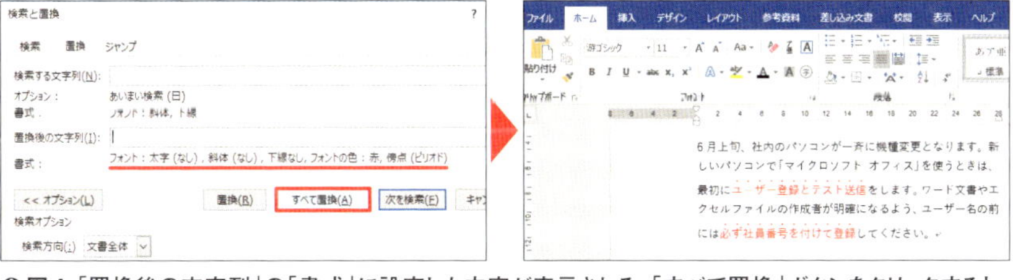

↑図4「置換後の文字列」の「書式」に設定した内容が表示される。「すべて置換」ボタンをクリックすると、該当する文字列の書式が置き換わる

Section 110 特定の文字列や図表を検索する

文書内で特定の文字列を見つけたいときは、検索機能を利用しよう。キーワードで文字列を探すことができる。レポート内で専門用語を探したり、記述内容を素早く確認したり、同じ表現を多用していないかチェックしたりしたいときにも便利だ。

「Ctrl」+「F」キーで検索ナビゲーションウィンドウを開き、キーワードを入力すると、瞬時に表示される(**図1**)。

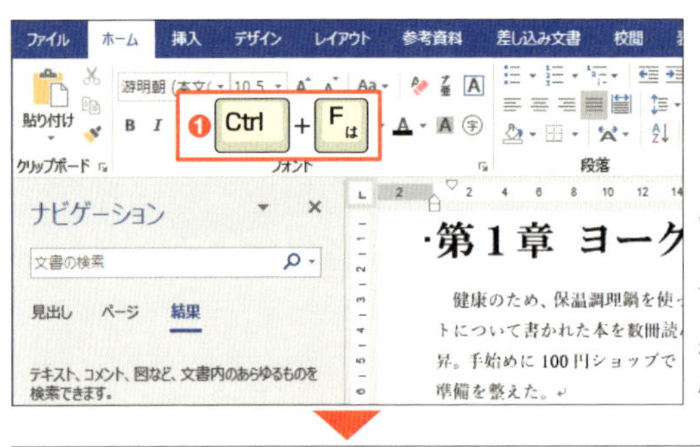

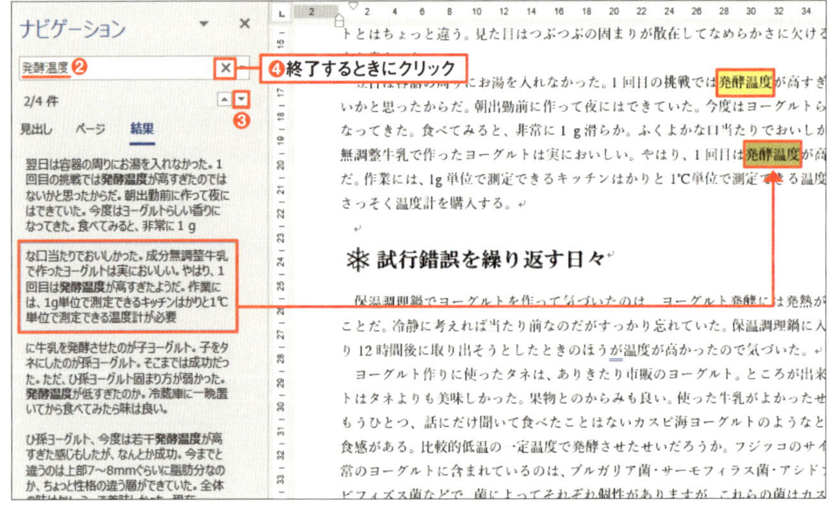

図1 「Ctrl」+「F」キーを押す(❶)。「ナビゲーションウィンドウ」の「検索」ボックスに、目的の文字列を入力すると(❷)、結果が瞬時に表示される。「次の検索結果」ボタンをクリックして(❸)、順番に文字列を表示。終了するときは「×」ボタンをクリックする(❹)

文書内の画像や表も、検索の対象に指定できる。オプションで、対象を「グラフィックス」に設定すると、挿入した写真を順番に表示できる（**図2**）。長文のところどころに画像が入っている場合、素早く確認できる。

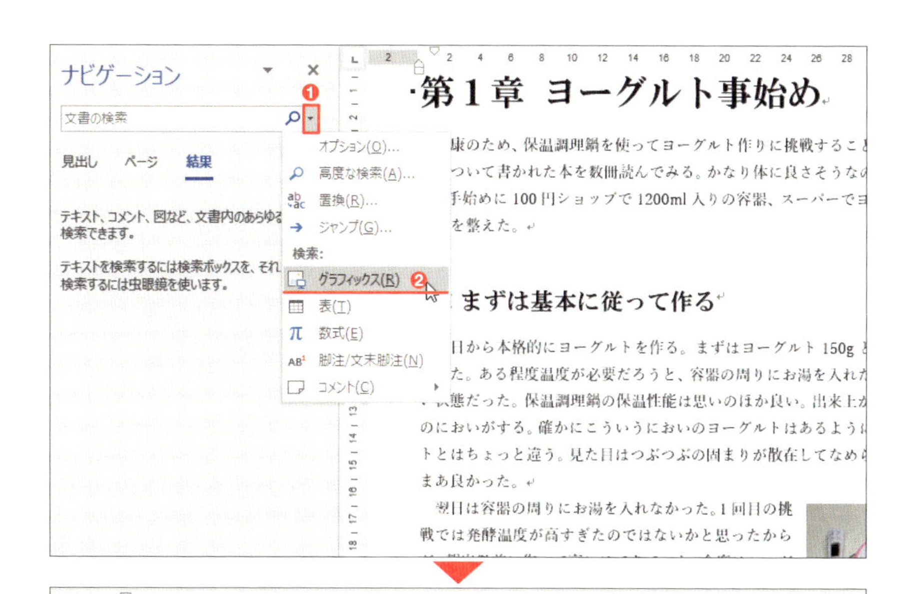

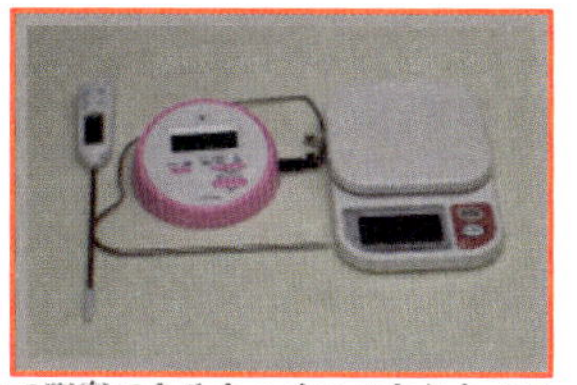

図2　画像を検索する場合は「検索オプションとその他の検索コマンド」ボタンをクリックして（❶）、メニューから「グラフィックス」を選択する（❷）。文書内の画像を順番に表示できる

写真が勝手に移動するのを防ぐ

文書に写真を挿入すると、思い通りにいかなくて苦労する。写真の横には大きな空白ができるし、ドラッグ・アンド・ドロップで自由に移動できない（**図1**）。この問題は、「文字列の折り返し」を「四角」に設定することで解消する（**図2、図3**）。

写真の横が空白。自由に動かせない

消費者に直接お届けします。↵
食の安全性への関心が高まる中、太陽、水、土地

、そして生物など自然の恵みを生か

◀ 図1 文書中に写真を挿入すると、写真の横が空白になる。しかも、写真をドラッグしても、なかなか思い通りに配置できない

対策 「文字列の折り返し」を「四角」に変更

◀ 図2 写真をクリックすると、右上に「スマートタグ」と呼ばれるボタンが表示される（❶❷）。これをクリックし、表示された「レイアウトオプション」で「四角（または四角形）」を選択する（❸）

消費者に直接お届けします。人生100年時代を見据えて健康に高い関心を抱く人々のニーズに応えることを目指しています。↵

食の安全性への関心が高まる中、太陽、水、土地、そして生物など自然の恵みを生かした旬の野菜を手軽に味わえるサービスとして、幅広く受け入れられることを願っています。サービスの開始時期、価格、お届けする野菜などは下記の通りです。当面は、自

▶ 図3 すると、写真の横に文字が配置される。写真はドラッグして好きな位置に動かせる

最初から、「四角」で写真が挿入されるように設定を変更するとよい（**図4**）。

しかし、そうなると今度は文章を追加したときに写真の位置が勝手に動くトラブルが発生する（**図5**）。回避するには、スマートタグで「ページ上の位置を固定」を選ぶ（**図6**）。

●最初から「四角」で挿入するように設定変更

図4 「Wordのオプション」画面で「詳細設定」を開き、「図を挿入／貼り付ける形式」欄を「行内」から「四角」に変更すると（❶❷）、最初から図3の形式で写真が挿入される

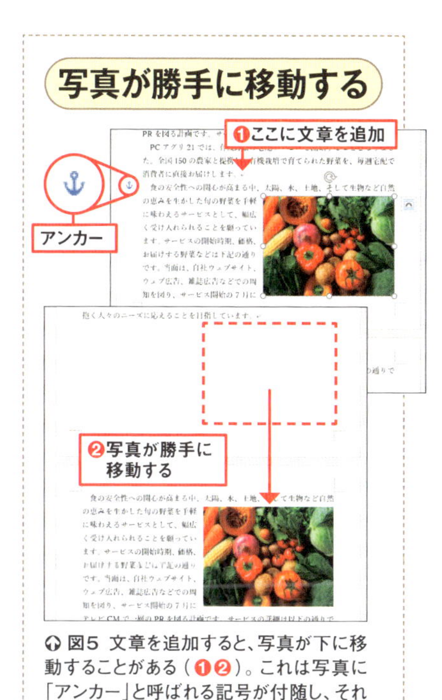

図5 文章を追加すると、写真が下に移動することがある（❶❷）。これは写真に「アンカー」と呼ばれる記号が付随し、それが特定の段落にひも付いているからだ

対策 ページ上の位置を固定

図6 写真をクリックし、スマートタグから「ページ上の位置を固定」を選択する（❶❷）。すると、文章を追加しても写真が動かなくなる

Section 112 円や四角形などの図形を描く

ワードには、円、四角形、矢印、星、直方体など豊富な図形が用意されている。タイトルの装飾に使ったり、地図やロゴを作成したり、簡単な説明図を作ったりと、幅広く活用できる（**図1**）。吹き出し付きの図形を、説明文の表示に利用するのも効果的だ。

種類は多いが、どの図形も描き方は同じ。「挿入」タブの「図形」ボタンから描きたい図形を選択し、対角にドラッグすればよい（**図2、図3**）。色や線種なども簡単に変更できる（**図4**、詳細は次ページ）。

受講
受付中

土と共に生きる

初心者のための農業セミナー

就農サポートセンターでは“確かな耕作技術を持った人材”の育成を目指し、各種セミナーを開催しています。中でも「初心者のための農業セミナー」は、農業体験のない方や初心者を対象にした 3 日間の無料講座で、毎回ご好評をいただいております。この機会に、ぜひご参加ください。

図形を描いて利用する

図1 図形は文書内でいろいろな役割をする。基本の描き方を覚えておこう

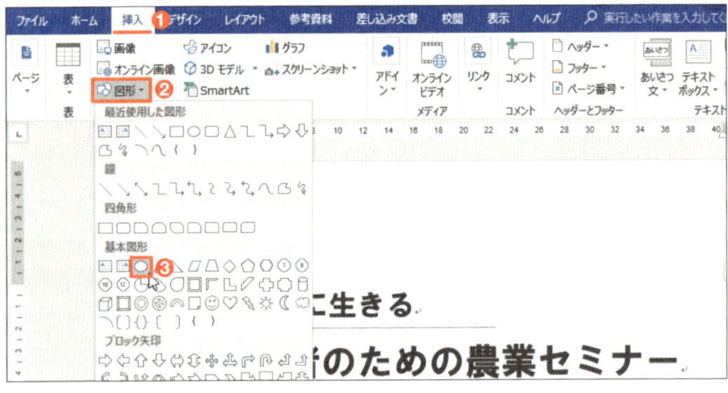

図2 「挿入」タブの「図形」をクリックして、一覧から描く図形を選ぶ（❶〜❸）

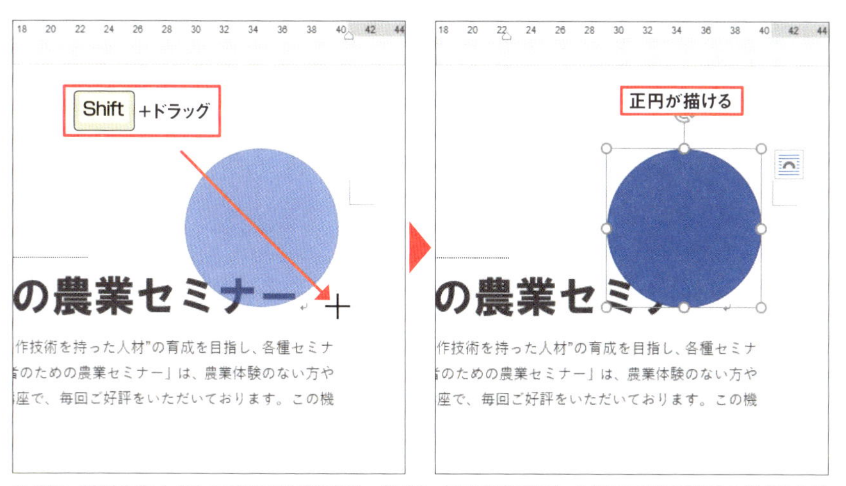

図3 図形の左上から右下まで対角にドラッグする。正方形や正円、水平や垂直の直線を描く場合は「Shift」キーを押しながらドラッグする。大きさを決めてマウスボタンを離すと、図形が描かれる

図4 図形の色や線種、位置などは、描画ツールの「書式」タブで設定する（❶）。ここでは「図形のスタイル」ギャラリーでスタイルを選び、線種や塗りつぶしの色などを一括設定した（❷❸）

Section 113 塗りと線のスタイルを変更する

図形の色、線種、線の色や太さは、描画ツールの「書式」タブで変更できる。目的に応じて、ふさわしいスタイルにしよう（**図1**）。

図形内部の色は「図形の塗りつぶし」メニュー、線の色は「図形の枠線」メニューから選択する（**図2〜図4**）。周囲の線は、点線などの線種、太さもメニューから選べる。なお、色を選ぶパレットの配色は、ワードのバージョンやテーマによって異なる。そのほか、図形をグラデーションにしたり、影を付けたりもできる。

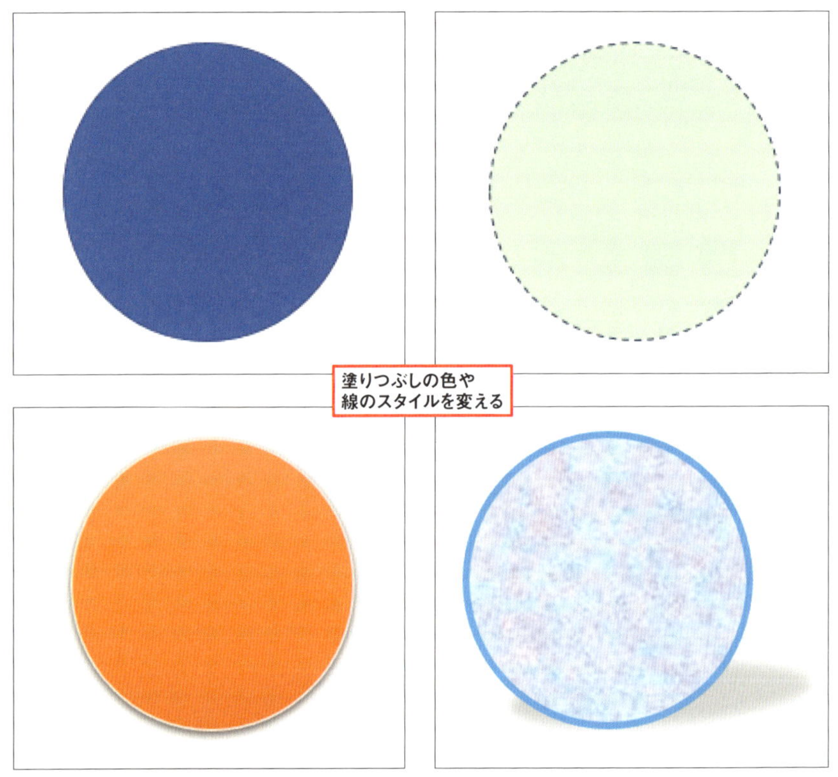

図1 図形のスタイルは、色や線種などで大きく変わる。文書や使用目的にふさわしい設定にしよう

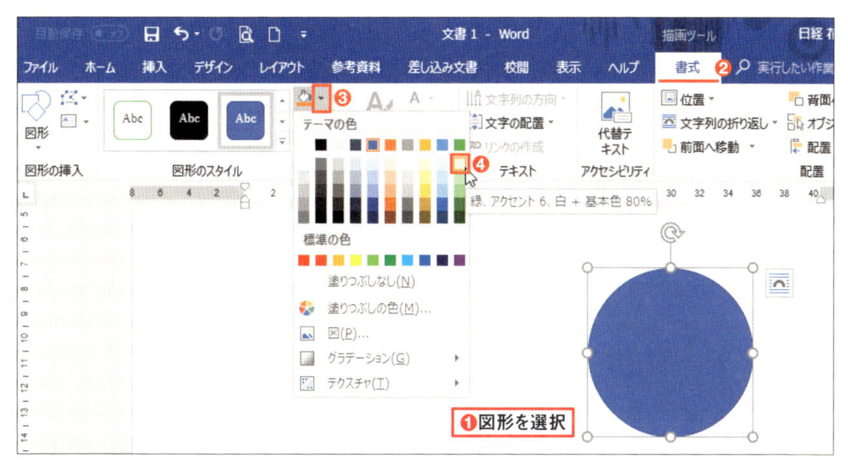

◆図2 図形を選択する（❶）。描画ツールの「書式」タブにある「図形の塗りつぶし」メニューを開き、パレットから図形の色を選択する（❷～❹）

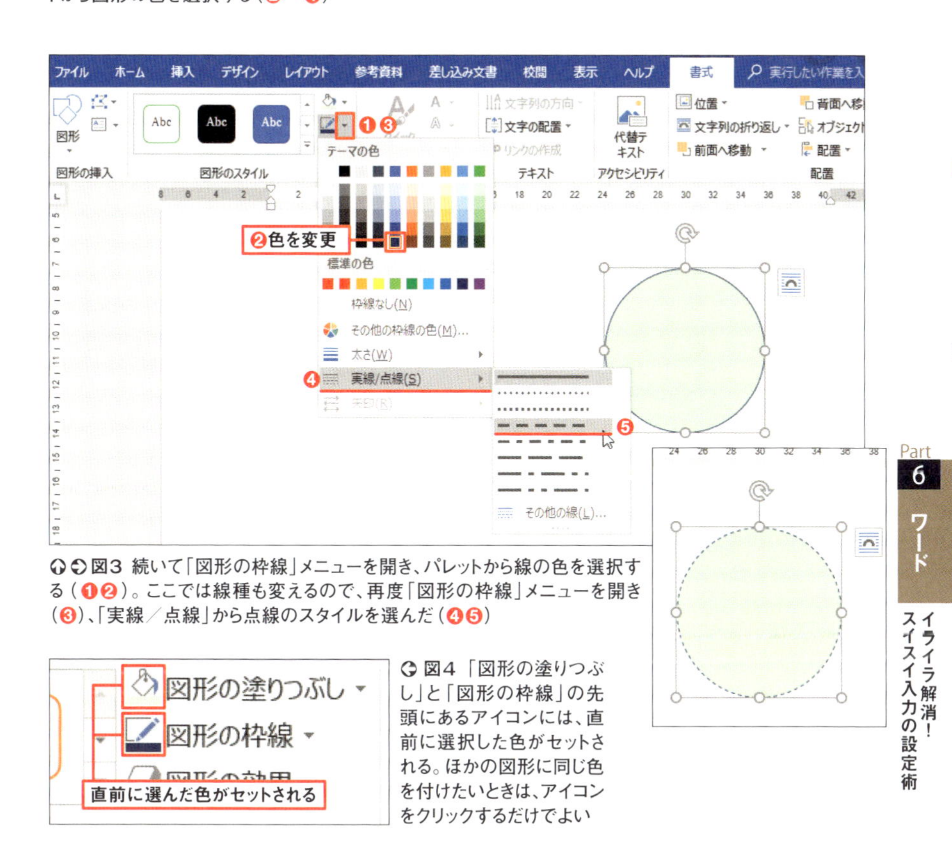

◆◆図3 続いて「図形の枠線」メニューを開き、パレットから線の色を選択する（❶❷）。ここでは線種も変えるので、再度「図形の枠線」メニューを開き（❸）、「実線／点線」から点線のスタイルを選んだ（❹❺）

◆図4 「図形の塗りつぶし」と「図形の枠線」の先頭にあるアイコンには、直前に選択した色がセットされる。ほかの図形に同じ色を付けたいときは、アイコンをクリックするだけでよい

文書の背後に「記入例」などの透かしを入れる

ビジネス文書にはよく「社外秘」、「回覧」、「見本」などの印が押されている。ワードでは、これらの文字を文書の背後に透かしのように入れることができる(**図1～図4**)。ひな型から選ぶほか、任意の文字列も指定可能だ。

透かし文字はヘッダー／フッターと同じ扱いになり、各ページに表示される。編集画面では薄い表示になるため、実際の色は印刷プレビューで確認しよう。

保養所の利用申請書

① 予約は宿泊日３ヶ月前の同日から３日前まで受け付けます。
② 必要事項を記入して、福利厚生課に提出してください。
③ 宿泊が可能な場合は、確認書（予約内容、利用料金などを記載したもの）をお送りします。これで予約は完了です。

申請日：平成 30 年 7 月 25 日

1.申請者

00136894	日経花子	所属	システム部
		メールアドレス	hanako@

2.利用期間

平成 30 年 9 月 22 日 土曜日より 1 泊	到着予定時刻	15:00
	希望部屋数	1 部屋
	利用目的	保養

3.利用者

1	00158473	日経太郎	32	夫	社員
2					
3					
4					
5					
6					
7					
8					

文書の背後に透かし文字を入れる

図1 「記入例」の透かし文字を入れた文書。「至急」「社外秘」「サンプル」など、ビジネス文書でよく使われる表示は、メニューから簡単に選べる

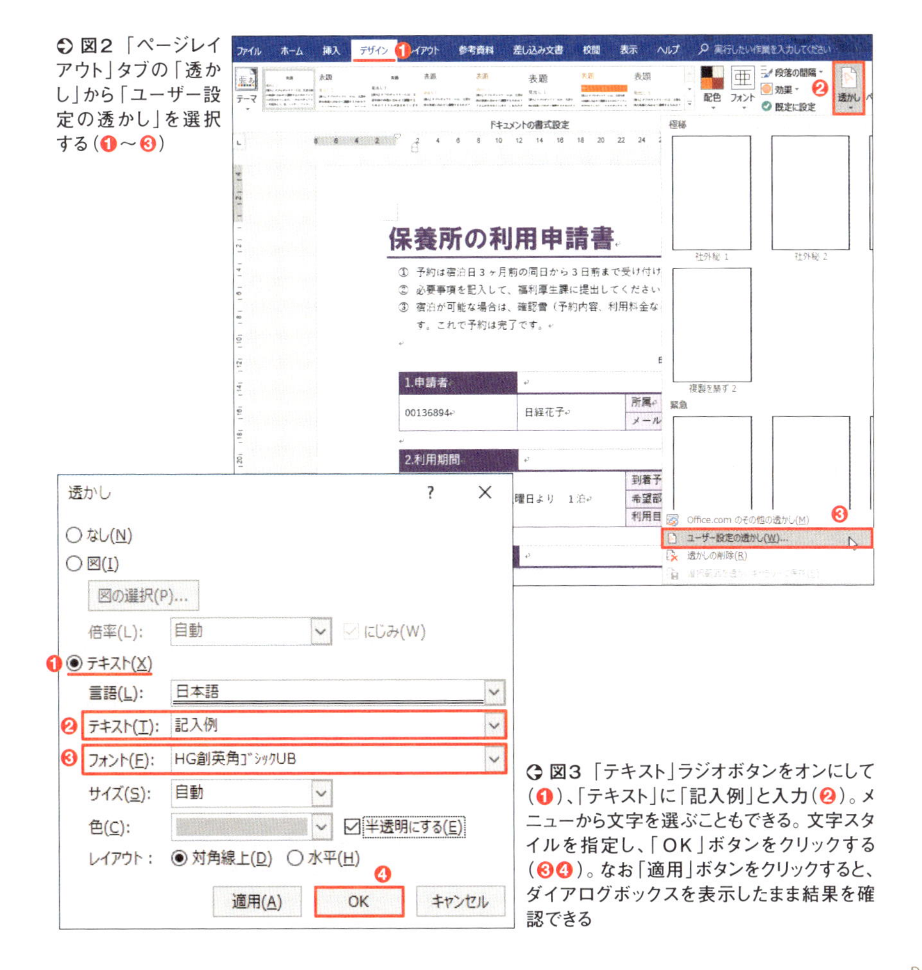

図2 「ページレイアウト」タブの「透かし」から「ユーザー設定の透かし」を選択する（❶〜❸）

図3 「テキスト」ラジオボタンをオンにして（❶）、「テキスト」に「記入例」と入力（❷）。メニューから文字を選ぶこともできる。文字スタイルを指定し、「OK」ボタンをクリックする（❸❹）。なお「適用」ボタンをクリックすると、ダイアログボックスを表示したまま結果を確認できる

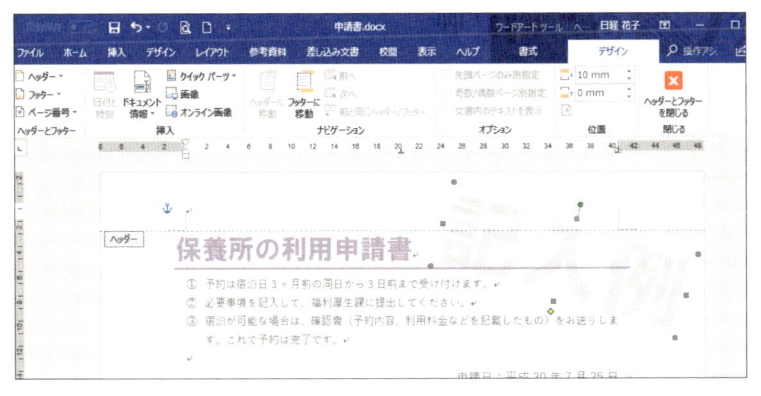

図4 ヘッダーとフッターの編集モードに切り替えると、透かし文字の位置やサイズなどを変更できる

Section 115
よく使う文書を素早く開く

「ファイル」タブで「最近使用したファイル」を選ぶと、最近開いた文書が一覧表示される（**図1～図3**）。ファイル名の右側にあるピンアイコンをクリックすると、そのファイルは常に一覧の上位に表示される。ちょうど文書ファイルをピンで一覧に留めるイメージだ。

「ファイル」タブのメニューに、文書ファイル名を直接表示することも可能（**図4**）。月末の報告書など、常用する文書に利用しよう。

●よく使う文書ファイルを固定する

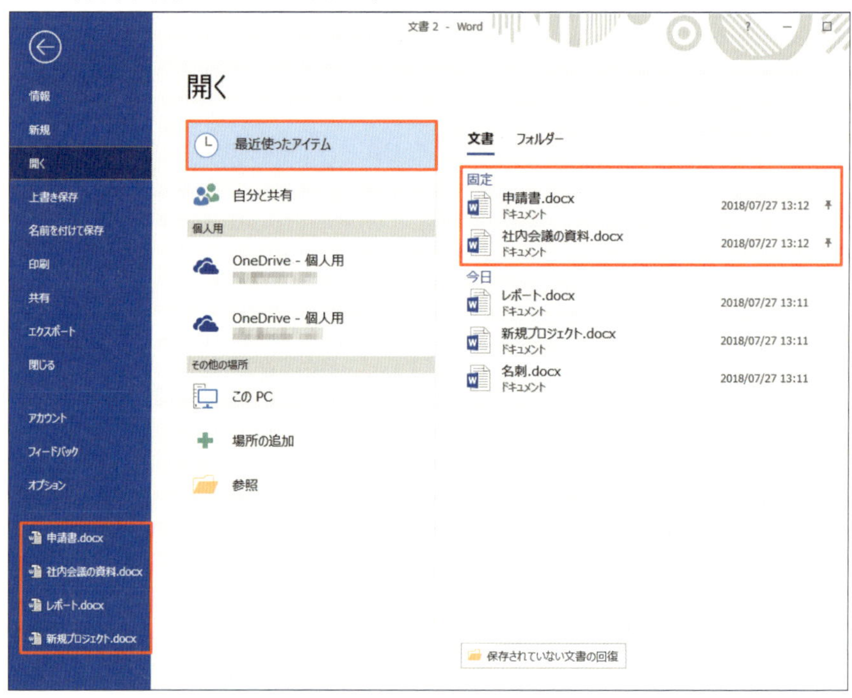

図1 よく使う文書ファイルは、一覧にピン留めしておくと素早く開ける。「ファイル」タブのメニューに、文書ファイル名を表示しておくことも可能だ

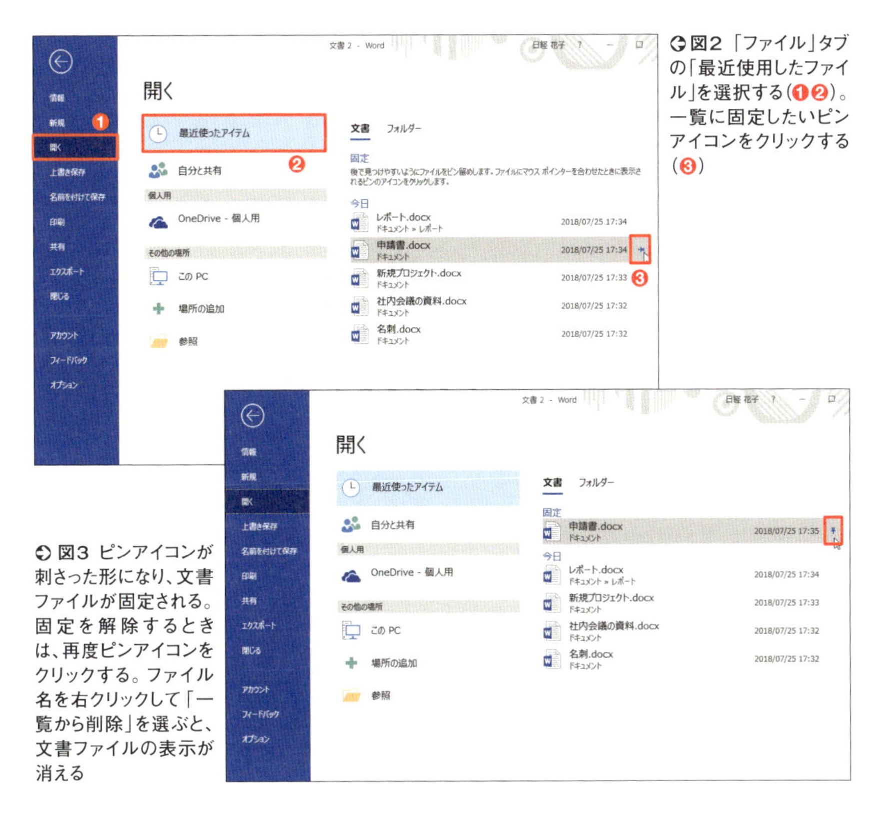

❸図2 「ファイル」タブの「最近使用したファイル」を選択する（❶❷）。一覧に固定したいピンアイコンをクリックする（❸）

❸図3 ピンアイコンが刺さった形になり、文書ファイルが固定される。固定を解除するときは、再度ピンアイコンをクリックする。ファイル名を右クリックして「一覧から削除」を選ぶと、文書ファイルの表示が消える

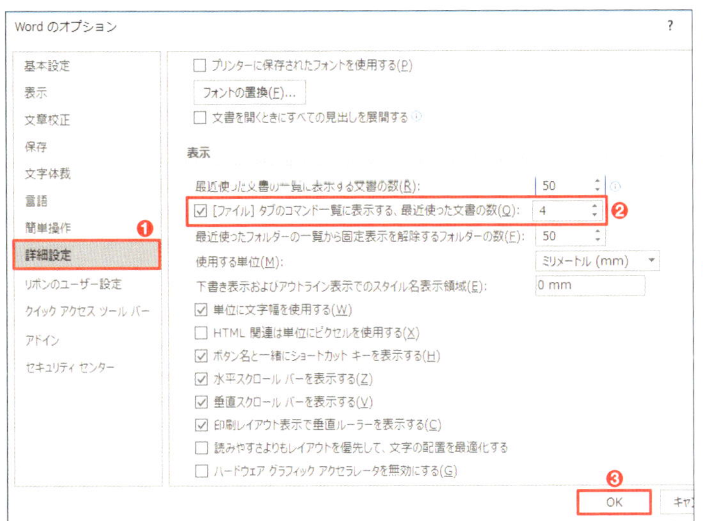

❸図4 メニューにファイルを表示するには「Wordのオプション」画面で設定する。「ファイル」タブの「オプション」を選び、「詳細設定」をクリック（❶）。「［ファイル］タブのコマンド一覧に表示する…」のチェックをオンにし、表示したい数を指定する（❷）。そして「OK」をクリックする（❸）

索引

機能と目的

索引

ショートカット

日経PC21

1996年3月創刊の月刊誌。仕事にパソコンを活用するための実用情報を、わかりやすい言葉と豊富な図解・イラストで紹介している。エクセル、ワードなどのアプリケーションソフト、フリーソフト、クラウドサービスの使い方から、USBメモリー、デジタルカメラ、スキャナーなど周辺機器の活用法まで、仕事に必要なパソコン情報を詳細に報じている。

パソコン仕事 最速時短術115

2018年10月29日　第1版第1刷発行
2019年5月22日　第1版第4刷発行

編集	日経PC21
編集協力	内藤由美
発行者	村上広樹
発行	日経BP社
発売	日経BPマーケティング 〒105-8308　東京都港区虎ノ門4-3-12
装丁	小口翔平＋喜來詩織（tobufune）
本文デザイン	桑原 徹＋櫻井克也（Kuwa Design）
制作	会津圭一郎（ティー・ハウス）
印刷・製本	図書印刷株式会社

ISBN 978-4-296-10061-3

本書籍に関するお問い合わせ、ご連絡は下記にて承ります。
https://nkbp.jp/booksQA